IWANAMI TEXTBOOKS

環境経済学

岡 敏弘
Oka Tosihiro

岩波書店

はしがき

環境問題の原因は確かに経済の中にある．ここに環境経済学が成立する根拠がある．環境経済学は，経済の中に環境問題を引き起こす原因を探り，その原因診断に基づいて環境政策を論じるのである．原因診断の視点を提供するのが経済学の理論体系である．特定の理論体系を採用することは，分析を強力にする武器であると同時に，視角をそれに縛られたものに限定し，問題を見えなくする危険ももっている．

近年の環境経済学の隆盛は，もちろん，環境問題が社会的にますます重要な位置を占めるようになってきたことに起因している．しかし，社会的要請に応えるべき環境経済学そのものは，特定の理論体系に固執することによる視角限定の弊害を強めつつあるように思われる．その弊害を打開するために，私は，『環境政策論』(岡 1999)で，分析の手法からではなく，分析の対象から出発するテキストブックを作ろうとした．

本書では逆に，分析の手法から出発する環境経済学を作ってみようと思う．分析の手法から出発しながら，視角限定の弊害を回避する道は何か．本書では，複数の理論体系とそれに基づいた複数の分析手法を提示することの中にその可能性を求める．

視角限定の弊害は，主として，主流派である新古典派経済学の方法へのとらわれによって生じている．新古典派環境経済学の源流はピグー(A.C. Pigou)の『厚生経済学』に遡るが，現実に環境問題が重要な社会問題として注目され始めた1950～60年代に，この問題にいち早く注目したのは，新古典派経済学ではなく，制度派経済学やマルクス経済学であった．それらの経済学は，新古典派経済学とは異なった諸前提に基づく異なった理論体系をもっており，そこから出てくる環境問題の原因診断は，新古典派とは異なるものであった．新古典派経済学は，ピグーの古い道具箱の中から，「外部負経済」という概念を取り出し，それによる診断と政策提言とを生み出した．一方で，経済活動の物質的な面に着目するエントロピー経済学が70年代に現れ，新古典派とも制度派・

マルクス派とも異なった原因診断に基づいて，現代文明全体への警鐘を鳴らした．

公害・有害化学物質・自然生態系破壊・地球温暖化といった環境問題の現実の対象から出発して，それらの問題に対処する政策を形成していくために経済学の視点がどう使えるかを追求する中で，私は，以上のような過去の，前提を異にし，時に互いに対立する多様な理論体系のすべてを使って問題に向き合う必要があるのではないかと思うようになった．逆に言えば，どの理論体系も使えるのではないか，そして，それぞれに使うにふさわしい場面があるのではないか，あるいは，具体的に政策形成に役立たなくても，他の学派の理論体系を借りることによって，特定の学派の方法論へのとらわれから容易に解放されるような効果もあるのではないかという考えに至ったのである．

本書は，それを具体化する試みである．すなわち，新古典派環境経済学，マルクス派環境経済学，エントロピー経済学のそれぞれが，どのような理論体系をもって環境問題を見るかを明らかにし，そこから出てくる処方箋(政策的示唆)が何であるかを述べよう．また，それらの境界に位置するものとして，制度派，新制度派，倫理的厚生経済学についても論じよう．

その上で，現実の環境問題を，公害・有害化学物質・生物多様性保護・地球温暖化に分け，どの問題にどの理論体系で向き合えば，問題はどのように見え，したがって，どのような政策が出てくるのか，また政策に対する評価はどうなるのかを具体的に論じようと思う．それに伴って，どの理論体系で見れば，問題はどのように歪んで見え，したがって，どのような誤った処方箋が出てくるかも明らかになるであろう．

本書を書く過程で過去の学説を読み直し，いくつもの再発見をした．クネーゼ，デールズ，パシネッティについては，こういう風に書くことになるとは事前には思っていなかった．また，書き進むにつれて，都留重人氏の著作に言及することが多くなり，「都留重人に還れ」という趣旨を含んだ本になってきたと感じていたときに，氏の訃報を聞いた．石綿と外来生物の問題を書くに際しては，多くの方から教えを請うた．一々名前を記すことをしないが，感謝申し上げたい．経済論争を理論体系と理論体系との対決として見るという姿勢は伊東光晴先生から教えられたものである．成長の問題に手をつけることができたのも先生の論文に触発されてのことである．しかし，環境マクロ経済学の構築にはようやく一歩を踏み出せただけである．

本書で書き残したことは多くある．温暖化政策ではEUの排出権取引については取り上げなかった．廃棄物の問題とLCAという手法については，経済学で論じるべき側面がたくさんあるが，紙幅と時間の制約により断片的にしか取り上げられなかった．その他いくつかの理論上の話題を論じ残した．別の機会への課題としたい．

本書の構想を私が最初に話したのは2004年2月だったと思う．今回も岩波書店の高橋弘氏に大変お世話になった．原稿の遅れであわただしい作業を強いたことをお詫びするとともに感謝申し上げたい．

2006年3月

岡　敏弘

目　次

第1章　新古典派経済学は環境問題をどう見たか

1.1　新古典派とは何か

「新古典派」という呼称は多義的である．ケインズ派もマルクス派もネオ・リカード派もシカゴ派も新オーストリア派も新制度派も，新古典派を批判する．新古典派を批判する人は右にも左にも多数いるが，自分が新古典派だと名乗る人はほとんどいない．実際，抽象的ミクロ理論の分野では，これが新古典派だと言えるような研究を見つけるのは最近では難しくなっている．情報の不完全性や規模の経済性や戦略的行動といった，現実にどこにでも存在する複雑な要素を少しでも入れると，新古典派的な理論でそれを扱うのが難しくなるからである．

しかし，新古典派経済学は現に存在する．そして，その思考の癖は経済学者の中に深く根を張り，経済学者が，マクロ経済の問題や環境の問題にミクロ理論を応用しようとする場合には，容易に表面に現れる．だから，マクロ経済学や環境経済学では新古典派的研究をいくらでも見出すことができるのである．

「新古典派」とは，元は，古典派経済学を受け継ぎながら，それに限界分析を加えて部分均衡の枠組を作ったマーシャル(A. Marshall)とピグー(A. C. Pigou)によって代表されるケンブリッジ学派を指した．1930年代に，この「新古典派」を否定するケインズ(J. M. Keynes)の経済学が現れるが，一方では，1930～40年代に，ヒックス(J. R. Hicks)やサムエルソン(P. A. Samuelson)が，このケンブリッジ学派の経済学とワルラスの経済学とを結合して一般均衡体系を作り上げた．サムエルソンは，不況時(不完全雇用時)の経済全体の産出量の決定にはケインズ理論を使い，ケインズ政策によって完全雇用が達成された後の資源配分の問題には一般均衡理論を使うという形で両者を結合することを提唱し，これを「新古典派総合」と呼んだ(Samuelson 1955).

戦後のマクロ経済学では，労働が必ずしも完全に雇用されないことを認めたケインズ理論が主流であったが，マクロ経済学の一分野である経済成長論では，経済全体の資本と労働とが変数となって経済全体の産出量が決まることを示す，$Y = F(K, L)$ (Y が産出量，K が資本の量，L が労働の量)という形の生産関数を仮定して，完全雇用の下での経済成長経路を分析する理論をソローが作り(Solow 1956)，これが後に「新古典派成長理論」と呼ばれるようになった．ソローが前提としたマクロ生産関数は，ジョーン・ロビンソン，カルドア，パシネッティらの「ポスト・ケインズ派」から激しく批判され，生産関数の妥当性に関する論争が起こった．論争の焦点が，生産関数に入る要素である「資本」の妥当性にあったので，これを「資本論争」と言う．

マクロ生産関数では，労働を含めたすべての財の需給が均衡していることを前提としている．不況時のケインズ理論を認めたサムエルソンも，不完全雇用は例外的であって，すべての財の需給が均衡しているのが本来の姿であると想定していたからこそ，自らの立場を新古典派総合と呼んだのである．そうしてみると，新古典派経済学とは，財の需給均衡の想定を中心に据えた理論体系であると言ってよいだろう．需給均衡を特徴づける新古典派特有の言い方は次のようなものである．すなわち，「均衡においては限界費用が価格に等しい」,「均衡においては労働の限界生産力が賃金に等しい」,「均衡においては財の限界代替率が価格比率に等しい」等々．ここから,「限界(marginal)」という概念が新古典派経済学にとって重要であることがわかる．限界概念重視の立場は「限界主義(marginalism)」と言われることがある．限界主義が一番力を発揮するのは，経済の成果を効率性の視点から評価する場合である．だから，新古典派は，経済を効率性で評価するのを得意とし，そうした評価に使える手法を大いに発展させてきた．効率性以外の価値，例えば平等や公平といった観点が社会的に重要であることは明らかであるが，そのための専門的手法は発展しなかった．

そこで，新古典派を次のように定義しよう．すなわち，需給均衡の枠組で経済を捉え，限界概念を多用し，効率性の視点で経済の成果を評価する傾きをもつ経済学であると．

さて，この新古典派経済学が環境問題を捉えるやり方は次のようなものになる．すなわち，市場経済で需要と供給とが均衡している状態は，ある条件の下では効率的であるが，その条件のいくつかが満たされない場合があり，その原因の 1 つが「環境」という市場で取引されない財の存在であるという捉え方である．これは，環境問題を「外部負経済(external diseconomy)」の問題として捉えているということに他ならない．「環境が浪費されるのは，環境をただで利用できるからである」という言い方は，環境問題を外部負経済として捉えたことを示す端的な表現である．この見方からの帰結として，「環境の利用を有償にすればよい」という処方箋が出てくる．

こうした捉え方を初めて示したのはピグー(Pigou 1920)である．ピグーは，「自利心の自由な働き(free play of self-interest)」が，経済的福祉を極大化することに対する障害として，社会的生産と私的生産との乖離[1)]に着目したが，その乖離を起こす原因の主要なものが，今日，「外部負経済」と呼ばれているものを含む「外部性」現象だったのである．

本章では，まず需要と供給との均衡を記述する標準的な部分均衡論の枠組を示し，その中で環境問題が外部負経済の問題としてどのように描かれるかを示そう．次に，外部負経済という概念を初めて経済学の中に登場させたピグーの議論を説明する．最後に，新古典派的な捉え方から導かれる政策提言を説明する．

1.2　需要と供給の均衡

需要と供給の均衡とは，ある価格である財を買おうという人々の購入量の合計と，その価格で売ろうという人々の供給量の合計とが一致する状態である．そのような状態の性質を考えたり，そのような状態が実現するための条件を考えたりする分析を均衡分析と言うが，均衡分析には，部分均衡分析と一般均衡

1)　正確には，社会的限界純生産物価値と私的限界純生産物価値との乖離．後述．

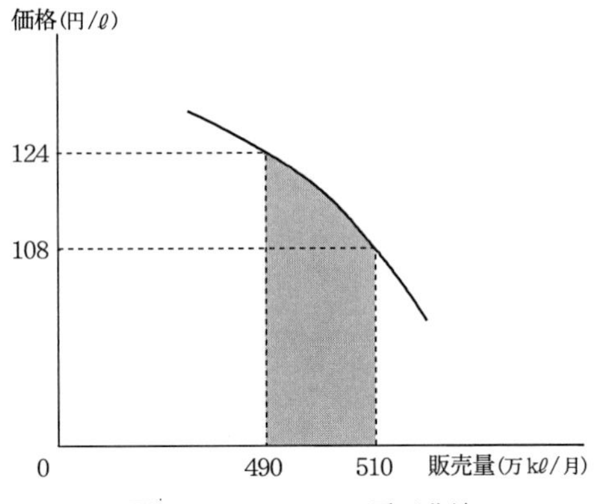

図 1.1　ガソリンの需要曲線

分析とがある．部分均衡分析では，1つの財に注目し，その価格と需要量・供給量との関係を考える．その際，注目している財の価格や数量の変化によって他の財の価格もまた変化するかもしれないという点を考慮の外におくのである．それに対して一般均衡分析では，すべての財の価格が同時に変化することを考慮して，すべての財の需要と供給とが均衡する状態を考える．部分均衡分析には限界があるが，簡単だし実用性が高い．

今，自動車用のガソリンが，1ℓ当たり124円という価格の下で，月490万kℓ売れているとしよう(これは2005年5月頃の実績に近い)．ちょうど1年前には，108円/ℓの下で，510万kℓ売れていたという事実から，今年も，価格108円/ℓの下では，510万kℓ売れると仮定すると[2)]，価格と需要量とを対応づける2組の数量が得られる．108円と124円との間の価格，例えば120円の下では，おそらく，490万kℓと510kℓとの間のある量，例えば500万kℓが売れるであろう．こうして，108円と124円との間の様々な価格，さらにはその外側の様々な価格の下での需要量がわかれば，図1.1のような曲線が描ける．これを需要曲線と言う．

需要曲線は，消費者の，誰からも強制されない自発的な行動の結果を反映している．新古典派では，消費者は消費から得られる効用をできるだけ大きくす

2)　これは大胆な単純化であって，普通は成り立たない．ここでは数字は概念の説明のためだけに使っている．

ることを目的として行動すると仮定される．124 円の価格の下で 1 ℓ のガソリンを買った消費者は，ガソリンを買う方が買わない場合よりも大きい効用を得られるからそうしたのだと新古典派は考える．逆に 124 円の価格の下でガソリンを買わなかった消費者は，買わない方が効用が高かったから買わなかったのである．124 円でガソリンを買った消費者も，価格がもっと高く，例えば 1000 円だったならば買わなかったかもしれない．そうすると，124 円と 1000 円との間に，これ以上高くなったら買わないが，これ以下なら買うという境目の価格があるであろう．この価格をマーシャルは「進んで払おうとする価格」と呼んだ．今ではこれを「支払意思額」あるいは「WTP（willingness to pay）」と呼んでいる．消費者は，WTP よりも低い価格で物を買うと効用が高まり，WTP よりも高い価格で物を買うと効用が下がる．

図 1.1 は，価格が 124 円から 108 円に下がるときに，新たに 20 万 kℓ の需要が発生することを示している．この需要はすべて，124 円では買われず 108 円では買われるガソリンに対応した需要であるから，この需要に関するガソリン 1 ℓ への WTP は 108 円と 124 円との間にあることになる．一般に，q kℓ 目から 510 万 kℓ 目までの間にある需要の WTP を考え，q を 510 万に限りなく近づけていけば，510 万 kℓ のごく近傍の需要におけるガソリン 1 ℓ への WTP はほぼ 108 円であるということがわかる．つまり，ある需要量における需要曲線の高さ（その量がどの価格の下で買われるかを表す）は，その需要量における 1 ℓ のガソリンへの WTP を示しているのである．

需要量 510 万 kℓ に対応する価格 108 円は，ちょうど 510 万 kℓ 目の 1 ℓ への WTP である．490 万 kℓ から 510 万 kℓ までの 20 万 kℓ 全部への支払意思額の総計は，490 万 kℓ から 510 万 kℓ までの各々の 1 ℓ への支払意思額を全部足し合わせた額である．それは，図 1.1 の需要曲線と横軸との間に挟まれた領域のうち，490 万 kℓ から 510 万 kℓ までの間の部分（図のアミの領域）の面積によって表されるだろう．したがって，需要曲線を，需要量 q に価格 p を対応させる関数を表現しているものと考えて，この関数を $p(q)$ と書くと，需要量 q_0 から需要量 q_1（$q_0<q_1$）までの数量への総 WTP は，$p(q)$ の q_0 から需要量 q_1 までの定積分，つまり $\int_{q_0}^{q_1} p(q)dq$ と表せる．

価格が非常に高いときは購入量は非常に少ないであろう．価格が下がって

124円になると490万kℓが購入される．これらの購入量の内，124円に下がってようやく購入される限界における1単位(ℓ)の購入分を「限界購入(marginal purchase)」と呼ぶ[3)]．限界購入におけるWTPを「限界WTP」と呼べば，端的に，価格は限界WTPに等しいと言うことができる．また，ある幅の購入量の総WTPはその幅の限界WTPの積分であると言ってよい．逆に言えば，限界WTPとは，総WTPの微分係数にほかならない．

需要曲線は，ある価格の下でどれだけ売れるかという関係を与えるが，これだけではどの価格が成立するかは決まらない．供給側，つまり供給量と価格との関係が必要である．需要曲線と同じように，各々の価格が与えられたときに供給量がいくらになるかという関係を特定化し，それを価格を縦軸，供給量を横軸にとった座標平面上に描けば，供給曲線が得られるであろう．需要曲線と同様に，供給曲線も供給者の自発的な行動を反映したものでなければならない．消費者は，ある価格の下で買うことが効用を高める場合にだけ購入し，効用を高めない場合には購入しない．その行動の集積が需要曲線となった．供給曲線もまた，ある価格の下で，利益を得る場合にだけ供給するという生産者の行動を反映したものでなければならない．利益を得るかどうかは費用に依存する．したがって，供給曲線を引くには，生産量に伴って費用がどう変わるかを知らなければならない．

ガソリン供給の費用は次のものからなっているであろう．第1に原油購入費，第2に製油所までのタンカー運賃，第3に精製費，第4に製油所から販売地点までの運賃，第5に販売所の諸費用，第6に税である．このうち，設備を要する精製に関わる費用以外のものは，ほぼ生産量に比例して変動する変動費と見なしてよいだろう．したがって，それは1ℓ当たりにすると一定の費用である．精製費は，設備の容量の範囲では，固定費が多くを占め，したがって，1ℓ当たりの費用は生産量とともに逓減していくだろう．例えば，月25万kℓの生産能力のある精製設備の1か月当たりの減価償却費が4億円であるとすると，月10万kℓの生産量では，1ℓ当たりの減価償却費は4円になるが，生産量が月20万kℓになるとそれは2円に下がる．25万kℓなら1.6円

3） 英語の 'margin' は，「縁・端」という意味であり，転じて縁の外側である「ページの余白」や「利潤」という意味にも使われる．

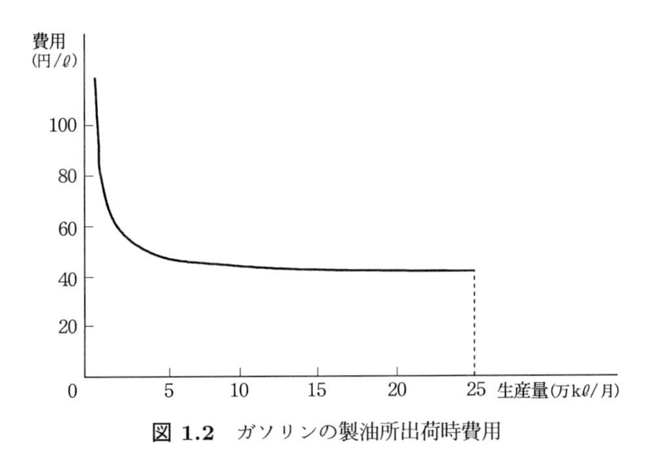

図 1.2　ガソリンの製油所出荷時費用

である．製油所出荷までの段階でかかる変動費(原油費用，輸送費，石油税など)の合計を仮に 40 円/ℓ とすると，ガソリン 1 ℓ 当たりの費用は図 1.2 のように，生産量に応じて変わるであろう．

この製油所の現在の稼働率が 80% であるとすると，ちょうど月 20 万 kℓ 生産していることになる．このとき，20 万 kℓ 目の 1 ℓ 分の生産を「限界生産」と呼んでよいであろう．限界生産の費用を「限界費用」と呼ぶ．この 1 単位分の生産にかかる費用は変動費分の 40 円だけであるから，20 万 kℓ における限界費用は 40 円である．限界費用は，現在の生産量においてあと 1 単位を追加生産するのにかかる費用であると言ってもよい．したがって，費用を生産量の関数として見たときには，限界費用は費用の微分係数と見なせる．

現在の生産量でかかっている総費用を生産量で割って生産 1 単位当たりの値としたものを「平均費用」と呼ぶ．ここでの例では，20 万 kℓ/月における平均費用は，固定費プラス変動費(4 億[円]+40[円/ℓ]×2 億[ℓ])=84 億[円]を生産量 20 万 kℓ で割って，42 円/ℓ となる．生産量 10 万 kℓ/月なら，平均費用は 44 円/ℓ である．

一般に，生産量を q，固定費を c，変動費を生産量の関数として $v(q)$ と書けば，総費用は

$$c + v(q)$$

平均費用は

$$\frac{c+v(q)}{q}$$

である．限界費用は変動費の導関数として

$$v'(q)=\frac{dv(q)}{dq}$$

と書いてよいだろう．ここでの例のように変動費が生産量に比例する場合には，$v(q)=aq$（a は定数）となるから，限界費用は a，平均費用は

$$\frac{c}{q}+a$$

と書ける．

1つの石油会社が図1.2と同様の費用の大きさと構造をもつ製油所を3か所もち，全部で60万 kℓ/月供給するとしよう．60万 kℓ の生産をどの製油所でどれだけ行うかについては無数の組合せがある．例えば，3つの製油所をそれぞれ80% ずつ稼働させると60万 kℓ 生産できるし，2つの製油所を100% 稼働させ，残り1つを40% 稼働させても同じ量を生産できる．どちらにしても，限界費用は40円であり，平均費用は42円である．つまり，同じ費用をもつ工場を複数もつ企業の生産物の限界費用，平均費用は，生産をどの工場に配分するかによらず，総生産量だけによって決まる．しかし，それは，変動費がどの工場でも同一の場合だけである．変動費が異なれば，1単位当たり変動費の小さい工場に多めに生産を割り当てた方が平均費用は安くなるだろう．

生産量が設備能力の合計を越えて増えるような場合には，企業は製油所の新設を考えるだろう．その場合設備費も変更の対象となるから，すべての費用が変動費となり，会社の管理費など（ここでは考慮していない）を除いて固定費はなくなる．生産の予期しない変動や設備の故障などの不確実性に対処するために，設備能力の余裕を持ち，平均80% 程度の稼働率を確保するのが普通だとすると，20万 kℓ/月増やす毎に84億円の費用がかかることになり，限界費用が42円/ℓ だと見なしてもよい．

固定設備を変更できない期間を「短期」，固定設備を変更可能な期間を「長期」と呼ぶことがマーシャル（Marshall 1920）以来定着しているが，この用語を使うと，上の例では，短期限界費用が40円で，長期限界費用が42円である．

42円/ℓでガソリンが売れれば，設備の更新のための費用も含めてガソリン生産の費用をすべてその売上でまかなうことができる．しかし，設備を拡張したり新技術を開発したりする必要が生じたときにはこの売上では足りない．設備の量的拡張や技術開発のために，売上の5％程度の利潤が必要だとすると，それを含めた限界費用は44円程度になろう．

企業によって限界費用は異なるであろうが，最小費用で生産する技術は周知であるとすると，どの企業もそれほど変わらない限界費用をもつであろう．この限界費用に，ガソリンスタンドまでの輸送費と販売にかかる費用とガソリン税とを上乗せすると，消費者に売られる段階での限界費用が得られる．それが124円になるとしよう．124円/ℓは，ガソリンの生産・輸送・販売にかかるすべての費用および税をまかなう金額である．税は費用かどうか問題があるが，ここでは税はガソリンを使用するために社会的に必要な公共事業を行うための費用の一部であるという意味で，ガソリンの費用だと考えよう．この限界費用の下で，利潤をできるだけ大きくしようとする供給者であれば，124円を少しでも価格が上回ればいくらでも供給しようとし，価格が124円を少しでも下回れば，1単位も供給しないであろう．そうすると，124円の高さをもつ水平の直線が供給曲線となる．

もしも生産量の増加とともに各企業の限界費用が上昇していくのであれば，右上がりの供給曲線が得られる．短期の限界費用は，生産量が設備能力の上限に近づくことによって，労働その他の投入物の利用効率が悪くなれば，起こりうる．しかし，設備拡張が可能な長期の限界費用が上昇する理由は見出しがたい．すぐれた経営能力の稀少性から，企業規模が大きくなればなるほど限界費用が上昇することが理論上は考えられるが，現実に起こるとも起こらないとも言えない．単一の企業については限界費用の上昇がないとしても，ガソリン供給の産業全体として，総供給量が増えると限界費用が上昇するということは，この産業内の企業が共通に利用する資源の稀少性によって起こりうる．例えば，立地上有利な条件を持つ土地の稀少性とか，原料としての原油そのものの稀少性によって，産業全体の供給量が増えるにつれて，追加1単位供給の費用が上昇するかもしれない．しかし，原油そのものの稀少性によって原油価格が上昇しているという証拠はないし，ガソリンの限界生産の費用が土地の稀少性によって決まっているという証拠もない．

現実妥当性はともかく，生産量とともに上昇する限界費用の下では，限界費用が価格を下回る限り供給量を増やし，限界費用が価格を上回ったら供給量を増やさないという行動が，最大の利潤をもたらす．したがって，各生産者の供給量は，限界費用が価格に等しいところに決まるのであって，限界費用を示す右上がりの曲線が供給曲線となる．

生産量の増加とともに限界費用が低下するという場合はおそらく現実にないであろうが，もしあったとしたら，その場合は，供給曲線を考えることはできない．低下する限界費用の下では，どんな価格の下でも，限界費用が低下し続ける限り，供給を増やすのが利潤をできるだけ大きくする方法であるから，供給量は無限大になるからである．

まとめると，限界費用曲線の形状に応じて供給曲線は右上がりであったり水平であったりする．しかし，現実にありそうな限界費用曲線の形状はおそらく水平である．したがって，供給曲線も，もしあったとすれば水平と考えるのが確からしい．しかし，それも供給曲線があったらの話である．水平の限界費用曲線の下でも，限界費用を価格が上回れば供給を増やし，限界費用を価格が下回れば供給を減らすという行動を供給者が採らなければ，供給曲線は存在しない．この仮定は厳しい仮定である．なぜなら，それは，市場が与える価格を所与として，供給者はそれに自分の生産量を合わせて利潤最大化を図るという受動的な行動しかとらないと仮定しているからである．このことを，供給者が「価格受容者(price-taker)」であると言う．現実には，供給者の行動は価格にある程度の影響力を持ち，したがって，彼らは自らの供給が価格をどう変化させるかを考慮して供給を決める．その場合には供給曲線は存在しない．しかし，新古典派経済学は，理論上，供給曲線を必要としている．これは理論上の要請である．

供給曲線が図 1.3 の直線 SS のように，また，需要曲線が DD のように与えられると，その交点で供給量・需要量 490 万 kℓ と均衡価格 124 円とが決まる．

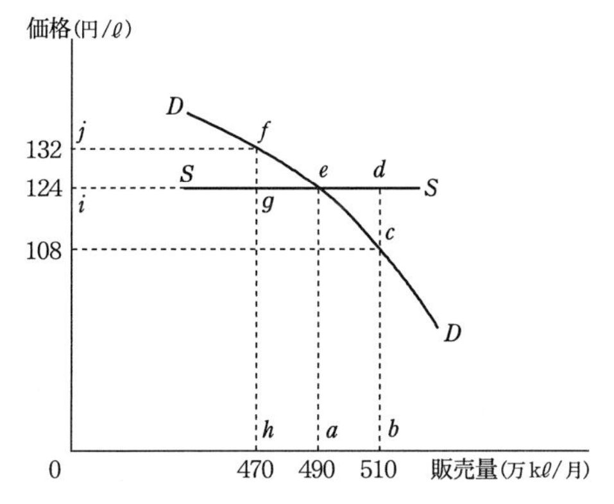

図 1.3 ガソリンの需要曲線と供給曲線

1.3 均衡の効率性

このようにして決まる需要供給の均衡は効率的な資源配分をもたらすと言われる．その意味は以下の通りである．

ある生産量における需要曲線の高さは，その生産量での限界 WTP に等しいと上で述べた．マーシャルは，財の一定量の消費から得られる効用(utility)を測る間接的な尺度として WTP を考えたが，効用は今日では直接に計測可能なものとは見なされていない．WTP> 対価，であれば購入が効用を増すという形で，効用の増減と WTP とが結びつけられているにすぎない．WTP は効用を表さないが，「便益(benefit)」を表すと，今日では見なされている．便益の定義が WTP そのものだから，WTP を便益と言っても，単なる言い換えに過ぎないが，便益は費用の反対概念であり，便益から費用を差し引いたもの——これを「純便益」という——を指標として効率性を判断するというのが，効率性評価の唯一の実際的な方法であるという意味で，WTP を「便益」と言い換えることには意味がある．

WTP は，財の取得と引き替えに払ってもよいと思う最大金額であり，WTP よりも少ない支払で財を取得できれば効用は増し，WTP よりも大きい支払で取得すると効用は低下するというものであった．それは，ちょうど

WTP に等しい金額を支払って財を取得すると，効用は増えも減りもしないということを意味する．

ある財を x 単位所持し，貨幣を m 単位所持している状態をベクトル (x, m) と表すことにし，2 つの状態 (x_1, m_1) と (x_2, m_2) とを比べて，(x_1, m_1) が (x_2, m_2) よりも高い効用を与える場合，(x_1, m_1) は (x_2, m_2) よりも選好されると言い，

$$(x_1, m_1) \succ (x_2, m_2)$$

と表す．(x_1, m_1) が (x_2, m_2) よりも小さい効用しか与えない場合は，(x_1, m_1) は (x_2, m_2) よりも選好されないと言い，

$$(x_1, m_1) \prec (x_2, m_2)$$

と書く．(x_1, m_1) と (x_2, m_2) とがちょうど等しい効用を与える場合は，(x_1, m_1) と (x_2, m_2) とが無差別であると言い，

$$(x_1, m_1) \sim (x_2, m_2)$$

と書く．この表記法を使えば，財を取得することへの WTP は次のように定義される．すなわち，現在の状態を (x_0, m_0) とし，財が Δx だけ増えた状態 $(x_0+\Delta x, m_0)$ は，現在の状態よりも選好される——すなわち $(x_0+\Delta x, m_0) \succ (x_0, m_0)$——が，その新しい状態を元の状態と無差別にするような貨幣剥奪額，すなわち，$(x_0 + \Delta x, m_0 - \Delta m) \sim (x_0, m_0)$ となるような Δm が，Δx 取得への WTP である．

ここまであたかも $\Delta x>0$ が当たり前のように述べてきたが，$\Delta x<0$ の場合も考えられる．その場合は通常，$(x_0 + \Delta x, m_0)$ は元の状態 (x_0, m_0) よりも低い効用しか与えないだろう．その場合も，新しい状態を元の状態と同じ効用水準に引き戻すような保有貨幣量の変化分 Δm，すなわち $(x_0 + \Delta x, m_0 - \Delta m) \sim (x_0, m_0)$ となるような Δm を考えることができるが，この場合，Δm は負の値をとるであろう．負の金額の支払は受取である．この受取金額を「受入補償額(willingness to accept)」と言い，WTA とも書く．一般に，Δx が正であろうと負であろうと，$(x_0 + \Delta x, m_0 - \Delta m) \sim (x_0, m_0)$ となるような Δm を「補償変分(compensating variation)」と言い，CV とも書く．

この補償変分という一般的な概念を用いると，CV が正の時，CV=WTP であり，CV が負の時，$-$CV=WTA である．WTP は便益であり，便益は費

用の反対概念であった．そして，WTA は WTP と反対の概念である．そうすると，WTA を，財の一定量を手放すことの「費用」と見なすことができそうである．

まとめよう．財の一定量を取得する時の便益は WTP によって測られ，それは CV に等しい．財の一定量を手放すときの費用は WTA によって測られ，それは $-$CV に等しい．一定額の貨幣を取得するときの便益は当然その貨幣額であり，一定額の貨幣を手放すときの費用は当然その貨幣額である．企業は財の消費から効用を得ないので，企業にとっての便益，費用は，貨幣額の直接的な取得または手放ししかあり得ない．

さて，需要供給の均衡においては，需要曲線と供給曲線との交点で価格が決まっているから，価格は限界便益に等しく限界費用にも等しい．よって限界便益と限界費用とが等しくなっている．ここから生産量を変化させたときに，費用と便益の大きさがどう変わるだろうか．例えば図 1.3 で生産量を 490 万 kℓ から 510 万 kℓ に増やすとき，限界費用は一定であるから，それによる費用は，124[円/ℓ]$\times 2 \times 10^8$[ℓ]=248 億円であり，図の長方形 $abde$ の面積によって表される．それに対して，この生産増加による便益は，限界便益を積分したものであり，図の $abce$ の面積に等しい．費用が便益よりも大きいので，この生産増加は純便益を ced だけ減らす．同じように，生産量を例えば 470 kℓ に減らす場合も，純便益は efg だけ減る．したがって，均衡生産量は最大の純便益をもたらすのである．均衡では限界便益と限界費用とが等しいからそうなる．実際，限界便益が限界費用よりも大きければ，生産量を増やすことによる便益の増加が費用の増加よりも大きくなるから，生産の拡大は純便益を増やす．逆に，限界便益が限界費用よりも小さければ，生産増による便益増加が費用増加を下回るから，生産拡大は純便益を減らす．したがって，限界便益と限界費用とが等しいところで生産拡大を止めると，その時純便益が最大になるのである．

限界便益が限界費用よりも大きいということは，限界 WTP が限界 WTA よりも大きいことを意味する．つまり，生産量１単位の増加に対する WTP が WTA を上回るので，WTP 以下で WTA 以上の対価を需要者が供給者に支払って追加１単位の財を手に入れることによって，供給者も需要者もともに損失を被ることなく，少なくともどちらか一方の効用を高めることができる．誰も損失を被らず，誰かが効用を増すような変化は「パレート改善(Pareto improvement)」を生むと言われる．そして，パレート改善を生む変化は効率的であると言われる．

「効率的」とは一般に「無駄がない」という意味であるが，パレート改善を生む余地がある状態にはまだ無駄がある．だからパレート改善を生む変化を起こすことは効率的なのである．そうした変化が行き着いた先にもはやパレート改善の余地のない状態がある．そのような状態を「パレート最適」または「パレート効率的」と呼ぶが，ここの例では，限界便益と限界費用とが等しくなった状態がパレート最適である．

したがって，需給均衡の生産量はパレート最適である．しかし，図1.3の均衡は，消費者に最大の利益をもたらす状態である．均衡において価格が限界費用に等しく，限界費用が一定であるからそれは平均費用に等しく，したがって，供給者にとっての利潤はゼロである[4)]．純便益のすべては消費者が取得する．実際，490万kℓ目の1単位へのWTPは価格124円に等しいが，それ以外の諸単位への1単位当たりWTPは124円よりも高く，消費者はそれらの単位を124円の対価で入手できるので，それによって効用を増加させているのである．WTPが対価を凌駕する分は「消費者余剰」と呼ばれる．図1.3の均衡では，純便益がすべて消費者余剰となっているのである．

純便益を誰が取得するかは「分配」の問題と言われる．パレート最適における純便益のいくらかまたは全部を供給者が取得することも考えられ，それもまたパレート最適に他ならない．実際，消費者1人1人に異なった価格を適用することができれば，純便益のいくらかを利潤として供給者が取得することも可能である．しかし，消費者が転売できる場合には，差別価格を適用することは不可能であって，一般に市場で差別価格の適用は困難である．

しかし，パレート最適から外れることを許せば，純便益のいくらかを供給者が利潤として獲得することは可能である．供給者が明示的または暗黙に結託して生産量を減らして価格をつり上げることによってそれは可能になる．図

4) 設備更新および正常な拡張のために必要な利潤は費用の中に含まれていることに注意．

1.3で生産量を470万kℓに意図的に抑えれば，価格は132円になり，$(132-124)\times 47$億円($fgij$の面積に等しい)の利潤が発生する．しかし，この状態はパレート最適ではない．470万kℓからの生産量の増加による便益が費用を上回るからである．しかし，それによって生産者の利潤が減るとすれば，その変化は現に誰かに損失を負わせることになり，パレート改善にはならない．にもかかわらず，その変化によって消費者が得る便益は生産者が被る損失を上回る．価格低下と生産増加によって生産者が被る損失は$fgij$の面積であるのに対して，消費者が得る便益は$feij$の面積に等しいからである．

この場合，変化によって消費者が得る便益の中から供給者の損失を補償すれば，誰にも損失を負わせることなく誰かの効用を増すことが可能になる．つまり，補償をすればパレート改善が可能である．このように，変化によって現に誰かが損失を被る場合でも，補償をすればパレート改善可能な場合は，「潜在的パレート改善」がもたらされると言う．潜在的パレート改善を生む変化を効率的と見なすという考え方は「補償原理」と呼ばれる．

注意しなければならないことは，補償すればパレート改善を生む(つまり誰もが効用を高める)ということは，補償が現実になされることを要求しないということである．したがって，潜在的パレート改善がもたらされても，現実に誰かが損失を被っていることを排除しない．つまり，潜在的パレート改善という基準は，社会の利益を誰が享受し，損害を誰が被るか，あるいは費用を誰が負担するかという，分配の問題を考慮の外に置くのである．補償原理は，分配の問題を排除して，社会全体で利益が増えるか減るかという効率性の観点を純粋に取り出すための工夫であり，現に誰かが損をする変化についても効率性の判断ができるようにするための工夫である．したがって，この意味の効率性は，パレート改善よりも広い意味になっている．補償原理が分配の問題を放逐したことはいろいろな問題を孕んでいるが，それについては第4章で述べる．

変化後に純便益の分配を適当に変えることによって，当初の状態から見てパレート改善になりうる場合が，潜在的パレート改善であると言ってよい．パレート最適は，分配をどんなに工夫してもパレート改善の余地のない状態であると解釈できるから，パレート最適には潜在的パレート改善の余地もない．

1.4 外部負経済と均衡の非効率性

以上で市場均衡が効率的であるということの意味が明らかになった．市場均衡はパレート最適であり，パレート最適では純便益が最大になる．それは，市場価格を通じて，限界便益が限界費用に等しくなることによって実現される．

ところが，この効率性の実現は，需要曲線の高さが限界便益に等しく，供給曲線の高さが限界費用に等しいという事実に依存していた．これが成り立たなければ，市場均衡がパレート最適になるとは限らなくなる．そして，外部負経済はまさにそれを起こす原因なのである．

ガソリンの消費は，消費者でも生産者でもない第三者に対する影響を生み出す．ガソリンの消費は，窒素酸化物(NO_x)などの有害物質の排出を伴い，それらは大気汚染の原因となる．ガソリンの消費は自動車による騒音を生み出す．また，ガソリンの消費は必然的に二酸化炭素(CO_2)の排出を伴い，それは地球温暖化の原因になる．これらの環境への影響は，第三者が負担する費用となる．

これらの費用が，ガソリン1ℓ当たり40円かかるとすれば，ガソリンの真の限界費用は124円ではなく，164円になるだろう．

この真の限界費用164円を，「社会的限界費用」と呼ぶ．それに対して，124円は，供給者の私的経済計算に入る限りでの限界費用，つまり「私的限界費用」であった．社会的限界費用と私的限界費用との乖離をもたらしたのは，生産者，消費者以外の第三者が被る不利益の存在である．そのような不利益を，生産量の決定に与る当事者である経済主体――生産者と消費者――の私的な経済計算の外部にある不利益という意味で，外部負経済と言う．外部負経済があると社会的限界費用と私的限界費用とが乖離する．社会的限界費用の積分は社会的費用であり，私的限界費用の積分は私的費用であるから，外部負経済によって，社会的費用と私的費用は乖離する．社会的費用と私的費用との差を「外部費用(external cost)」と呼ぶ．社会的限界費用と私的限界費用との差は当然「限界外部費用」である．

図1.4で，ガソリン供給の社会的限界費用は$S'S'$の高さで表され，便益は

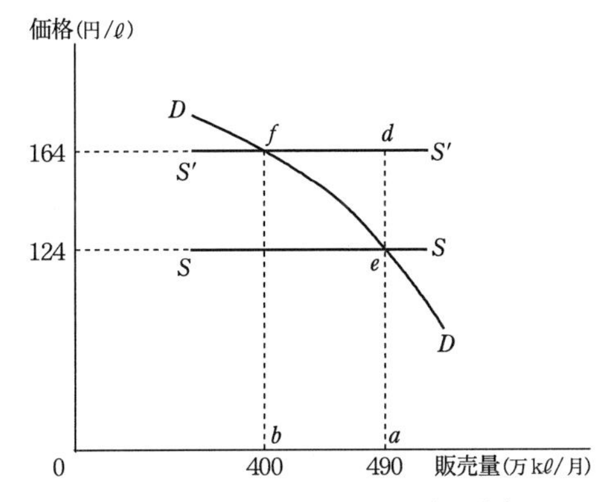

図 1.4　ガソリンの外部負経済と効率性

やはり DD の高さで表される．市場均衡生産量 490 万 kℓ での社会的限界費用は 164 円であるのに対して，限界便益は 124 円でしかないから，生産量を減らすことが潜在的パレート改善を生む．図 1.4 のように，価格が 164 円の時の需要量が 400 万 kℓ しかないとすれば，生産量を 400 万 kℓ まで減らすことがパレート最適である．実際，400 万 kℓ まで生産量を落とすことによって，社会的費用は $abfd$ だけ節約されるのに対して，便益は $abfe$ しか減少しないから，差し引き def だけ純便益が増える．市場均衡は最適状態に比べて過大な生産を生むのである．

こうして，外部負経済が存在すると，市場均衡がパレート最適にならないことが示される．新古典派経済学では，環境問題は，外部負経済による非効率性と捉えられるのである．

なお，外部負経済の反対概念として「外部経済(external economy)」がある．これは，経済主体の行動が，第三者に，私的経済計算に入らない利益をもたらす場合を言う．植林が空気を清浄にしたり，水源涵養したりすること，水田に水を張って稲作を行うことが周囲の気温を下げたり，多様な生物の生息環境を形成したりすること，美しい建物の外観が良好な景観を形成するのに寄与すること，誰かが発見した知識が他人に利用され経済的利益に結びつくことなどが外部経済の例である．

外部経済と外部負経済とをあわせて「外部効果(external effect)」または単に

「外部性(externality)」と呼ぶ．経済であろうと負経済であろうと，外部性は市場均衡を非効率にする．外部負経済があると市場均衡生産量は最適なそれに比べて過大になったが，外部経済があると，市場均衡生産量は過小になる．それは，図 1.4 で，社会的限界費用曲線 $S'S'$ の代わりに，需要曲線よりも上方に位置する，社会的限界便益曲線を引いてみればすぐわかるだろう．

1.5　ピグーの議論——外部負経済論の源流と課税政策

外部負経済という概念でくくられるような現象一般を，初めて経済理論の中に明示的に位置づけ，市場均衡の効率性に対してそれがもつ意味を明らかにしたのは，ピグーである．

ピグーの関心は，「経済的福祉(economic welfare)」はどのようなときに増加し，どのようなときに減少するかを探ることにあった．ピグーによると，経済的福祉とは，社会的福祉のうち，「直接もしくは間接に貨幣の尺度と関係をつけることのできる部分」(Pigou 1932, p.11)を指す．また，経済的原因は「国民分配分」と呼ばれるものの形成と使用とを通じて経済的福祉に作用するとピグーは考えた(*ibid.* p.31)．国民分配分とは，社会の客観的所得のうちで貨幣で測定できるものであり，国民所得と同じものである．しかし，同じ経済活動でも，それが対価を伴って行われたか対価を伴わずに行われたかによって，国民所得に入ったり入らなかったりするが，国民分配分が経済的福祉の尺度であるとすれば，同じ福祉をもたらす活動は同じ所得を生み出すものとして扱わなければならない．これについてピグーは，国民分配分には，貨幣所得を生み出す活動だけを含め，無償の用役や公共の財産から得る収益は含めないが，そうした限定によって，「問題の議論が妨げられたり害せられたりする場合には，いつでも適当な注意をつけて，いっそう広い意味にその言葉を使用するという完全な自由を保留する」(*ibid.* p.34)と述べて，国民分配分の定義に柔軟性をもたせた．実際，ピグーは，外部負経済に関わる問題を論じる際には，必ずしも貨幣所得を生み出さない活動が経済的福祉に及ぼす影響を広範に取り上げている．

なお，経済的福祉の定義やその計測やその増減を扱う経済学の領域を「厚生経済学(welfare economics)」と呼ぶが，「福祉」と「厚生」とは，ともに'welfare'の訳語であり，同じものである．厚生経済学はピグーによって初めて体系的な形で成立した．

国民分配分の変化が経済的福祉をどのように変化させるかについてのピグーの結論は，次の2つの命題にまとめられる．第1は，「貧者に帰する分配分が減少しないとすれば，総国民分配分の大きさの増加は，それが他のいかなるできごととも関係なしに起こるかぎり，経済的福祉の増加を意味するに違いない」(*ibid.* p.82)という命題である．そして第2は，「貧者の手に入る実質所得の分け前の絶対額を増加させる原因は，それがどの見地から見ても国民分配分の大きさを縮小させるにいたらないとすれば，いずれも一般に経済的福祉を増大させるであろう」(*ibid.* p.89)という命題である．すなわち，第1に，国民分配分の総額の増大は経済的福祉を増加させ，第2に，国民分配分の分配の平等化は経済的福祉を増加させるというのである．

このうち，第2の命題を，ピグーは「効用逓減の法則」を前提として導いた．すなわち，比較的富裕な人々から比較的貧乏な人々に所得の移転が行われるならば，比較的緊切でない欲望を犠牲にして，一層緊切な欲望を満たすことが可能になるから，満足の総和が増大するというのがその理由である．この推論は，人々の満足の総和といったものが定義できることを前提にしているが，それは，人が欲望の充足から得る満足が測定できて，それを異なった個人の間で比較することができることを仮定している．この仮定は，効用の可測性，および，効用の個人間比較可能性と呼ばれるが，後に，ロビンズ(Robbins 1932)によって批判された．これについては第4章で詳しく述べる．

一方，第1命題から，国民分配分のうち貧者に帰する分け前を減少させずに，国民分配分の総額を増加させる余地がある時には，経済的福祉を増加させる余地があることになる．ピグーは，こうした余地がなくなった状態，つまり，国民分配分が極大になった状態がもたらされるための条件を追求した．そのためにピグーが用いた概念が，資源の「限界生産物」，および資源の「限界純生産物の価値」である．

ある財の生産に資源が用いられている場合の，その資源の限界生産物とは，その資源の投入をごくわずかだけ増やしたり減らしたりした場合の，その変化量あたりの，生産の増加分または減少分のことである．例えば，ガソリンの生産に投じられる労働やその他の資材という資源を考えよう．1ℓのガソリンを生産し販売するのに必要な労働その他資材の費用が119円であるとしよう．これには，ガソリン税その他の税金を含んでいるが，それは，前の節と同じく，ガソリンを利用するのに必要な道路その他の施設を整備するための費用と見なす．また，固定設備の減価償却もこの中に含まれているとしよう．

ピグーは資源とは何かを厳密に定義していないが，この119円分の貨幣額を，ガソリン1ℓの生産に投じられた資源と見なすのが，ピグーの議論の自然な解釈だと思われる．この資源を用いて1ℓのガソリンが生産されるから，この資源の限界生産物は1ℓのガソリンである．それが124円で売れるとすれば，限界生産物の価値は124円である．119円の内賃金が10円で，残りが原材料などの「中間投入」[5)]だとすれば，124円から109円を差し引いた15円が，この資源投入の限界純生産物価値である．15円の内10円が賃金で残りの5円は利潤である．

ところで，生産された価値から中間投入分(資本の減価償却分を含む)を差し引いた残りは，普通，「所得」と呼ばれ，それは賃金と利潤とからなる．そうすると，限界純生産物価値とは，所得の微分係数に他ならず，逆に所得は限界純生産物価値の積分である．所得を，全産業，全生産物にわたって集計したものが国民所得であり国民分配分である．この国民分配分が最大になるためには，資源の限界純生産物価値がどの産業部門でも，どの生産物でも等しくなっていなければならない．実際，119円の資源を投入して15円よりも多くの限界純生産物価値を生み出すことのできる産業が他にあったとしたら，ガソリン生産から119円の資源を引き抜いて，その産業へ振り向けることによって，資源投入量を変えずに，両産業からの所得の和を大きくすることができる．このことはどの産業についても言えるから，一般に，産業間・生産物間において限界純生産物価値の不均等があれば，国民分配分をもっと大きくする余地があり，逆に言えば，国民分配分極大状態では，資源の限界純生産物価値がどの部門でも等しくなっていなければならないのである．

5）ここでは，減価償却も税も中間投入に含める．

しかし，限界純生産物価値が均等であるとき国民分配分が極大になるためには，どの生産物についても，資源の投入を増やすにつれて，限界純生産物価値が逓減していくという仮定が必要である．資源の投入とともに限界純生産物価値が増加するならば，それらが均等になった状態は国民分配分極小であって，極大はむしろ，あらゆる生産物のうちで限界純生産物価値の最も大きい生産物に資源を集中した状態によってもたらされることになる．だから，国民分配分極大と限界純生産物価値とを結びつける理論にとって，限界純生産物価値逓減の仮定は必要である．これは理論上の要請である．

一方，自由な市場のメカニズムはそのような必要条件を満たすように作用するのか．これはピグーが「自利心の自由な働き」と呼んだ作用の問題である．自利心の自由な働きとは，自己の利益をできるだけ大きくしようとする作用のことであり，ここで注目している生産活動に関して言えば，それは利潤最大化を意味する．

119円の資源を投じて，124円よりも多くの価値，例えば130円の価値を生む生産物があり，かつ，その生産における中間投入が109円を超えることがないとすれば，ガソリン生産からその生産物の生産へと資源を移す方が利潤が6円だけ大きくなるから，自利心の自由な働きはそうした資源の移動を起こすだろう．このとき所得は大きくなる．119円の資源を投じて130円の価値を生むが，中間投入が増えて例えば116円にもなる生産物があったとすれば，確かに利潤は6円増えるから，自利心の働きは，資源をガソリン生産からその生産物の生産へと移動させるだろうが，中間投入が増えて賃金が3円に減っているから，所得はむしろ1円減ってしまう．しかし，この場合，7円分の賃金に相当する労働資源がガソリン生産から解放されて他の分野で使えるようになる．それが失業しない限り，7円分の所得創出に貢献するから，全体としてこの資源移動は所得を増やすのである．

このように，より多くの利潤を求めて資源が移動することは所得の増加に寄与する．つまり，自利心の自由な働きは，「国民分配分を極大に高めるように，各種の用途と場所とに資源を配分する傾向がある」(*ibid.* p.143)のである．

しかし，ピグーは社会的限界純生産物価値と私的限界純生産物価値とを区別し，この命題に，「私的純生産物が社会的純生産物といかなる場合にも一致するならば」という条件をつけた．社会的限界純生産物価値とは，資源の限界純生産物価値の全体のことであって，それが誰に帰属してもかまわない，と定義される（*ibid.* p.134）．それに対して，資源の私的限界純生産物価値とは，資源の限界純生産物価値のうち，まず第1に，そこに資源を投ずることに責任のある人に帰属する部分と定義される（*ibid.* pp.134-135）．例えば，Aの生産への労働資源の投入量が増え，Aの生産量が増えることが，その生産技術に関する知識の増加をもたらし，それが，同種の生産物を生産する他の生産者や，あるいは別の生産物を生産する生産者に取り入れられることによって，それらの生産量の増加や生産費用の低下をもたらしているとすれば，その効果は，当該生産物Aへの資源投入の社会的限界純生産物価値に含めるべきである．しかし，そうした効果の全部または一部が，Aの生産者に報酬として支払われない限り，その成果は彼に帰属しない．よって，それは私的限界純生産物価値には含まれない．一方逆に，Aへの資源投入が公害を出し，それが，他の生産者または一般の人々に被害を与えるとすれば，Aへの資源投入の増加による被害増加分は，Aの社会的限界純生産物価値から差し引くべきである．しかし，その被害の全部または一部をAの生産者が負担しないとすれば，それは私的限界純生産物価値には入らない．こうして，私的限界純生産物価値と社会的限界純生産物価値との乖離が生じる．この乖離がピグーの最大の発見である．

ここで挙げた例は，容易にわかるように，外部性の例に他ならない．外部性が私的限界純生産物価値と社会的限界純生産物価値との乖離をもたらすのである．外部性の概念は，マーシャルの「外部経済」に始まるが，元々それは，財の生産の増大から生じる経済(節約)のうち，個別企業の規模の増大に伴う平均費用の低下——これをマーシャルは「内部経済」と呼んだ——ではなく，一産業の全般的な拡大や他産業の拡大によるものを指した（Marshall 1920）．外部経済は，マーシャルにおいては，産業の地域的な集積や都市の形成と関わりのある概念として位置づけられたが，ピグーはこうした現象を，一生産者の生産の拡大が，他者に悪影響を与える場合にも適用できるように拡張し，また，彼の課題であった経済的福祉の増減とそれとを関わらせて捉えたのである．

さて，国民分配分は，個別生産者に生じる所得を経済全体にわたって集計したものである．しかしながら，ピグーにおいては，国民分配分は，その変動が経済的福祉の変動を写す鏡の役割を負わされた指標である．したがって，ある用途への資源の投入が引き起こす諸効果で，経済的福祉に影響するものはすべて国民分配分に反映されるべきである．したがって，それは，資源の社会的生産物を反映した所得の集計でなければならない．

利潤を求めての資源の移動によってもたらされるのは，私的限界純生産物価値の均等化であり，私的な所得の合計の最大化である．資源のある用途の社会的限界純生産物価値が私的限界純生産物価値よりも大きい場合には，その用途にもっと多くの資源を呼び込むことによって生産を拡大すれば，真の国民分配分をもっと大きくする余地がある．逆に，資源のある用途の社会的限界純生産物価値が私的限界純生産物価値よりも小さい場合には，その用途から資源を引き抜いて他の分野に振り向けた方が国民分配分が大きくなりうる．

このように，社会的生産と私的生産との乖離があるときには，自利心の自由な働きは国民分配分を極大化しない．そこで，国民分配分をもっと大きくするために，公的介入が必要だとピグーは考えた．では，どのように介入するか．資源の社会的限界純生産物の価値が均等になるようにすればよいのである．そのための方法として，ピグーは課税または奨励金という政策を考えた．社会的限界純生産物価値が私的限界純生産物価値を上回る用途には奨励金を出し，社会的限界純生産物価値が私的限界純生産物価値を下回る用途には課税することによって，その乖離を解消しようというのである．

ピグーの政策提案は，社会的限界純生産物価値と私的限界純生産物価値との乖離という捉え方に基づいていたが，これを，需要供給均衡の枠組に移し替えるのは簡単である．図 1.4 について言うと，限界外部費用 40 円/ℓ に等しい税率で，ガソリンに課税するというのがピグーの政策である．そうすれば，ガソリンの外部費用は，ガソリンの使用・生産に関する決定を行う経済主体の私的な経済計算の中に内部化され，私的な限界費用が 164 円に上がる．その下での均衡供給量は 400 万 kℓ になる．これはパレート最適である．

1.6 環境税または汚染課徴金

上で見たように，外部負経済現象へのピグーの政策は，外部負経済を伴う生産活動や消費活動への課税であった．しかし，それらの活動への課税は環境政策としては迂回的過ぎる．生産活動や消費活動自体は環境汚染の直接的原因ではなく，直接的原因はむしろ汚染物質の排出にあるからである．実際，生産・消費活動を抑制しなくても，生産・消費方法の変更や排出時の対策によって汚染物質の排出を抑制することが可能であり，それは現実の対策の主流でもあった．生産・消費活動への課税は，そのような対策を促さない．環境政策として税を使うなら，汚染物質の排出に対して課税する方が直接的である．環境税や汚染課徴金などと言われる手法がそれである．

汚染物質の排出に対する課税の新古典派理論的根拠はどのようなものだろうか．それをはっきりさせるには，図 1.4 の図式を少し改変しなければならない．図 1.4 ではガソリン 1 ℓ からの外部費用が 40 円であるとしたが，これは，大気汚染物質，騒音，温室効果気体などの外部費用から構成されている．例えば，温室効果気体が 30 円，騒音が 6 円，大気汚染物質が 4 円をそれぞれ占めるとしよう．そうすると，図 1.4 の限界外部費用は 3 つの部分に分けられる．これを 3 つの部分に分けた上で，私的限界費用である 124 円から下の部分を切り落としてグラフを描くと，図 1.5 のようになる．この図では，横軸にガソリンの量ではなく，汚染量をとっている(ただし，各種の汚染がすべてガソリン消費量に比例すると仮定しているから，ガソリン量をとるのと変わらないが)．そうすると，この図の $S'S'$ は，社会的限界費用ではなく，限界外部費用だけを表している．そして，DD はガソリンの限界便益ではなく，限界便益から私的限界費用を差し引いた「限界純便益」を示している．横軸に汚染量をとったので，汚染を減らす政策という観点からこれを見てみると，限界外部費用というのは，汚染削減によって得られる限界便益と言ってもよいから，$S'S'$ を限界汚染削減便益曲線と呼んでもよいであろう．また，DD は，汚染削減によって失われる限界便益を表している．失われる便益は費用に他ならないから，これを限界汚染削減費用曲線と呼んでもよいであろう．汚染原因の排出ということ

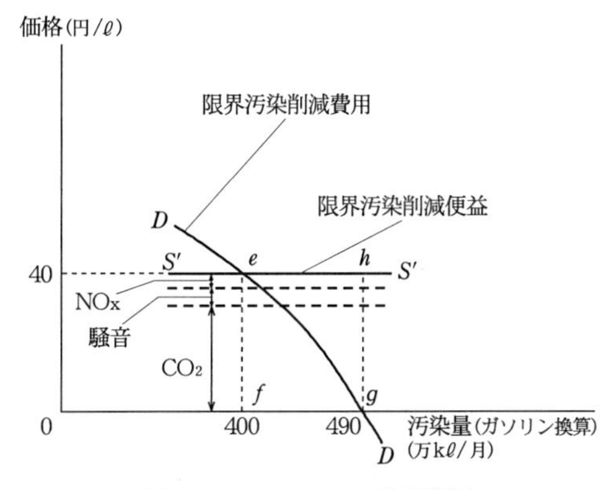

図 1.5 ガソリンの外部費用

に着目すれば，これらをそれぞれ，限界排出削減便益曲線，限界排出削減費用曲線と呼んでもよいであろう．

課税政策は限界外部費用に等しい税率で課税するのだから，図 1.5 に即して言えば，限界汚染削減便益に等しい税率で課税することになる．そのような課税を行えば，やはりガソリンの消費量で表された汚染の水準は月 400 万 kℓ 相当となるであろう．これは，パレート最適であるが，今や曲線 DD に限界排出削減費用，曲線 $S'S'$ に限界排出削減便益という名前を与えているから，400 万 kℓ 相当という汚染水準は，排出削減の純便益(便益マイナス費用)を最大にする水準であると解釈できる．実際，490 万 kℓ 分から 400 万 kℓ 分へ汚染排出を減らすことによって，$efgh$ の領域で表される便益が得られるが，そのためにかかる費用は efg であって，差し引き egh の純便益が獲得でき，これは最大である．400 万 kℓ よりも多くても少なくてもこれよりも純便益は減る．

しかしここではまだ，各種の汚染がすべてガソリンの消費量に比例すると仮定してガソリン消費量をベースに課税している．しかし，外部費用は，実は，それぞれの原因の単位数に応じた値から計算されていて，例えば，温室効果気体の CO_2 の場合，CO_2 1 kg 当たり 12.5 円の外部費用(被害費用)とガソリン 1 ℓ 当たり 2.4 kg の CO_2 が排出されるということから，30 円/ℓ という限界外部費用が計算されているのかもしれない．騒音については，1 時間走行当たり 24 円という被害費用と，10 km/ℓ の燃費と，平均速度 40 km/時から，6 円/ℓ

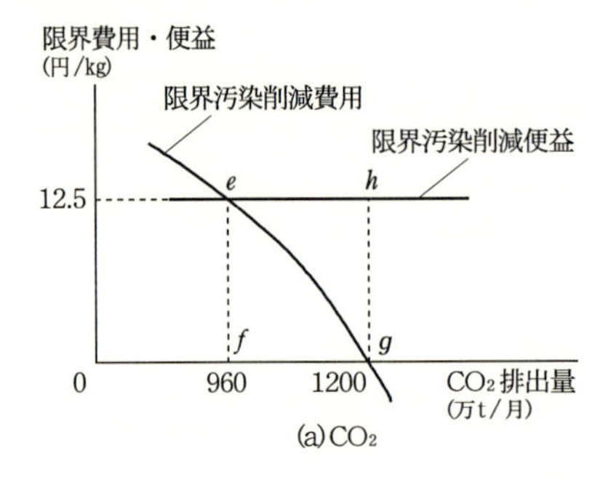

(a) CO_2

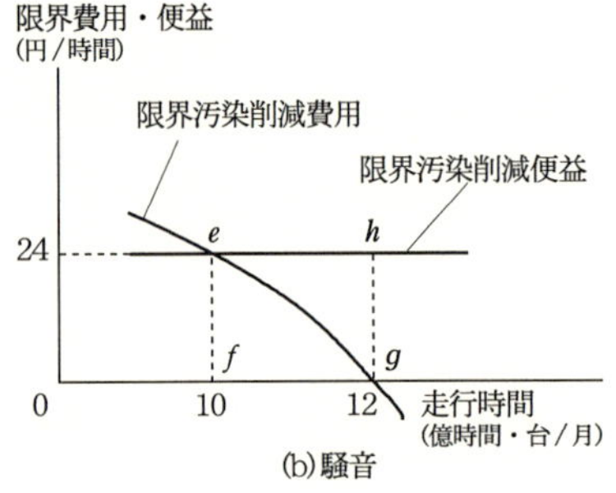

(b) 騒音

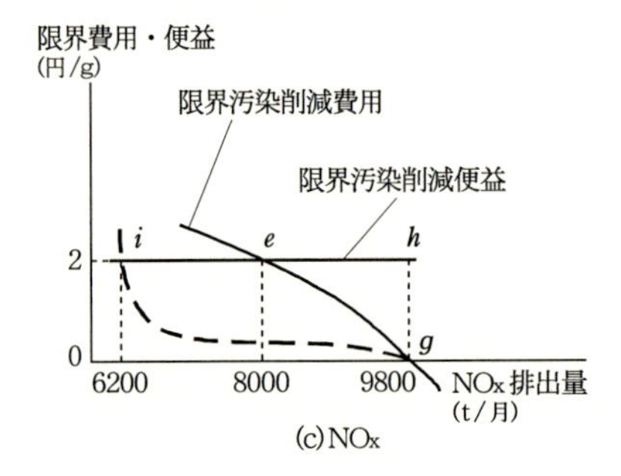

(c) NO_x

図 1.6 ガソリンからの諸汚染原因の限界汚染削減便益・費用

になっているのかもしれない．また，大気汚染物質の場合，NO_x で代表されるとして，1 ℓ 当たり 2 g の排出と NO_x 1 g 当たり 2 円の被害とから，4 円/ℓ となっているのかもしれない．

そうすると，限界汚染削減便益曲線は，CO_2 の場合，横軸に排出量をとって，図 1.6 の(a)のように描かれるべきである．限界汚染削減費用曲線は，元の DD 曲線から，CO_2 削減とガソリン消費の減少とが相伴って起こるとすれば，他の汚染原因も同時に減るということを考慮して，他の汚染原因の限界削減便益を差し引いたものとして描いている．騒音，NO_x についても同様に，(b), (c)のように描かれる．

この枠組では，課税政策も汚染原因毎に採ることができて，CO_2 には 1 kg 当たり 12.5 円，騒音には 1 時間当たり 24 円，NO_x には 1 g 当たり 2 円の税をそれぞれかければ，ガソリンに 40 円の税をかけたのと同じ効果が得られる．さらに，ガソリン消費を減らすこと以外にそれぞれの汚染原因を減らす方法があって，そうして削減する方が費用が安いのであれば，汚染原因毎に排出量をベースにしてかける税は，安価な方法を用いて最大の純便益をもたらす水準まで削減を進めることを促す効果がある．例えば，NO_x を減らすのにガソリン消費を減らすのではなく，自動車の排ガス対策という方法があって，その限界排出削減費用が図 1.6 の(c)の破線で表されるとすると，NO_x 1 g 当たり 2 円の課税は，NO_x の排出量を 8000 トンではなく 6200 トンにまで下げるだろう．それは，この方法が考慮される前の純便益 egh よりも大きい ihg の領域で表される純便益をもたらす．そして，この排出量の削減は，ガソリン消費量を減らすことなく行われており，CO_2 や騒音の削減には影響しない．CO_2 や騒音の削減にはそれらにふさわしい安価な方法がとられるべきである．

1.7　規制の効率性分析

以上が環境税ないし汚染課徴金と言われる政策手法を根拠づける経済理論である．ピグーがこの手法を提案したのは 1920 年であるが，現代の環境政策において税・課徴金といった方法が中心的役割を果たしているとは言えない．それは最近ようやく政策の道具箱に加えられつつあるにすぎない．その姿も上で描いたものとは大きく異なっている．その理由は様々あるが，最大のものは，課税にとって不可欠な情報である限界排出削減便益の値を知るのが難しいということである．これまで描いてきたどの図でも，限界排出削減便益は，水平の直線で表された．それは，この値が排出量によらず一定であることを意味する．仮にそうだとしても，その大きさを計測するのは難しい．加えて現実には，限界排出削減便益，つまり限界外部費用は一定ではない．汚染蓄積のある水準までは被害は現れず，ある水準を超えると被害が現れ，その後急速に被害が大きくなるというのが普通であろう．そうすると，限界外部費用曲線は，汚染蓄積の低い間はほぼ零であり，ある「閾値」を超えると右上がりになるという形状をとるであろう．この場合，環境税の税率を限界外部費用に等しく決めたらよいとしても，変動する限界外部費用のうちどれを選んでそれを税率としたらよいかが決まらない．

この状況は図 1.7 によって示される．限界排出削減便益が限界排出削減費用に等しいところの汚染水準がパレート最適であることははっきりしているか

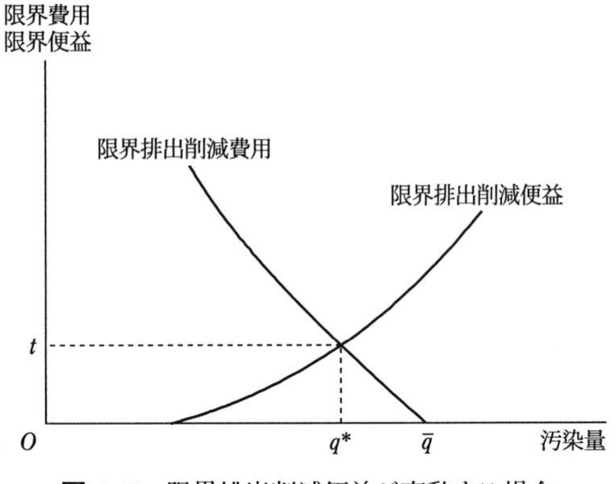

図 1.7　限界排出削減便益が変動する場合

ら，その水準を実現するように税をかけるべきである．そのような税率は，パレート最適汚染水準 q^* における限界排出削減便益 t によって与えられる．したがって，最適汚染水準における限界外部費用に等しい税率で税をかければよいのであるが，そのためにはパレート最適の汚染水準を予め知る必要がある．そしてそのためには，限界排出削減便益曲線と限界排出削減費用曲線の形状をすべて知らなければならない．それは難しく，また，それがわかっているなら，何も税をかけて排出者の行動を誘導しなくても，最適水準になるように規制をかければよいとも言える．

このように，限界外部費用の大きさを知ることの難しさが，課税政策への重大な障害になる．新古典派環境経済学の発展の中で，この難点を避けて課税政策に意義を与える考え方が提出されたが，それについては，第5章で詳しく述べる．ともかく，課税の困難は規制政策を魅力的にする要素になる．実際，現実の環境政策では規制が中心的役割を果たしてきたのである．

新古典派経済学は規制についても効率性の観点から評価する．効率性評価の基準はやはり規制による便益と費用との差である．その差，つまり純便益が正であれば，規制は潜在的パレート改善を生み，純便益が最大になるような規制がパレート最適である．図1.7で，汚染量が q^* よりも大きいときには，排出削減の限界便益がその限界費用を上回っているから，排出削減はパレート改善を生む．そして，汚染量を q^* まで減らしたときがパレート最適である．この水準が実現するように規制せよというのが，効率性の観点からの提言となる．

こうした提言を行うべく，費用と便益を計測することを「費用便益分析(cost-benefit analysis)」と言う．費用便益分析は，規制ばかりでなく，公共部門の活動一般を評価する．元々それは，道路やダムの建設といった公共事業を評価することを目的として発達した手法である．費用便益分析については，有害化学物質規制を扱う第6章で詳しく述べよう．

1.8　新古典派環境経済学のまとめ

新古典派経済学は環境問題を外部負経済の問題と見た．それは，効率性の視点から環境問題を捉えることを意味する．その捉え方から，環境税のような外部性を内部化する政策手法が登場したし，費用便益分析によって規制のような政策を評価するという考え方が生まれた．しかし，新古典派経済学が効率性を操作可能な概念として確立し得たのは，分配の側面を切り離すことによってである．そのような切り離しが完全にできないことから来る問題が残っているが，それについては，第4章で論じよう．環境税は現実の問題に直面して姿を変え，また，排出権取引のような市場を導入する政策手法が構想され提案されることになる．費用便益分析においては，環境便益計測の諸手法が開発された．新古典派環境経済学はこれらの概念や手法を用いて環境政策にアプローチすることになる．その詳細については，第5章以降で述べよう．

第2章　マルクス経済学は環境問題をどう見たか

2.1　はじめに

第二次世界大戦後，急速な経済成長を背景にして環境問題が噴出し，それに対応して環境政策が形成されていった1950～60年代に，新古典派環境経済学は現実の政策形成にほとんど何の影響力も及ぼさなかった．何よりも新古典派経済学を全体としてみれば，環境問題への関心は薄かった．経済学者の中で，環境汚染にいち早く注目したのは，制度派経済学者やマルクス経済学者であった．彼らは，環境政策の評価に費用と便益との大小という基準を適用することに批判の目を向けた．この章では，マルクス経済学がどのような理論で環境問題を捉えたかを論じよう[1)]．

2.2　マルクス経済学の枠組

マルクス経済学はなぜ公害に初期の頃から注目することができたのか．それは，マルクス経済学が資本主義批判の経済学だったからであり，公害がまさに資本主義の矛盾だったからである．確かに新古典派経済学も資本主義批判はできる．ピグーの新しさは，市場メカニズムが望ましい成果を生まないことを明らかにし，それを矯正するために公的介入が必要であることを明らかにしたことであった．しかし，公的介入の手段として提唱したものが課税という価格信

---

1)　制度派経済学については第 4 章で論じる．

号を用いて一種の市場を導入しようとするものであったり，公的介入の成果を評価するのに，理想的な市場であれば達成できたであろう効率性の基準を以てしたりするというところに現れているように，新古典派経済学は，市場を捨てるのではなく，環境という財をも市場の中に取り込むことによって市場を補強し，市場を拡大しようとする性格を持った．

それに対してマルクス経済学は市場を簡単に捨てることができた．それは，環境問題以前に，資本主義を，内部に矛盾をはらむ生産様式と捉えていたからである．環境問題はそうした矛盾の現代版に他ならなかった．

マルクス派環境経済学の発展に中心的な役割を果たしたのは宮本憲一である．宮本が公害，および環境問題をどう捉えたのかを見る前に，マルクス経済学の基本構造を押さえておく必要がある．以下では，マルクス派環境経済学の理解に必要な限りで，マルクス経済学の基礎を記述しよう．

2.2.1 価 値 論

マルクス経済学で価値論とは，商品の価格の本質は何かについての理論である．それは，個々の商品の価格の水準が結局のところ何によって決まるかについての理論であるが，マルクスの価値論は労働価値説である．労働価値説とは，商品の交換価値が，その生産に投下された労働量によって決まるという学説である．マルクスは，労働価値説をアダム・スミスやデイビッド・リカードといった古典派経済学から受け継いだ．

古典派経済学者およびマルクスは，商品の価値は使用価値と交換価値とからなると捉える．使用価値は商品の効用とか有用性と結びついた価値の側面であり，交換価値は，商品が他の商品の何単位と交換可能か，つまり，商品が市場で他の商品をどれだけ支配できるかに関わる価値の側面である．新古典派経済学は，前章で見たように，使用価値と交換価値との間に関係があると見る．均衡において商品の価格は限界 WTP に等しくなるが，限界 WTP は効用と結びついているからである．それに対して古典派経済学は，使用価値と交換価値とが無関係であると見た．有用なものが交換価値をわずかしか持たず，有用でないものが高い交換価値を持ったりする(これを価値のパラドックスと言う)というのがその根拠であった．

マルクスは，交換価値を単なる交換比率としては見ず，商品は内在する価値実体を持ち，商品の生産に支出される労働の結晶が価値実体だと考えた[2)]．商品の生産に支出ないし投下された労働量とは，生産に直接間接に投下された労働量の全体という意味である．直接に投下された労働量とは，直接その生産に携わった労働者の支出した労働の量である．間接に投下された労働量とは，生産過程で消費された原材料の生産に投下されていた労働量や，使用された設備の生産に投下されていた労働量のうち使用によって減耗した部分に関わる分などである．

生産過程で用いられるこれらの原材料や設備などを，マルクスは「生産手段」と呼んだ．そうすると，商品の生産に支出された労働は，生産に投下された直接労働の量と，生産に用いられた生産手段の中に投下されていた労働量との和である．つまり，商品の価値は直接労働と生産手段の価値とからなると言ってよい．

2.2.2　資本と搾取

生産過程で投入される労働と生産手段とを購入するための貨幣が資本の第1の姿である．すなわち資本は当初貨幣としてある．この貨幣が生産手段と労働に変わり，生産過程を通って生産物となる．この生産物が販売されてまた貨幣になる．これが資本の循環である．最初の貨幣としてある資本を「貨幣資本」と言う．生産手段と労働となって生産過程にある資本を「生産資本」と言う．そこから生産物となった資本を「商品資本」と言う．資本は，貨幣資本→生産資本→商品資本→貨幣資本と姿を変える運動体である．しかし，最初の貨幣資本と最後の貨幣資本とが全く同一であれば，資本としての意味がない．最後の貨幣資本は最初の貨幣資本よりも大きくなっていなければならない．つまり，資本は姿を変える運動を通じて増殖する価値である．その増殖はいかにして可能かということが，マルクスにとって解決しなければならない問題であった．

資本の姿態変換の内，最初の貨幣資本から生産資本への変換と，商品資本から貨幣資本への変換は交換による．商品経済においては，交換は等しい価値の

2)　価値の実体としての労働の側面は「抽象的人間労働」と言われる．それは「具体的有用労働」に対する語である．具体的有用労働とは，使用価値生産に関わる労働の側面である．

もの同士の間で行われなければならない．つまり，交換は等価交換でなければならない．価値の実体は労働であるから，同量の労働が結実した商品同士が交換される他ない．したがって，交換によっては価値の増殖は起こりえないとマルクスは考えた．増殖が起こるとしたら，生産過程，つまり，生産資本が商品資本に変わる過程においてのみである．

その価値増殖の秘密を解く鍵を，マルクスは，「労働力の価値」と「労働が生み出す価値」との区別に求めた．マルクスは，生産過程で労働者が支出する労働と，貨幣資本によって買われる労働とを区別し，後者を「労働力」と呼んだ．貨幣資本は労働力と生産手段とを買うのである．資本主義社会とは，労働力が１つの商品として売買される社会である．労働力も商品である以上，商品の価値の法則に従う．つまり，労働力の「価値」の実体は，それを生み出すために投下されなければならない労働量に等しい．労働力を生み出す過程とは，労働者の自己再生産過程，つまり，労働者による消費生活の過程である．労働者の再生産には一定の消費物資が必要である．そのような消費手段の価値(その生産に投下された労働量)が，すなわち，労働力の価値である．これは，労働力が生産過程に入って生み出す価値(労働量)とは別であり，それよりも小さい．

生産物の価値は，生産手段の価値と直接労働量とからなる．すなわち，

生産物の価値 = 生産手段の価値 + 直接労働量.

他方，生産過程を遂行するのに必要な資本は，労働力と生産手段とを購入するに足るだけの価値があればよい．すなわち，

資本 = 生産手段の価値 + 労働力の価値

である．そこで，労働力の価値が，その労働力が働いた労働量よりも小さければ，生産物の価値は資本よりも大きくなる．これが資本増殖の源泉である．この労働力の価値を労働が生み出した価値が超える部分をマルクスは「剰余価値」と呼んだ．

資本は，労働力に投下されて増殖する部分と生産手段に投下されて価値を移転するだけの部分とに分けられる．前者を「可変資本」，後者を「不変資本」と呼ぶ．すなわち，

資本 = 不変資本 + 可変資本.

したがって，

$$\text{生産物の価値} = \text{不変資本} + \text{可変資本} + \text{剰余価値}$$

となる．生産物の価値を W，不変資本を C，可変資本を V，剰余価値を M と書くと，この式は

$$W = C + V + M$$

と表せる．

労働のうち，労働力の再生産に必要な部分を「必要労働」と呼び，それ以外の部分を「剰余労働」と呼ぶ．剰余労働が剰余価値を生む．これが資本増殖，つまり，利潤の源泉である．すなわち，利潤とは，必要労働を超える労働の搾取されたものに他ならない．

2.2.3　資本蓄積と貧困化

剰余価値が資本に付け加えられて資本が増殖していく過程は「資本蓄積」と呼ばれる．資本は自らを大きくすることを目的とする運動体である．剰余価値が大きければ大きいほど増殖も大きくなる．

労働者の再生産のために必要な生活物資の量や構成とそれを生産するための方法が変わらなければ，必要労働は一定である．必要労働が変わらなければ，労働量を増やせば剰余労働分は増える．労働量は労働時間を延長すれば増やせる．この労働時間の延長による剰余価値の増加をマルクスは「絶対的剰余価値の生産」と呼んだ．

一方，労働時間が一定であっても，必要労働が低下すれば剰余労働は増える．必要労働は，生活物資の生産に必要であった労働量によって決まるから，生活物資の生産に技術進歩があって，その生産に必要な労働が少なくなれば，必要労働は低下する．つまり，生産力の一般的な向上によって，生活物資が安く生産できるようになれば，剰余価値は増えるのである．この剰余価値の増加は，「相対的剰余価値の生産」と呼ばれる．

剰余価値と可変資本との比，すなわち，剰余労働と必要労働との比を「剰余価値率」と呼ぶ．これは「搾取率」とも呼ばれる．剰余価値率を e とすると，

$$e = \frac{M}{V}$$

である．絶対的剰余価値の生産も相対的剰余価値の生産も搾取率 e を上昇させる．

資本はできるだけ多くの利潤を求めて競争する．他の資本が生産するよりも少ない労働で生産できれば，市場で通用している価値以下の労働で商品を供給できる．これは，そのような少ない労働での生産を他資本に先駆けて導入することに成功した資本に余分の利潤をもたらすであろう．この利潤をマルクスは「特別剰余価値」と呼んだ．資本は特別剰余価値を求めて生産方法の改善を追求する．そのような個別資本の動きが，社会全体として一定の商品を獲得するための労働量の減少という形で表れる生産力の上昇をもたらす．

ところで，生産力の上昇は，通常，生産の大規模化，機械化を伴っているであろう．つまり，機械によって労働を代替する過程が，通常その中に含まれている．機械による労働の代替は生産手段による労働の代替である．労働力の価値や生産手段の価値に変化がなければ，これは不変資本による可変資本の代替を意味する．それは，不変資本の可変資本に対する比率を上昇させるであろう．そうした，物的な生産手段による労働の代替を反映した不変資本と可変資本との比率の上昇を，マルクスは，「資本の有機的構成の高度化」と呼んだ．資本の有機的構成の高度化は，C/V の上昇として表せる．

資本の有機的構成の高度化は，生産手段による労働の代替を反映しているが，それは，生産過程において労働の必要性が相対的に低下することを意味する．労働者はだんだん不要になり，不況のたびに失業者が出る傾向を促進する．不要となった労働者は失業者のプールを形成する．この失業者のプールをマルクスは「産業予備軍」と呼び，資本の有機的構成の高度化によって産業予備軍が形成されることを「相対的過剰人口の形成」と呼んだ．

相対的過剰人口こそ，労働者の賃金をいつまでも低く維持する原因である．資本蓄積は，特別剰余価値を追求する資本の競争を含み，それを通じて生産力が上昇するが，生産力の上昇は，資本の有機的構成の高度化を通じて相対的過剰人口を形成し，それによって，社会の生産力の上昇にもかかわらず，賃金は低く抑えられ，労働者の貧困状態は再生産される．資本蓄積が貧困を再生産するメカニズムを，マルクスの理論はこう説明したのである．

2.2.4　利潤率低下と不変資本の節約

利潤率は，資本に対する利潤の比率である．利潤の源泉は剰余価値であるから，利潤率を r と書くと，

$$r = \frac{M}{C+V}$$

である．分母分子を V で割ると，

$$r = \frac{M/V}{C/V+1} = \frac{e}{C/V+1}$$

となる．したがって，資本の有機的構成 C/V が上昇すると，利潤率は低下する．これによると，生産力の上昇が資本の有機的構成の高度化を含むとすれば，利潤率は低下せざるを得ない．これをマルクスは「利潤率の傾向的低下の法則」と呼んだ．

利潤率の低下は資本の増殖速度を低めるから，資本はこれをできるだけ回避したい．どうすればその傾向を抑えられるだろうか．不変資本 C を小さくすればよいのである．

生産の大規模化，機械化にもかかわらず不変資本を節約できれば，利潤率は低下しない．そこで，資本は不変資本を節約しようとする．マルクスは，不変資本の節約を，不変資本を構成する生産手段の生産に必要な労働の節約によるその価値の下落と，不変資本充用上の節約とに分けている．後者の不変資本充用上の節約についてマルクスは次のような記述をしている．

> 資本主義的生産様式は，矛盾をはらむ対立的なその性質によって，労働者の生命や健康の浪費を，彼の生存条件そのものの圧し下げを，不変資本充用上の節約のうちに数え，したがってまた利潤率を高くするための手段のうちに数えるところまで行くのである．(Marx 1964, S96)
>
> この節約の範囲は広がって，資本家が建物の節約だと称する狭い不健康な場所への労働者の詰め込みや，同じ場所に危険な機械類を寄せ集めておいて危険にたいする防止手段を怠ることや，その性質上健康に有害だとか鉱山でのように危険を伴っているような生産過程で予防策を怠ることなどにまで及んでいる．労働者のために生産過程を人間らしいものにし，快適な

ものにし，せめてがまんできるだけのものにするような設備などはなにもないということ，それは言うまでもない．このような設備をすることは，資本家の立場から見れば，何の目的も意味もない浪費なのであろう．およそ資本主義的生産は，ありとあらゆるけちくささにもかかわらず，人間材料についてはどこまでも浪費をこととするのであって，それはちょうど，この生産様式が他方では，その生産物を商業を通じて分配する方法や競争というやり方のおかげで，物質的手段を非常にむだ使いしていながら一方で個々の資本家にもうけさせるものを他方で社会の損失にするのと同じことなのである．（*ibid.* S97）

不変資本充用上の節約は，生産過程における労働条件の低下による労働者の困窮を説明している．

2.2.5　生産力と生産関係との矛盾

マルクスの経済理論の基礎には唯物史観がある．それは，人類の歴史を生産様式の変遷と捉える．人類の歴史を通じて，生産力，つまり人間が自然を支配する力が発展してきたが，特定の生産力の段階には，それにふさわしい生産関係が対応する．生産力と生産関係との総体が生産様式である．生産力が発展してある段階に達すると，より発展した生産力とそれまでの生産関係との間に矛盾が生じる．つまり，既存の生産関係は，生産力発展にとっての桎梏となり，新しい生産関係に取り替えられる．こうして次の生産様式が現れる．これまで，奴隷制，農奴制，資本制といった生産様式が現れたが，現段階の資本制生産様式(あるいは資本主義的生産様式)もまた，上記の発展の法則を免れない．生産力の発展が資本主義的生産関係と矛盾するようになり，新しい生産関係に取って代わられる．労働者の貧困化も，繰り返し起こる恐慌も，生産力と生産関係との矛盾に他ならない．

したがって，資本主義社会も人類史の１つの特殊段階にすぎない．そこから，人間史を貫通する問題および事実と，特殊資本主義的な問題および事実とを区別する見方が生まれる．どの生産物をいくら生産し，そのために，労働や生産手段をどのように配分するかという資源配分問題は，人類史上のあらゆる社会が解決しなければならない歴史貫通的な課題である．ところが，この資源配分が商品交換を通して無政府的に行われるのは，主要な生産物が商品として生産される資本主義社会に特有の形態である．剰余労働の搾取は，奴隷制でも農奴制でも見られた階級社会に共通の現象である．これが，剰余価値の生産という形で，商品の等価交換の下に行われるのは，資本主義的生産に特有の形態である．

2.3　マルクス経済学と公害

以上が，環境問題分析に必要な限りでの，マルクスの経済理論の基本部分である．マルクス理論の魔力は，「それをいったん修得してしまえば，すべての事象を割り切ってしまう便利さをもち，論理的な整合性を誇ることもできる」(都留 1972，35 頁)というところにある．実際，公害に関して，「公害は資本の本性そのものから必然的に出てくる現象であり，必然的産物である」とか，「工場内労働者を襲う過酷な運命と工場外市民を襲う公害とは，おなじ資本の本性から発生した双生児である」などと規定して終わりとするような議論があったが，「現にわれわれの前にある公害現象は，そのように簡単に片付けることのできない問題である」(同)ことは確かであった．

生産力の発展はやがて既存の生産関係と矛盾するようになるという唯物史観を修得してしまえば，公害をそうした矛盾の１つの表れと捉えることはたやすい．しかし，マルクス自身，その矛盾が具体的にどのような表れ方をするかを明らかにするために膨大な分析を行ったのであって，その一端は上に記したとおりである．現代の公害がそうした矛盾の表れであるとしても，それが具体的にどのようなメカニズムで現れるのかを提示しないと，公害の本質を理解したことにはならない．そのためにはマルクスの理論を借りるだけでは足りない．

マルクスが必ずしも十分に述べていない労働者の消費過程について「社会的共同消費手段」という概念を立てた上で，マルクス自身の論理をそれに重ね合わせ，さらに資本主義の発展段階の視点を入れて，そうした課題に挑んだのが宮本憲一である．

2.3.1　社会的共同消費手段の節約と社会的損失

宮本は，生産過程外の消費を，「私的な欲望の満足のための本来の個人消費と，主として社会的な欲望の満足のため，または共同の消費の対象となる共同消費」とに分けた(宮本 1976，29 頁)．人間は本来社会的動物であるから，社会の成立とともに共同消費があったが，都市の発生が新しい共同消費を生み出したと宮本は言う(同 29 頁)．すなわち

> 都市は生産手段をもたぬ労働貧民のプールであった．都市の住民のおおくは，狭域に集団で生活をし，消費財の自給自足はできなかった．そこで，共同住宅，水道，共同浴場，街路，広場，競技場などは，早くから，都市住民の共同的生活手段としてつくられた．(同 29 頁)

資本主義以前から，都市では商品交換が発達していたので，個人消費の対象の大部分は商品によって満たされ，共同消費は社会的消費となって，分裂する傾向があったが，資本主義では，商品経済の発達によってこの分裂が決定的となり，かつ，共同消費の様相が一変した．すなわち，大工業制を伴う資本主義は，利潤追求のために大勢の労働者を都市の狭い地域に集積させた．集積の利益を求めてますます多くの資本が都市に投下され，それが人口集中を加速させた．都市の膨張は，衛生，上下水道，医療，エネルギー供給といった共同消費手段の必要性を増大させたのである(同 30-31 頁)．

宮本は共同消費手段を，

1. 労働力再生産の最低必要条件の内，都市労働者の集団生活様式のために，社会化して共同利用されるようになったもの——共同住宅，エネルギー施設(ガス・電気)，上水道，清掃施設，下水道，温水暖房
2. 労働力保全手段——病院その他衛生施設，保健所，失業救済事業，職業訓練事業
3. 資本主義的生産様式に適合的な労働力を創出する手段——教育
4. 交通・通信手段
5. 大衆文化・娯楽施設

に分類した(同 33-36 頁)．このうち第 1 の種類は，本来商品として供給されていたものだが，資本主義の独占段階にいたって，共同消費化しつつあると言

う．

共同消費は，個別資本の側から見て労働力の再生産費に算入されないが，共同消費がなければ，労働者の再生産は阻害される．それは労働力再生産の一般的条件である（同 31-32 頁）．共同消費手段は，初め私人の手で供給され，ついで資本家や地主の手で供給されたが，利潤追求を目的としたので，劣悪な条件での供給となり，やがて，国家がその供給の責任を負わざるを得なくなったと言う．これを宮本は，「ブルジョア社会の総括（資本主義国家の完成のひとつの側面）」と呼んでいる（同 39 頁）．こうして公的に供給されるようになった共同消費手段が「社会的共同消費手段」である．

ところが，労働力再生産の一般的条件である社会的共同消費手段を，資本主義社会は節約する傾向をもっていると宮本は言う（同 161 頁）．なぜか．「資本の利潤率を引き上げるために」である（同 161 頁）．また，「社会的共同消費手段が節約される事情は，工場内において（ひろくいえば事業所内において）労働者の衛生や安全のための不変資本部分が節約される事情と同じである」とも言っている（同 163 頁）．マルクスによる不変資本充用上の節約に関する叙述を引用しながら，宮本は次のように述べる．

> 不変資本部分の中には，直接生産過程とかかわりのない固定設備（公害防止，福利厚生など）があるから，その部分を節約することは，利潤をより大きくする条件となる．（同 163 頁）
>
> 工場内における安全のための不変資本さえ節約されるのであるから，工場外の安全のための不変資本などは全く考慮されなかったのも当然である．資本主義発生以来，約 300 年にわたって，工場外の保安設備は節約された結果，第2次大戦後まで大気汚染などの公害は放置されてきたのであった．作業場内での安全などの労働者の生活条件のための不変資本の節約が，個別資本の利潤率を引上げる方法であったとすれば，作業場外での社会的共同消費手段の節約は，総資本としての利潤率引上げと社会的空費の節約の基本的方法だったのである．（同 164 頁）

つまり，マルクスの不変資本充用上の節約の論理をそのまま適用するだけで，まず，公害防止等の生産過程と直接的な関わりのない固定設備を節約する傾向があることが言える．これで公害の原因の一部が説明されたことになる．

それに加えて，都市の発達とともに，労働力再生産にとってますます不可欠になってきた社会的共同消費手段が，同じく利潤率を引き上げるために節約されるという論理によって，都市の生活困難という大きな問題の一部として公害が位置づけられているのである．

ただし，この場合の利潤率は総資本の利潤率である．それはマルクスの不変資本充用上の節約が個別資本が利潤率を引き上げようとすることの直接的帰結として理解できるのと対照的である．社会的共同消費手段を供給するのは，国家や地方政府などの公的部門であるから，それを節約しても直接に個々の資本の利潤率が上がるわけではない．しかし，共同消費手段への公的支出の節約は，資本そのものや資本の利潤等への課税の節約になる(賃金への課税の節約もまた必要な可変資本を減少させ剰余価値率を引き上げるだろう)ことを通じて，総資本の蓄積の原資となる利潤を増加させ，その結果，個別資本の平均的な利潤率も上昇するという理屈がここにあると思われる．

ちなみに，宮本社会資本論の要諦は，通常「社会資本」と呼ばれているものを，上記の社会的共同消費手段と社会的一般労働手段とに区分し，資本主義の発展の過程における両者の性格が根本的に異なることを明らかにした点にある．社会的一般労働手段とは，直接に生産過程に入り込まないが，生産過程が行われるための不可欠な共同社会的一般的な諸条件であって，主に国家が建設・管理・運営するものである．具体的には，産業用地，産業用排水設備，運輸通信手段などが含まれる．これらの一般的労働手段は，場所的固定性，投資の大規模性，同時に消費手段としても使われることなどの性質のために，個別資本が所有せず公的に供給されるようになった．この一般的労働手段と，上で述べた共同消費手段とは，資本主義社会の再生産のための不可欠の条件であり，国家が個別資本に代わってそれを保証する．しかし，生産に直接貢献し，資本にとって必要な手段である社会的一般労働手段の供給が優先され，社会的共同消費手段は節約され最小限の供給にとどめられると宮本は言うのである(同 43 頁)．

こうして社会的共同消費手段が節約される結果，都市労働者の生活の一般的条件は破壊され，住宅不足，交通マヒ・交通事故・通勤通学難，公害・災害，清掃事業の停滞，教育・道徳低下，伝染病，スラム街の膨張といった都市問題が発生する．こうした生活困難を宮本は，「資本制蓄積の一般的傾向としての貧困化(あるいは窮乏化)」と捉えた．それまでのマルクス経済学では，貧困化を，相対的過剰人口の形成に基礎をもつ実質賃金の低下としてだけ捉えたが，宮本は，現代資本主義の社会問題である都市問題をも貧困化の一現象と見なしたのである(同162頁)．

社会的共同消費手段の節約は資本に利潤をもたらしたが，人間材料の浪費であり，社会的には損失をもたらした．これを宮本は「社会的損失」と呼んだ．社会的損失は，労働者の家計費の上昇や生産物の価格の上昇として，貨幣的に秤量できる損失となって現れる場合と，人間の健康の破壊，自然・文化の荒廃のように，貨幣的に秤量できず，また，中には再生不能の絶対的損失となって現れる場合とがある．社会的損失の内貨幣的に秤量できるものだけを「社会的費用」と宮本は呼んだ(同165頁)．

エンゲルスが，「社会的殺人・傷害」と呼んだ，労働者階級の生活困難を，マルクスは，「資本制蓄積の一般的傾向」として理論化した(上述の相対的過剰人口の形成による貧困化の理論によって)が，宮本は，これを，個別資本が不変資本を節約するように，総資本は社会的共同消費手段を節約するという傾向によって生じる社会的損失という論理によっても理論化したのである．資本制蓄積の一般的傾向としての貧困化も，宮本が理論化した社会的共同消費手段の節約による貧困化も，ともに，労働者の消費過程の貧困である．これに対して，不変資本充用上の節約は，本来労働過程における困窮を説明した．しかし，宮本の社会的共同消費手段の節約は，不変資本充用上の節約と同じ論理で説明されている．

以上はすべて，資本主義社会一般に当てはまる議論であった．マルクス経済学では，資本主義社会を歴史の中に位置づけるが，資本主義社会の中での歴史的変遷にも着目し，それをいくつかの段階に分けて捉える．一般的な区分は，古典的な産業資本主義の段階と主として20世紀以降の独占資本主義の段階との間に設けられる．宮本の社会資本論も，独占資本主義段階特有の記述をもっている．すなわち，独占資本主義の段階では，国家が都市計画を行ったり，公害対策を行ったりするようになるが，生産力の飛躍的な向上，および重化学工業化によって，新しい社会的損失——大気汚染・水汚染・交通災害——が大量に出現したと言う．社会的損失は量的に増大しただけでなく，質的にも変化した．つまり，石炭から石油へのエネルギー源の転換によって，大気汚染の原因が，煤塵から亜硫酸ガスに変わり，化学工業の発達による各種の有毒ガス，自動車の排気ガスという新しい汚染物が現れた．重金属や合成洗剤による水汚染や農薬汚染も新しい問題である(同 201 頁)．このほか，独占資本主義段階の社会的損失には，循環的累積と複合化，被害の広域化，日常化と慢性化といった新しい特徴が現れたという(同 204-205 頁)．また，被害者が都市労働者から農村住民を含めた全国民に広がり，加害者は独占資本およびそれと結びついた国家に変わった．独占資本主義の段階で社会的損失が増大する理由は，生産力の巨大な発展のために社会的損失発生の可能性が増す一方で，生産のためにも共同消費手段のためにも固定資本の必要性が増大し，それゆえ，利潤率維持のための不変資本充用上の節約の必要性も増すということである．

まとめると，不変資本充用上の節約は直接に公害防止投資の節約を説明する．加えて，総資本の利潤率を引き上げるために，社会的共同消費手段を節約するという論理が，社会的損失を説明する．これが宮本社会資本論による環境破壊の説明である．

2.3.2　マルクス経済学による公害把握の全体

これまで見たように，『社会資本論』(宮本 1976)では，従来のマルクス理論に付け加える部分が強調されていたが，庄司光と宮本憲一は，その共著『日本の公害』(1975 年)で，マルクス理論そのものによって把握できる部分を含めて，包括的な公害の理論を提出している．

彼らはまず，GNP の成長を至上命題とする経済では，公害のような社会的損失はマイナスとして評価されず，むしろ GNP 成長にとってプラスと評価されると指摘する(庄司・宮本 1975，10 頁)．ではなぜ，社会的損失がマイナスとして評価されないかというと，それは，現代社会の基本的経済法則が価値法則だからだと言う(同 11 頁)．商品がすべて価値通りに，つまり，投下労働量に比例した比率で交換されるということを通じて社会的正義が保持されるという意味で，価値法則はこの社会の正義を体現している．しかし，価値法則には 3 つの矛盾があると言う．第 1 に，価値法則が搾取という不正義を生むという矛盾である．第2は，価値法則の正義の基礎条件である自由競争が必然的に独占を生むという矛盾である．そして第3の矛盾が，社会的損失が費用に算入されないことである(同12頁)．社会的損失が費用に算入されないことは，価値法則の直接的帰結として次のように簡単に説明される．

> 自然環境は労働生産物ではないか，軽度な加工物にすぎないので，価値はないか，あるいは価値は小さい．そこで商品市場では，タダあるいはタダ同然の安い価格で売買され，あるいは占有される．大気や水がなくては，人間は1日たりとも生きてはいけない．そのいみでは，これらは最高の使用価値をもっている．しかし，大気はタダであり，水はタダかそれにちかい．日本の上水道では，トンあたり5円から，高くともせいぜい100円くらいで大変安価である．このため浪費されやすく汚染されやすい．汚染してもタダであれば補償する必要はないので，コストとして計上されない．いいかえれば，環境は商品として市場で売買されないために浪費されるのである．(同12頁)

彼らはこの説明について，「近代経済学者が市場の欠落というのは正確にいえばこのようなことである」と述べている(同13頁)．つまり，これは基本的に外部負経済による公害の説明と同じであるということである．ただ，外部負経済論よりも直截に，価値法則からの必然的帰結として社会的損失の発生を説明している．

次いで，庄司・宮本は，価値法則に加えて，剰余価値法則(利潤原理)もまた，社会的損失の原因になると論じる．その論理は『社会資本論』のそれと同じである．

そのようにして起こる公害を，庄司・宮本は，現代的貧困の一現象と捉えるが，公害の被害には，生物的社会的弱者に集中して現れるという性質があると言う．生物的弱者とは，病人，老人，子供，妊婦などである．社会的弱者とは，労働者，農民，漁民である．高額所得者であれば，公害の少ない土地を選んで住むことができ，汚染されていない食物を選んで食べることができるかもしれないが，貧しい庶民はそのような自己防衛手段をもたないからである．

公害には，貨幣的に計測可能で事後的に補償の可能な相対的損失と，貨幣的に計測不可能で，事後的補償も困難な絶対的損失とがあるが，絶対的損失に含まれるものとして，庄司・宮本は，(1)人間の健康障害および死亡，(2)人間社会に必要な自然の再生産条件の復旧不能な破壊，(3)復元不能の文化財の損傷，を挙げている(同22頁)．絶対的損失については，事前の予防が必要であり，万一それが発生した場合には，ただちに，その原因となる経済過程を差し止めなければならないと言う(同22頁)．

かくして，庄司・宮本は，公害を次のように定義する．

> 公害とは，都市化工業化にともなって大量の汚染物の発生や集積の不利益が予想される段階において，生産関係に規定されて，企業が利潤追求のために環境保全や安全の費用を節約し，大量消費生活様式を普及し，国家(自治体を含む)が公害防止の政策をおこたり，環境保全の公共支出を十分に行わぬ結果として生ずる自然および生活環境の侵害であって，それによって人の健康障害または生活困難が生ずる社会的災害である．(同24頁)[3)]

2.3.3 社会主義国の公害をどう見るか

上の公害の定義の特徴は，生産力が，公害を引き起こせるほど十分に発達していることが，公害の発生にとって必要であり，かつ，特定の生産関係が支配的であることもまた，公害の発生にとって必要だということである．それを裏返せば，生産関係が変われば，生産力の発達にもかかわらず，公害を防げるということになる．生産力自体は善であり必然であるとすれば，変革可能な生産関係こそが注目すべき原因ということになる．

そこで，資本主義的生産関係を廃止して新しい生産関係を建設しようとしていた社会主義国での公害をどう見るかは，マルクス経済学にとって重要な問題であった．1960年代までに，ソ連やチェコやポーランドといった当時の社会主義国で，激しい公害が広範囲に起こっていたことが明らかになっていたが，資本主義的生産関係に原因を求める理論によっては説明できなかったからである．

庄司・宮本は，社会主義国での公害の原因について次のように述べている．すなわち，「第一に，資本主義の完全な発達をみなかった生産力の水準のおく

---

3) 庄司・宮本は，以前の著書(1964)でも，「公害は，資本主義の生産関係に付随して発生する社会的災害だ」(139頁)と述べている．

れた国が，社会主義国として自立してゆくために，急速に都市化，工業化，中央集権化をすすめ，生産第一主義をとり，社会的分業を促進したために，事実上価値法則が貫徹し，商品生産が残存しているためである．この状況下で企業の独立採算制や生産性向上が経営原則として一般的になると，利潤原理が復活し，経済過程における社会的損失などの外部効果を無視した政策や価格決定がおこなわれ，その結果，環境保全の企業内投資や共同消費手段への投資が節約されるためであろう」(庄司・宮本 1975，28 頁)と．次に，「第二は，政治体制としての中央集権体制が強く，民主主義(特に地方自治)の未発達な状況では，住民の世論や運動を政治や企業経営に反映させる制度が十分に働かず」，「環境破壊を防止する住民の世論や運動が弱く，現実的抑止力とならなかったためであろう」(同 28 頁)と述べている．つまり，その当時の社会主義国には，資本主義の残存物があったために公害が起こっており，かつ，それが政治体制のためにより強く現れたと解釈されているのである．生産力がより発達し，かつ環境問題で苦闘を重ねた日本や欧米が社会主義化するときには，環境問題の解決はもっと容易であろうと彼らは述べている(同 29 頁)．

宮本は，1989 年に出版した『環境経済学』では，生産力と生産関係との間に，「中間システム」という概念を設けた．中間システムとは，(1)資本形成(蓄積)の構造，(2)産業構造，(3)地域構造，(4)交通体系，(5)生活様式，(6)国家の公共的介入の態様，からなる政治経済構造のことである．特に最後の国家の公共的介入の態様はさらに，(a)基本的人権の態様，(b)思想・言論・出版・結社の自由，(c)民主主義のあり方，(d)国際化のあり方，に分けられる．これらの政治経済構造は，資本主義体制であろうと，社会主義体制であろうと，公害や環境破壊を規定する要因であるという(宮本 1989，47-48 頁)．

この中間システム論は，社会主義国の公害を説明する上では有力な概念である．つまり，中央集権主義や民主主義の未発達や，人権の未確立などに原因を求めれば，それは中間システムに原因を求めたと見なせるからである．しかし，宮本は，中間システム論を立てた上で，あえて，生産関係によって社会主義国の公害を説明しようとする．つまり，当時の社会主義国は，低位の生産力からみても，政治体制の現状から見ても，人類史の先進ではなく，現代資本主義とも，マルクスの考えた「自由の王国」としての社会主義とも異なる，「発展途上型社会主義」という体制であると規定したのである(同 117 頁). 20 世紀の社会主義国の公害は，根本的には現代社会主義の生産関係によって起こっており，中間システムの中に，それをさらに悪化させる要因が求められるというわけである.

2.3.4 マルクス経済学と環境政策

マルクス経済学では，公害対策あるいは環境政策はどうあるべきだと考えられただろうか. 生産関係重視という基本姿勢から単純に出てくる答は体制の変革である. しかし，体制の変革まで解決を待つことを主張するマルクス経済学者は，当然のことながらほとんどいない. 庄司・宮本は 1975 年に次のように述べていた.「市場制度あるいは価値法則を廃棄し，人間社会にとって必要な社会的使用価値による新しい価値体系の生まれる未来社会の誕生までは，公権力によって公害の防止→環境保護を強制しないかぎり，価値法則(市場原理)は貫徹して，環境の破壊はつづくといってよいだろう」(庄司・宮本 1975, 13 頁)と. 現在の生産関係の下での処方箋は，公権力による公害防止・環境保護の強制であることが示唆されている. この直接規制(統制)こそ，現体制内の環境政策で最も効果のある手段であると見なされている(同 190 頁; 宮本 1989, 206 頁)が，それは，「社会主義的原理といった方がよい」とも言われている(宮本 1989, 229 頁).

マルクス経済学者も，ピグー的な課税政策に反対はしないが，必要な項目について規制をした上での補助的な役割をそれに負わせているに過ぎず，また，むしろ，課税の分配上の効果，つまり，加害者に負担させるのが公平であるといった観点を重視する. その意味で，被害者救済のための課徴金制度である日本の公害健康被害補償制度は評価されているのである(同 229-233 頁).

2.4 マルクス派環境経済学のまとめ

マルクス経済学では，資本主義経済の諸問題を，生産力と生産関係との矛盾として捉える. 公害はそのように捉えられる矛盾の 1 つの表れである. 生産力の一定段階に達しなければ公害は現れないという意味で，それは，生産力に規定される．しかし，生産力は，それが公害を生まないように利用できるはずだと，マルクス経済学は考えている．それが公害を生まないようにうまく制御できない原因は生産関係にあると捉えるのである．都留重人は，こうした二面的な捉え方を，「素材面と体制面とを区別しながら両者の統一的把握をはかる」ことと見て，それを政治経済学的接近法と呼んだ(都留 1972, 34, 39 頁)．素材面とは生産力の面であり，体制面とは生産関係の面である．

さらに，この生産関係を重層的に捉える点に，マルクス経済学の特徴がある．つまり，生産関係が，商品生産という生産関係と，資本労働関係という生産関係として二重に捉えられている．価値法則ゆえに自然が無価値になるというのは，商品生産という生産関係から出てくることで，それは，生産が資本労働関係という階級関係の下で行われていることとは直接の関係がない(もっとも，生産が資本労働関係として行われる資本主義的生産関係において商品経済は初めて最高度に発達したのであるが)．これに対して，不変資本充用上の節約は，生産が利潤追求を目的として行われていることから初めて生じる現象である．よって，これは階級関係の産物である．しかも，資本の蓄積が進めば進むほど，それが必然的となることが主張される．社会的共同消費手段の節約も，総資本としての利潤追求の帰結である．公害を現代的貧困化として捉えるのも，資本蓄積に伴って必然的に起こる労働者の貧困化とこれを平行的に捉えようとするもので，明らかに階級関係の産物と捉えている．被害者が労働者および農漁民で，加害者が資本家であるという捉え方も階級関係の視点による．

この観点から見ると，新古典派経済学の外部負経済としての公害把握は，二重の生産関係のうち，最初の商品経済だけを見たものだということになる．マルクス経済学から見ると，外部負経済論は，生産関係の視点から公害を捉える捉え方の一部にすぎない．

素材面はマルクス経済学ではどう扱われたか．宮本憲一は，絶対的損失を重視したが，これは貨幣的に計測できない社会的損失を素材面で捉えたものである．そうした捉え方は，マルクス経済学の価値論の帰結である．マルクス経済学では，労働を投下して生産されたもの以外価値を持たないので，絶対的損失には価値をつけようがなく，素材面で捉えるほかないのである．マルクス経済学は，公害の被害を素材面で捉える．しかし，その原因を探るのに体制面を重視するのである．これに対して新古典派経済学は，マルクス経済学から見れば，被害を捉えるのにも生産関係の要素を混ぜている．新古典派経済学では，使用価値と交換価値とは密接な関係をもつ(つまり価格は限界便益に等しい)から，素材の損失をも貨幣価値で表現できる．その結果物的側面の重要性は薄れる．この傾向は，近年の環境の価値評価の研究で顕著である(それについては第7章で論じよう)．一方，素材面の損失を引き起こす原因は，階級関係の面をはぎ取られた商品経済の例外的なほころびへと矮小化されたのである．

新古典派経済学は，生産過程であろうと，消費過程であろうと，その過程を遂行する経済主体が利益を最大化しようと行動していると捉える(利潤最大化か効用最大化の別はあるが)．その過程から外部負経済が出れば，生産過程から出ようが消費過程から出ようが，資源配分は効率化しないのであって，外部負経済の原因者が生産者であるか消費者であるかは，本質的な差をもたない．これに対して，マルクス経済学では，公害は主として生産過程から生まれると捉える．消費過程から生まれるように見える自動車公害なども，大量消費生活様式を普及させようとする資本の力から生まれると見なすのである(庄司・宮本 1975，56-60頁)．これは，消費者主権の否定につながる認識である．

マルクス経済学による環境問題把握の弱点は何だろうか．最大の弱点は，それが，不変資本充用上の節約の論理に依拠している点である．利潤率の傾向的低下法則は，理論的・実証的に十分証明されていない命題である．むしろ現実はそれを否定している．つまり，生産の機械化，大規模化とともに利潤率が低下したという証拠はない．そうすると，利潤率低下の故に不変資本充用上の節約が起こるという論理は正当化し得ない．では，不変資本は節約されないかというと，それはされるに違いない．利潤率が傾向的に低下しようとしまいと，不変資本を節約すれば，個別資本の利潤率はより高くなるから節約されるのである．しかし，そうなると，新古典派経済学の外部負経済論と変わらなくなる．

公害の被害が所得の低い階層に集中するという命題はどうであろうか．確かに低所得者に開かれた選択の幅が相対的に狭いことから，その傾向は必然である．しかし，環境問題は公害と呼べない現象に広がり，被害と加害の階級的性格から離れて見た方がよい問題が増えたことも確かである．貧富の差は，国内での格差よりも国と国との間の差の方が，現在の環境問題についてははるかに重要な要素である．国を越えた貧富の差を取り扱うための，実際の環境問題の分析に使えるような理論はマルクス経済学にはない．

現代的貧困化も，高度成長期の公害では，絶対的貧困化と言ってもよい現実をよく捉えた概念であった．もちろん，当時も，多くの人は徐々に豊かになっていることを実感していた．現代的貧困化という言葉は，公害や都市問題を重視した場合に本当は貧しくなっているのだということを主張したもので，通念へのアンチ・テーゼであった．今では貧困化という言葉の説得力はさらに低下した．さらに，総資本による不変資本充用上の節約によって，共同消費手段が量的に不足するという描写は現実感を少なくしている．とはいえ，今でも，自然の破壊や都市・農村の景観の破壊や無秩序な土地利用の進行を目にした場合に「貧しい」という言葉でこれを表現したくなる場面は多くある．共同消費手段のあるものは供給過剰で，あるものは貧困である．共同消費手段不足の論理をもっと強固なものに変えて，こうした現象を説明する必要があるだろう．

環境が浪費されることを価値法則で直接に説明するのと，新古典派の外部負経済論で説明するのと，どちらが優れているであろうか．浪費が起こるメカニズムについて，外部負経済論の方が精緻な理論体系をもっているように見える．外部負経済論であれば，どの程度の浪費まで許されるのかについて，効率性基準に基づいて理論上の答を与えることができる．しかし，それも，外部費用の大きさが正確に与えられればの話である．それがわからなければ，精緻な理論は空箱となる．許される浪費（あるいは環境利用）の水準については，マルクス経済学は，素材面に基づいて，人間にとっての最低限必要な水準によって決められると考えている．どちらが有用であるかは，現実への適用可能性が判定してくれるだろう．

マルクス経済学の強みは，何といっても，体制の変革あるいは体制への挑戦という視点をもっていることだろう．今では当たり前になっている多くの環境規制も，経済成長至上主義が今よりももっと強かった時代には，体制への挑戦と見なされていた．現在も，ある種の温暖化政策への批判に見られるように，自由な経済活動を大きく制約するような規制は体制への挑戦と見なされているが，それも将来は当然の政策となるかもしれない．

第3章　エントロピー経済学は環境問題をどう見たか

3.1　新古典派経済学・マルクス経済学への不満

マルクス経済学は，公害の被害を素材面で捉えたが，その原因については体制面(生産関係)を重視した．もちろん，公害を出すほど十分に生産力が高まっていることが必要条件ではあるが，生産力という素材面の原因は，人類が制御可能だという前提に立っていた．しかし，環境問題での素材面の圧倒的な重要性は，こうした捉え方への疑問を生じさせる．生産力，つまり，人間による自然支配力が高まったこと自体が，環境破壊の中心原因ではないのか．生産関係が変われば環境問題はなくなるのか．人類史は環境破壊史そのものではないのか．そうした疑問を消すことはできないのである．

マルクス経済学は進歩史観に立ち，生産力が発展し続けることを前提としている．資本主義的生産関係は，基本的には，生産力発展への足枷になると捉えられているが，資本主義体制の枠内でも，生産関係が足枷になるのを緩和するための改良が，徐々に加えられるとも捉えられる．実際，マルクス経済学は，日本の高度経済成長期の公害を診断するのに，イギリス産業革命期の労働者の状態を持ち出し，それに「不変資本の節約」の概念をもって答えたが，その議論は，公害は日本資本主義の後進性の故であって，これがもっと発達すれば克服されるかのような印象を与えた．しかし，戦後の環境汚染は，19世紀のそれとは質的に異なるものであり，生産力が巨大になるにつれて環境問題がますます深刻になったことを示すものではないのか．

新古典派経済学は，階級関係ではなく，市場経済の不備にもっぱら着目している．しかし，新古典派経済学も，生産力ではなく生産関係に環境汚染の原因を求める点では，マルクス経済学と同様である．新古典派経済学でもっと疑問視されるのは，環境汚染が，経済的費用一般と同列の費用として扱われ，それらは足し合わされて社会的費用を構成し，そうした社会的費用に，社会的便益を対置することによって，何らかの最適点が達成されると考える点である．それは，最適な汚染水準があることを意味している．しかし，現代の環境問題は，最適な汚染水準が実現されていないという問題なのか．むしろ，現在の文明化した生産と生活の様式を続けることができないかもしれないという，もっと根本的な問題ではないのだろうか．

こうした課題に答えようとする経済学が1960年代の終わりから70年代にかけて現れた．ボールディング(Boulding 1968)は，現代の経済は，生産過程で外部から物質やエネルギーを投入し，生産と消費を行い，価値がゼロになった生産物が廃棄物として外部に出ていくことを前提にして，インプット(流入物)からアウトプット(流出物)に至るスループット(通過物)の中で，ある構造を維持する「開いた系」であるが，それは経済にとってのフロンティアが存在していることを前提にしていると言う．そして，地球上にフロンティアがなくなる未来の経済は「閉じた系」になると警告し，それを表現する「宇宙船地球号」という概念を打ち出し，そのような未来の経済では，GNPといったスループットで表される豊かさは重要でなくなり，ストックの維持が重要になると予言した．また，クネーゼら(Kneese et al. 1970)は，生産・消費が廃物・廃熱を常に生み出し続ける過程であることに着目し，経済過程における物質とエネルギーの収支を明らかにする分析を提唱した．それに基づいて彼らは，物質とエネルギーの保存則から廃物・廃熱の発生が不可避であることを指摘した．

ボールディングも，化石燃料の燃焼から得られるエネルギーを消費し，廃熱を外部に捨てる過程が，不可逆的なものであることを表すために，エントロピー増大則に着目したが，ジョージェスク-レーゲンは，この概念をもっと明示的に取り上げ，エントロピーこそ経済的稀少性の根本原因であるとして，この概念を中心に据えた経済学を提唱した．日本では，槌田敦と室田武が，それぞれ物理学および経済学の立場から，エントロピーの視点で資源と環境の問題を見る見方を体系的に展開した．ジョージェスク-レーゲンと同様，彼らの議論も既存の経済学への批判を含み，その変革を視野に入れたものであった．

本章では，エントロピーとは何かを述べ，ジョージェスク-レーゲンが既存経済学の何を問題にし，エントロピー概念を中心にしたどのような経済学を構想したかを述べる．次いで，エントロピー概念と資源・環境問題との関わりを論じた日本のエントロピー論を紹介する．最後に，エントロピー経済学の限界を明らかにするとともに，その意義を見極める．

3.2　エントロピーとは何か

物理現象には可逆な現象と不可逆な現象がある．振り子運動は，摩擦がなければ可逆であり，いつまでも同じ動きを繰り返す．惑星が恒星の周りを回る運動も可逆である．それに対して，気体が拡散するとか，高温の物体から低温の物体に熱が移動するとか，運動する物体が何かにぶつかって止まり，あるいは摩擦を生じて，力学的エネルギーが熱に変わるといった現象は不可逆である．可逆な運動を支配する法則は力学によって明らかにされた．不可逆な現象を扱う分野は熱力学と呼ばれる．

エントロピーはこの不可逆性の指標である．気体の拡散の場合，それは次のように定義される[1)]．外界から遮断されて熱の出入りもない容器の中程に小さい穴の空いた仕切があり，その左側にあってV_1の体積を占めていた1モルの気体が，やがて穴を通って容器全体に拡散し体積がV_2に増えたとする(図3.1)．この体積変化は不可逆である．つまり，気体がひとりでに穴を通って左側に集まることはありえない．このとき，不可逆性の指標として

$$\Delta S = R \log\left(\frac{V_2}{V_1}\right)$$

をとれば(Rは気体定数[8.3 J/mol/K])，適当に選ばれた基準体積V_0を使って，

$$\Delta S = S_2 - S_1 = R \log\left(\frac{V_2}{V_0}\right) - R \log\left(\frac{V_1}{V_0}\right)$$

となるような量Sが定義できる．このSをエントロピーと言う．エントロ

1)　本節の記述は，白鳥・中山(1995)を参考にした．

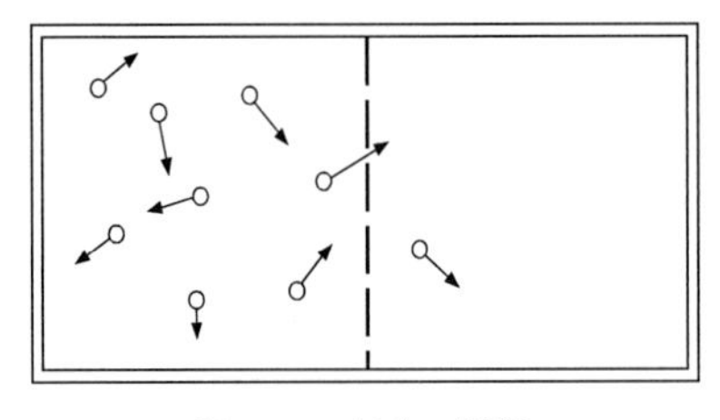

図 3.1　気体の拡散

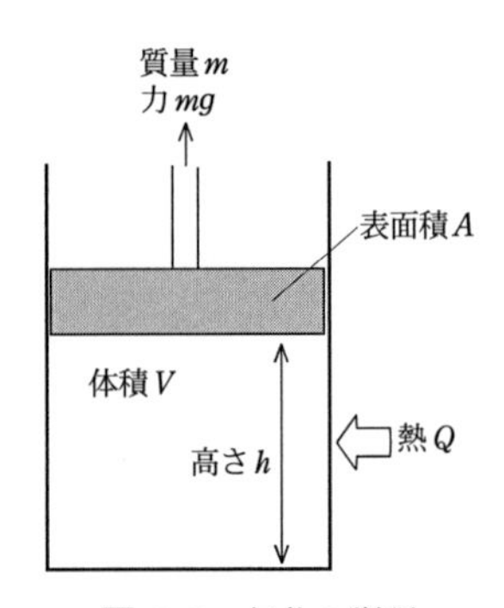

図 3.2　気体の膨張による仕事

ピーを使えば，不可逆な変化はエントロピーの増加として表現される．

力学的エネルギーが熱に変わる変化の不可逆性も，このエントロピーの増加によって表すことができる．高いところにある物体が落下して地面に当たって止まったとしよう．初めに物体がもっていた位置のエネルギーは運動のエネルギーに変わり，これが地面との衝突によって熱に変わって拡散した．エネルギーは保存されるから，位置のエネルギー E と熱 Q とは等しい(E=Q)．この熱 Q をゆっくりと(ほとんど同じ温度で)，ピストン付きのシリンダーの中に入れた1モルの気体に吸収させて気体を膨張させれば，この気体は仕事をし，物体を元の高さまで持ち上げることができる(図 3.2)．物体の質量を m とすると，この物体にかかる力は mg(g は重力の加速度)で，これを Δh だけ持ち上げる際の仕事 ΔW は $mg\Delta h$ である．シリンダーの中の気体の圧力を P，ピストンの面積を A とすると，気体がピストンを押す力と物体の重力とがつり合っている(mg=PA)から，

$$\Delta W = mg\Delta h = PA\Delta h\ .$$

他方，体積の変化分 ΔV は，ピストンの移動距離 Δh と表面積 A との積($\Delta V = A\Delta h$)だから，

$$\Delta W = P\Delta V\ .$$

これから，シリンダーの中の1モルの気体の体積が V_1 から V_2 に増えるときに気体が物体にする仕事は

$$W = \int_{V_1}^{V_2} PdV$$

となるが，1モルの気体については

$$PV = RT$$

が成り立つ(T は絶対温度)から，

$$W = RT \int_{V_1}^{V_2} \frac{dV}{V} = RT \log \frac{V_2}{V_1}$$

この仕事は気体が取り込んだ熱 Q に等しく，物体の位置エネルギー E にも等しいから，

$$E = Q = RT \log \frac{V_2}{V_1} . \tag{3.1}$$

以上の変化では，初め，力学的エネルギーが熱に変わった．これが不可逆的変化である．次にその熱で気体に仕事をさせ，力学的エネルギーを回復した．その代わりに，膨張した気体が残った．つまり，力学的エネルギーの熱への変化という不可逆な変化が，気体の膨張という不可逆な変化に転換されたのである．その気体膨張の不可逆性を示すエントロピー増加は，$R\log(V_2/V_1)$ である．この不可逆性は，力学的エネルギーの熱への変化の不可逆性が転換されたものであり，それと同等の不可逆性である．したがって，その不可逆性も $R\log(V_2/V_1)$ で表されるが，(3.1)から

$$R \log \frac{V_2}{V_1} = \frac{Q}{T}$$

である．したがって，熱 Q が発生するという変化のエントロピー増加は単に Q/T で表してもよいことになる．

これを使うと熱が移動する変化のエントロピー増加を簡単に表すことができる．普通，熱は温度の高い物体から温度の低い物体に流れ，逆は自然には起こらない．熱 Q が高温 T_1 の熱源から低温 T_2 の熱の吸収源へと流れたとすると，高温の熱源から熱が出ていくので，エントロピーが Q/T_1 だけ減り，低温の熱吸収源では，熱を受け取るので，エントロピーが Q/T_2 だけ増加する．差し引き，エントロピーは

$$\frac{Q}{T_2} - \frac{Q}{T_1}$$

だけ増加する($T_1 > T_2$).

不可逆変化が起こればエントロピーは増加する．拡散，摩擦，熱伝導などが起こればエントロピーは増加する．これらは日常の物理現象では不可避であるから，エントロピーは必ず増加する．落ちた物体を熱を使って引き上げることが可能であることや，熱が出ていく系ではエントロピーが減ることからわかるように，一部の系についてエントロピーを減少させることはできる．しかし，それはエントロピーを他の系に移し替えることによってのみ可能であって，全体としてはエントロピーは決して減らないのである．

この事実を正確に表現すれば，「孤立系のエントロピーは減少しない」となる(孤立系とは物質の出入りもエネルギーの出入りもない系)が，これは，熱力学第二法則または，エントロピー法則と呼ばれる．ちなみに，熱力学第一法則はエネルギー保存の法則である．

3.3 ジョージェスク-レーゲンの経済過程論

新古典派の数理経済学者として活躍していたジョージェスク-レーゲンは，その分野での主要な業績を集めた著書『分析経済学』を 1966 年に出した (Georgescu-Roegen 1966)が，それらの研究に含まれる「数学的表現の認識論的妥当性を検証しようとし」て，「経済学の方向づけに関する若干の問題」と題する長大な序論を同書に付けた．この序論で彼は，新古典派経済学が力学をモデルに構成されていることを批判し，経済過程が不可逆であることを強調し，経済過程とエントロピー法則との関連に目を向けさせた．ジョージェスク-レーゲンは，この序論を拡充して独立させた『エントロピー法則と経済過程』を 1971 年に出版した．この書で彼は，経済学の認識論的基礎の全面的な転換を構想した．

ジョージェスク-レーゲンがまず主張したのは，従来の経済学が力学的認識論に支配されているということである．この認識論は，ジェボンズやワルラスといった，近代経済学の創設者たちによって，物理学から経済学に持ち込まれたものであると言う(Georgescu-Roegen 1971, p.1, 邦訳1頁). 力学的認識論は, 経済学の次のようなところに現れている. 第1に, 経済学はホモ・エコノミックス(経済人)を対象にしている. これは人間が経済生活において機械のように行動すると仮定しているに等しいが, それは経済学が力学をモデルにしたことの表れである. 第2に, 経済学は繰り返す循環として経済過程を描いている. 経済主体は家計と企業とからなり, 家計から生産要素が企業に供給され, 企業はそれを用いて生産し, 生産物は家計によって消費される. 閉じた系の中で物は回り, 外からの流入も外への流出もなく, それ自体に一切の質的変化がない過程というこの図式は, 経済学を力学の相同物と考えたことの帰結である. 力学は場所的移動だけを扱い質的変化を扱わない. 第3に, 経済学は天然資源の必要性を無視している. 経済モデルには土地が要素として入ってくるが, 土地は質的変化のない要素であって, 本来の天然資源ではない. マルクスも, 労働生産物だけが価値を持ち, 自然の役立ちは無償であると見なしたが, これも, 力学のドグマにとらわれた結果である(*ibid.* p.2, 邦訳2頁).

しかし, 経済学が範とした物理学ではとうに革命が起こっていたとジョージェスク-レーゲンは言う. 場所的移動には還元できない質的変化が存在することをはっきりと認識した熱力学の誕生がそれである. 経済学はこの熱力学革命をもっと重視すべきであったと彼は考えた. なぜなら, 自然の法則の中でエントロピー法則こそ最も経済的な法則だからである. 経済学における大きな欠落を埋めるために, エントロピー法則と経済過程との密接な関係を吟味することが必要であり, それが彼の著作の目的であると言う.

では, エントロピー法則と経済過程とはどう関係するのか. エントロピー法則を重視することによって, 経済過程に対する見方はどう変わるのだろうか.

ジョージェスク-レーゲンは, まず, 熱力学の最初の基礎を築いたサディ・カルノーの関心が経済的なものであったことに着目する. ある量の熱エネルギーから最大どれだけの仕事を取り出すことができるか, またそのための条件は何かというのがカルノーの問題であった. つまり, 熱力学は初めから利用可能なエネルギーについての学問であり, 人間にとっての利用可能性という経済問題についての学問だったのである(*ibid.* pp.276-277, 邦訳358-359頁). エネルギーが利用可能なものから利用不可能なものへと不可逆的に変わることを, その後の熱力学はエントロピー増加として法則化した．それを捉えてジョージェスク-レーゲンは，「熱力学は概して経済価値についての物理学なのであ」(*ibid.* p.276, 邦訳 358 頁)ると断言する．なぜそう言えるのか．

ジョージェスク-レーゲンの推論はこうである．まず，生物は，エントロピー法則の破壊的作用に抗して生き続けているが，それは，環境から低エントロピーを取り入れ，それを高エントロピーに変換することを通じて行われている．生物といえども，自らの構造体の定常性を維持できるのみであって，環境を含めた全体のエントロピーは増加することを避けられない．しかし，低エントロピーを食べることを通じて準定常状態を維持するということが生物の特徴である．人間も生物である以上，それと共通の仕組みによって活動を持続するほかなく，「われわれの経済生活の全体は，低エントロピーを取り入れることによって成り立っている」(*ibid.* p.277, 邦訳 360 頁)．

例として，彼は，布，木材，陶磁器，銅などといった経済生活への投入物が高度に秩序のある構造をもっていることを挙げている(*ibid.*)．これらの秩序ある構造体は，例えば，「銅の分子が拡散してしまって，われわれにとって無用になったもの」よりもエントロピーの低い状態である．よって，「低エントロピーは，ものが有用であるための必要条件である」(*ibid.* p.278, 邦訳 360 頁)．

しかし，有用であるだけでは経済価値の原因にはならない．ものが経済価値を持つためには稀少でなければならない．稀少性には 2 種類あるとジョージェスク-レーゲンは言う．1 つは土地の稀少性である．土地はその量が限られていて増えも減りもしないという意味で稀少であるが，土地の最大の有用性は，我々にとって最も重要な低エントロピーのフロー(太陽光のこと)を捕捉する唯一のネットであるということにある．もう 1 つのもっと重要な稀少性は低エントロピーの稀少性である．低エントロピーは，再帰不可能な形で減少するという意味で稀少である．もし経済過程が再帰不可能でなければ，石炭やウランのエネルギーが無限回使用可能になり，人間生活において稀少性がほとんど存在しなくなる(*ibid.* p.6, 邦訳 7 頁)．そして，経済的努力は低エントロピーを求めて行われるものに他ならない(*ibid.* p.11, 邦訳 13 頁)．

すなわち，ものが有用であるためには低エントロピーが必要であり，かつ，ものが稀少であることの根本原因が低エントロピーの稀少性にあるから，「熱力学は概して経済価値についての物理学」だというわけである．

物理的に見た経済過程の本質は，「物質やエネルギーを消費することも創り出すこともなく，ただ低エントロピーを高エントロピーに変換するだけ」のものであると，ジョージェスク-レーゲンは言う．言い換えれば，それは，低エントロピーの「再帰不可能な廃物への変換，あるいははやりの言葉で言えば，環境汚染への変換」に過ぎない(*ibid.* p.281, 邦訳364頁)．

それでは，経済過程の一部である生産過程はどうなのだろうか．それは，低エントロピー，すなわち秩序ある構造体を作り出す過程ではないのか．それについては，銅板の例をとって次のように述べる．

> 何からこのような板をつくるかは，広く知られている．銅鉱石，ある種の他の原料，力学的な仕事(機械か人間によって行われる)である．しかしこれらの項目はすべて，結局は，自由エネルギーか，あるいは本源的な原料の何らかの秩序ある構造かの，いずれかに帰着する．それらは要するに，環境の与えてくれる低エントロピー以外の何物でもないのである．たしかに，銅板にあらわれている秩序の度合は，その製品をつくるもとになった鉱石のそれよりも，かなり高いものである．……しかし，この結果を実現するために，われわれは，製品のエントロピーと銅鉱石のエントロピーの差よりももっと大きい量の低エントロピーを，再帰不可能なかたちで費消しているのである．(*ibid.* p.279, 邦訳362-363頁)

つまり，銅鉱石と銅板とのエントロピー差(減少分)よりも大きいエントロピー増加を生産過程全体は生み出しているのである．

だから，経済過程はエントロピー増加過程に他ならない．しかし，物理的過程もエントロピー増加過程であった．それでは，経済過程と物理的過程とを区別するものは何であろうか．区別するものは2つあるとジョージェスク-レーゲンは言う(*ibid.* pp.281-282, 邦訳365頁)．

> 第1に，物的環境の中のエントロピー過程は，放置されたままでも進行するという意味で，自生的である．逆に経済過程は，マクスウェルの魔物のように，特定のルールに従って環境からの低エントロピーを選り分け，方向づける，個々の人間の活動に依拠している．

つまり，物理的過程には混ぜ合わせだけがあるが，経済過程には目的をもった

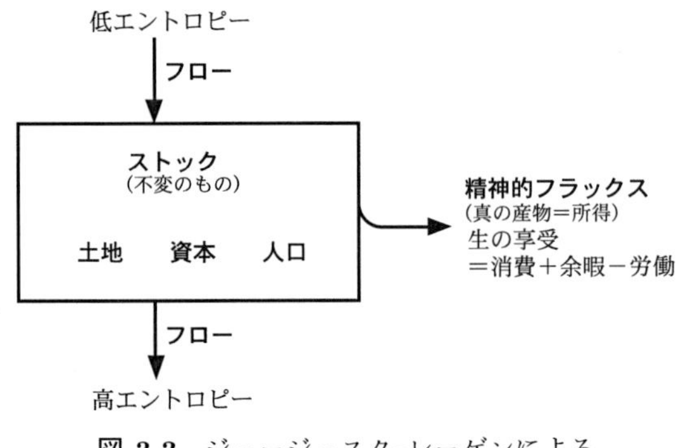

図 3.3　ジョージェスク-レーゲンによる経済過程・経済価値の捉え方

選り分けもある．これが第1の相違である．そして，第2の相違は経済過程の存在理由に関わる．すなわち，

経済過程の真の産出物は「生の享受(enjoyment of life)」である．

まとめると，経済過程は物理的過程と同様にエントロピー増加過程であるが，それは，「目的的活動」と「生の享受」という2つの特徴を持ち，これによって物理的過程と区別される．

経済過程が物理的過程にはない特徴を持っていることから，低エントロピーと経済価値とは同一物ではないということになる．毒きのこは低エントロピーを含んでいるが，経済価値はない．また，オムレツは生卵よりもエントロピーが高いが，経済価値は大きい(*ibid.* p.282, 邦訳 365-366 頁)．しかし，エントロピー法則は経済過程を窮極的に支配しているというのが，ジョージェスク-レーゲンの主張である．

経済過程と経済価値についてのジョージェスク-レーゲンの考え方は，図3.3のような図式によってよく表せる(これは「価値の一般方程式」という小見出しの下に彼が叙述したことをまとめたものである)．経済過程におけるストックは，土地・資本・人口からなり，それらは，過程に入り，変化を受けずに出てくる．過程にとってのフローは2つしかない．入ってくる低エントロピーのフローと，過程から産出される高エントロピー，すなわち廃物のフローの2つである．物理的に見た経済過程はこれに尽きる．経済過程の真の産物は，物的なフローではなく，精神的フラックス(flux)と呼ぶべきものだとジョージェスク-レーゲンは述べている(*ibid.* p.284, 邦訳367頁)．すなわち生の享受である．そしてこのフラックスの要素は，消費財，余暇，労働であり，前二者はプラスの要素，労働は苦痛を与えるのでマイナスの要素として入る．図3.3を以て新古典派経済学やマルクス経済学の経済過程の捉え方に代えるべきだというのが，ジョージェスク-レーゲンの結論である．

3.4　資源物理学

物理学者槌田敦は，ボールディングやジョージェスク-レーゲンやガルブレイスといった経済学者が，生産・消費という経済過程とエントロピー増加とを結びつけ，経済価値とエントロピーとの関連を論じたのに触発されて，物理学の言葉で資源とエネルギーの問題を論じ，さらに経済過程を論じる必要性と可能性とを認識し，「エントロピー経済学を資源の物理学へ発展させよう」(槌田 1976)として「資源物理学」を提唱した．

槌田の資源物理学は，経済を動かす原動力は何かという問いから始まっている．労働など従来の経済学が着目している要因は経済内部の要因であるが，熱力学第二法則から見て，内因は原動力になり得ないと槌田は指摘し，その答を，環境から資源が入り，廃物が環境へ廃棄されるという流れに求めた(槌田 1978)．これはジョージェスク-レーゲンによる経済過程の捉え方と同じである．

槌田は，この流れがやや長い時間で変わらない系を「定常開放系」と規定し，定常開放系であることは，生きていることの必要条件であると言う．定常開放系では，第1に，入る物質の量と出る物質の量とが等しく，第2に，入るエネルギーの量と出るエネルギーの量とが等しく，第3に，入るエントロピーが出るエントロピーよりも小さくなければならない．そのエントロピーの差が，系の活動の余地となる．そして，ある系が定常開放系であれば，その系が環境から資源を取り入れ環境に廃棄するという流れを持続しなければならないが，環境を含めたより大きな系が閉鎖系であれば，やがて，エントロピーがその系に溜まって流れが止まってしまう．そこで，ある系が定常開放系であるためには，それが，より大きな定常開放系の中に存在しなければならないということが導かれる．資源物理学は，持続可能な社会について，ジョージェスク-レーゲンよりももっと明確で具体的な提案をすることになるが，その基礎はこの定常開放系の存立条件についての認識にある．

槌田は，エネルギーを消費するとは，価値あるエネルギーを消費することであり，それはエントロピーを発生させることに他ならないことから，

$$物理価値 = C - エントロピー \qquad (C はある定数)$$

と定義される「物理価値」の概念を提唱した．生産という活動は，エントロピーの低い資源の物理価値を消費して，高エントロピーの原料資源からエントロピーの低い有用物を作る過程であるという捉え方はジョージェスク-レーゲンと同じだが，新たに，資源の「実用価値」を，物理価値から，資源の導入・変換などの過程で発生するエントロピー(物理価値の損失)を差し引いたもの，と定義し，この実用価値が正である資源を「低エントロピー資源」と名付けた．動力文明は低エントロピー資源に依存し，何を低エントロピー資源とするかが，個々の動力文明を特徴づけると見なす．石油と石炭は優秀な低エントロピー資源であり，したがって，これに依存した動力文明が存在し得た．石炭が優秀な低エントロピー資源であることは，石炭を使って石炭を掘ることができ，掘るのに使った石炭より多くの石炭が生み出されること，つまり，石炭は自身を拡大再生産できるということに現れている．石油も同様である．これに対して，原子力が低エントロピー資源と言えるかについて槌田は疑問を呈している．原子力をエネルギーとして利用するための，採鉱・精錬・濃縮・加工・建設・熱汚染対策・放射能汚染対策などで発生するエントロピーが高く，実用価値は負になるのではないかというのがその根拠である．

リサイクルについても警鐘を鳴らしている．廃物をもう一度資源に戻すために当然低エントロピー資源を利用しなければならないわけで，その消費によるエントロピー発生を考えると，処女資源を利用する場合よりもリサイクルの方が省資源になるとは限らないからである．

資源物理学の特徴は定常開放系の存立条件についての認識にある．生物の個体や集団は，ある期間をとってみれば，定常開放系である．例えば，動物は，植物や他の動物といった低エントロピー資源を食料として取り入れ，そのエ

ントロピー増大余地を利用して活動し，エントロピーを外界へ廃棄する．しかし，動物にとっての食料は窮極的には植物が生産したものである．したがって，動物の個体または集団にとって，植物を含んだ生態系は，自身を取り巻く必要な定常開放系である．植物は，CO_2 と水とを原料として光合成を行い，有機物を作っているが，生存に必要なその他の物質を土から吸収しており，それは微生物によって生産されている．したがって，微生物を含んだ生態系は植物にとって必要な定常開放系である．動物・植物・微生物からなる生態系はまた，環境から低エントロピー資源を入れて，エントロピーを廃棄しているはずである．その際の低エントロピー資源とは水だと槌田は言う(冷気も含まれるが水が大部分)．廃棄されるのは熱である．

生態系を取り巻く系は水を含んだ地球の大気である．これは巨大な熱機関であって，地表付近で水の蒸発が起こり，これが大気の対流とともに上空へ運ばれ，上空で水蒸気が凝結して，雨や雪となって地表へ落ちる．この循環の運動が定常開放系としての活動である．その循環の過程で，大気および水は宇宙へエントロピーを廃棄しているという．その大きさは次のように求められる．この循環は，地表で約 15℃ で熱を受け取り，大気上空で約 −23℃ で熱を宇宙へ捨てるから，受け渡しする熱量を Q とすると，エントロピーを $Q/288$ 受け取り，$Q/250$ 捨てている．差し引き $Q(1/250 - 1/288)$ だけ捨てることになる．この循環が受け取る熱量が 77 kcal/cm^2 とすると，宇宙へ捨てているエントロピーは 41 cal/度 · cm^2 になるという．槌田は，このエントロピー廃棄が地上でのすべての活動の原動力になると同時に，これが活動の限界をも規定すると認識している．

この限界の認識が，石油文明への批判と将来の持続可能な社会の構想とを特徴づけている．石油文明は，この循環の外側へはみ出したと槌田は言う(同 309 頁)．第 1 に，地下資源を利用すること自体がはみ出しである．次に，その利用の結果生じる汚染がはみ出しであると言う．「これらの地下資源の燃焼による廃熱はもともと大気上空の放熱機関が予定していないものだからである．しかも，生物循環を大幅に変えてしまっているので，従来ならば分解することのできた家庭ゴミや糞尿が汚染として地表に蓄積するようになった」(同)と．つまり，石油文明の投入も排出も，持続的な活動を支える定常開放系の流れに乗らないと言っているのである.

活動する系は低エントロピー資源の投入とエントロピーの廃棄とを必要とするから，資源の投入が止まっても，廃棄が止まっても，活動は停止せざるを得ない．資源の枯渇を心配する議論は広く行われているが，廃棄の方を心配すべきだと槌田は指摘する(槌田 1982, 97-107 頁)．つまり棄て場の枯渇が問題だというのである.

人間社会および生物が排出するエントロピーには，物質エントロピーと熱エントロピーとがあると言う．エントロピーを廃棄するには必ず物質かエネルギーの流れに乗せて廃棄しなければならないが，物質に乗せて廃棄された場合が物質エントロピーであり，エネルギーに乗せて廃棄された場合が熱エントロピーである.

生物の排出した物質エントロピーを熱エントロピーに変えて水循環に渡すところが海と土であるが，陸上生物にとっては土がその役割を果たすと言う．人間もまた陸上動物である以上，「人間社会が利用してよい資源とは，その廃物を土に棄ててもかまわないものだけということになる」(槌田 1978, 309 頁)．だから，「たれ流しのできないような資源の利用に間違いがあって，たれ流しが悪いのではない．大量のたれ流しで土に消化不良をおこさせたり，もともと土が受けつけないものを使用したことが間違っているのである.」つまり，石油文明は，本来土に棄てることのできないような物エントロピーを排出しており，また，少量なら土に棄ててよい物エントロピーを大量に排出している．これが第 1 の棄て場の枯渇である．次に，石油文明は，大量の熱エントロピーを排出しているが，この廃熱は，都市では，年間日射量の 15～17% にもなるという(槌田 1982, 102 頁)．これが第 2 の棄て場の枯渇である.

このような診断から出てくる将来社会の構想はどのようなものだろうか．エントロピー受け渡し機構としての土の健全性を保つために，土から出た物を土へ返すという原則が重要であると槌田は言う(槌田 1978, 310 頁)．そのためには，食糧を長距離輸送することは許されず，家族単位での食糧の自給が必要であると言う．万人が農耕に従事する自給自足経済——これが，資源物理学から出てくる将来社会像である.

3.5　資源物理学を取り入れた経済学

経済成長の負の側面である公害の激化という事実に突き当たって，エコロジカルな経済学を模索していた室田武は，資源物理学をほぼそのまま取り入れ，エネルギー分析や地域主義思想にエントロピー論的裏付けを与えた(室田 1979).

室田は，19世紀イギリスの経済学者ジェボンズの著書『石炭問題』(Jevons 1865)を取り上げ，これを，エネルギー問題の本質を捉える先駆的な業績と見なした．当時のイギリス経済を支えていたエネルギー源は石炭であったが，その使用量の急増に直面したイギリスでは，石炭の枯渇が心配され始め，石炭に代わるエネルギー源を追求する代替エネルギー論が盛んであった．ジェボンズは，石炭に代わって文明を支えうるような代替エネルギーがあり得ないことを指摘したのである．

室田は，それに倣って，現代の石油代替エネルギー論を批判した．まず，原子力について，エネルギー分析の結果を，前提を変えながら引用・解釈し，原子力が石油の節約にならないどころか，火力発電よりも多くの石油を消費する結果になるかもしれないと指摘した．エネルギー分析は，原子力で1 kWhの電力を生産する際に，直接間接に投入される石油の量を計測する．仮にこれが，火力発電で1 kWhの電力を生産するために直接間接に投入される石油の量よりも大きければ，原子力は石油の代替にならないどころか，原子力発電をすればするほど多くの石油を消費するということになる．

室田は，100万kWの原子力発電は400億kWhの石油を消費することによって926億kWhの電力を作り出すということ(室田 1979, 76頁)に基づいて，「原子力発電はけっしてウランを第一次燃料とする発電方法ではなく，その本源的な燃料は石油だ」と結論する．次に彼は，原子力が自らを拡大再生産し「原子力文明」を支えうる低エントロピー資源であるかどうかを問い，それに次のように言って否定的に答えた．

まず，原子力は，放射能の問題から，電力を得ることにしか使えない．そして，電力は自らを再生産するエネルギーではない．電力が自らを再生産しないことの根拠として室田は，ジェボンズがそう指摘していることを挙げているが，他には，電力で水素を作り，水素ガスを石油の代わりに使えば，核燃料の生産ができるのではないかという考えへの反論を述べている．その根拠は水素自体が自らを創造するような動力源ではないということである(同 96 頁)．さらに室田は，太陽光発電など，太陽エネルギーを直接利用する技術についても同様に，文明を支える動力源にはならないと述べている．シリコン電池やそれを支える構造物を作るのに石油を消費し，かつ，得られるのは電力だけであり，電力はそれ自体を再生産しないから，さかのぼって太陽エネルギー自体もそれ自体を再生産しないという論理である．

そして，室田は，万人が農耕に従事する自給自足経済という資源物理学の将来社会像を地域主義の思想に結びつけた．すなわち，「人間の生活がお互いの間の了解関係を通じて共同性の上に成立する範囲は，小川を単位とする広がりであろう．生態系はそこで１つのまとまりを形づくっている．そして，そこで人間の生活サイクルは，植物→動物→土壌を経て再び植物へもどる生態循環と一致する．この循環から発生するエントロピーは，川の流域を単位とする地方的な水循環に引き渡される．さらに，この地方的な水循環は，より大きな大気圏の水循環にエントロピーを放出する．そして最後に，この大気圏の水循環は，圏外にエントロピーを引き渡す．……地域自給の原則こそが，独裁者や官僚制を必要としない社会を育てるのである．明治維新以降の日本は，この原則を踏みにじり，……地域の自給によって，生態系の豊かで多様な営みに根ざす人間の自由を勝ち取るべき時であろう」(同 59 頁)と．

3.6 エントロピー経済学の限界

資源物理学は経済学たることを標榜していないが，その既成経済学批判の姿勢と内容は，ジョージェスク-レーゲンのそれと共通のものである．そこで，資源経済学を含めてここでは，エントロピー概念を中心に据えて経済学全体を作り変えるべきだとする立場を「エントロピー経済学」と呼ぼう．新古典派やマルクス派と対比すると，エントロピー経済学の特徴は，徹底して素材面に注目した経済学であるということである．それは，人と人とが結ぶ社会的関係にはほとんど目を向けず，人間の生物としての側面，および物理的側面から，資源と環境の問題を統一的に捉えようとしている．そして，エントロピー法則という，基本的で一般的な物理法則を基にして，経済学の全体系を作り変えようとし，また，資源・環境問題への具体的な処方箋まで与えようとしているという点で，きわめて挑戦的な試みを行っているのである．

挑戦的であるだけに無理もあり，勇み足や誤りを多く抱えているのも事実である．ここでは，エントロピー経済学のどういう点に無理があったのかを明らかにし，その上で，環境問題分析の道具としてのその意義を論じよう．

3.6.1　経済的価値の問題

物理価値が財の価格と関係ないことは明らかである．ジョージェスク-レーゲンも，低エントロピーは有用性の必要条件にすぎないことを強調し，経済的価値をエネルギーに還元するのは間違いだと断言している（Georgescu-Roegen 1979）．にもかかわらず，彼は，エントロピーこそ経済的稀少性の根本原因だと言う．新古典派経済学では，稀少性は正の価格の源泉だから，エントロピーと価格とは関係がありそうに見えるのである．

この関係ありそうに見えることがエントロピー論の勇み足を生んでいる．リサイクル礼賛への批判はエントロピー論の重要な帰結の1つである．確かに，リサイクルすればするほど，環境負荷が増え，エネルギー消費が増える場合があり，それへの批判が導かれるということは，エントロピー視点の効用の1つである．しかし，良いリサイクルと，してはいけないリサイクルとを分ける基準を，現在の経済制度の下で経済的に成り立つリサイクルは良くて，成り立たないリサイクルは悪いリサイクルだという言い方がされることがある（槌田 1992, 30, 56-57頁）．こうした言い方の背景には，物理価値が高いものは経済的価値も高い傾向があるという思い込みがあるように思われる．ジョージェスク-レーゲンも，「それら[廃品回収運動]が成功したのは，既存の状況においては，たとえば銅くずの選り分けが，同一量の金属を取得するのに，他の方法よりも低エントロピーの消費が少なくてすむからにほかならない．」（Georgescu-Roegen 1971, p.280, 邦訳 362頁）と述べているが，廃品回収が成功するのは，必ずしも低エントロピーの消費が少ない場合ではなく，その方が経済的に安上がりの場合である．低エントロピーを浪費しても，人間労働が節約できる場合にリサイクルが行われるだろう．

新古典派の外部負経済論から見ても，当然ながら，経済的には成り立たないリサイクルが，環境の点からは望ましい場合がある．その区別は，リサイクルの是非を個別に判定する場合に重要な点である．

3.6.2 熱力学と経済学との接合——技術の自立性をめぐって

ジョージェスク-レーゲンは，エントロピー法則から導かれる諸命題と，既存経済学の分析枠組とを接合しようと様々な試みを行っている．というよりも苦闘していると言った方がよい．苦闘の中心にあるのは，エントロピー論から導かれる命題を，既存経済学の道具である投入産出分析(ジョージェスク-レーゲンは独自の「フロー-ファンド・モデル」と言っているが)に結びつけ，投入産出分析の上でそれを解釈することである．

エントロピー論の重要な命題に，動力文明は特定の低エントロピー資源に支えられているということがあった．低エントロピー資源は，実用価値が正である資源と定義され，実用価値が正かどうかは，それ自身を再生産してなお余剰を生み出すかどうかによって判定された．しかし，ある資源がそれ自身を再生産してなお余剰を生み出しているかどうかを観察するのは実は難しい．どんな資源も単独で役立つことはなく，産業連関の中で，他の資源の助けを借りて役立っているので，ある資源単独の再生産を取り出すことができないからである．

実際に観察可能なことは，ある資源を用いる技術が現に採用され行われているかどうかである．しかし，それはその資源が低エントロピー資源であるかどうかの決め手にはならない．原子力は現に広く使われているが，低エントロピー資源ではないと，槌田や室田は主張している．太陽エネルギーや風力は，現に主要なエネルギー源とはなっていないが，それは単に，現在の諸財の価格と技術の下で競争力をもたないからであって，そのものの性質としては低エントロピー資源であるかもしれない．

ジョージェスク-レーゲンは，この，低エントロピー資源かどうかという問題を，既存経済学の投入産出分析を使って，経験的に観察可能な状態と結びつ

表 3.1 太陽熱発電を含んだ経済の投入産出

	P_1	P_2	P_3	純産出
電　力	x_1	$-x_{12}$	$-x_{13}$	y_1
集熱器	$-x_{21}$	x_2	—	—
資本設備	$-x_{31}$	$-x_{32}$	x_3	y_3

けようとした．彼は，資源がそれ自身を再生産可能であること，つまり，低エントロピー資源であることを，その資源を用いる技術が「自立的である」ないし「自立可能である」(viable)と表現した(Georgescu-Roegen 1979, p.1051, 邦訳260頁)．これまでの議論から，2つの状態を区別しなければならないことがわかる．この，(1)自立的であることと，(2)競争的であること(つまり市場経済で競争力をもつがゆえに採用されていること)との区別である．ジョージェスク-レーゲンは，この2つの他に，伝統的な投入産出分析の概念である「生産的であること」を取り上げ，両者との関係を議論している．

「生産的であること」は，諸々の財を生産する技術(生産方法)の組合せをもった経済全体について定義され，すべての財について非負の(零以上の)純生産量を与えうる状態を指す．個別の技術については，その技術を含んだ経済全体の体系がすべての財について非負の純生産量を与えうるものであれば，その技術は生産的であると言ってよい．ジョージェスク-レーゲンの与える例を見てみよう．

彼の第1のモデルでは，経済は，太陽熱発電，集熱器製造，資本設備製造の3部門からなる．太陽熱発電部門(P_1 と名付けられている)では，集熱器を x_{21} 単位，資本設備を x_{31} 単位用いて，太陽熱から電力が x_1 単位生産される．集熱器製造部門(P_2)では，電力を x_{12} 単位，資本設備を x_{32} 単位用いて集熱器を x_2 単位生産する．資本設備製造部門(P_3)では，電力を x_{13} 単位用いて資本設備を x_3 単位生産する．この関係を表にまとめると，表3.1のようになる．この表で，y_1, y_3 はそれぞれ，消費または新投資に用いられ得る電力と資本設備の純生産物を表す．この経済が生産的であるとは，どんな純生産物の組合せも生産できるということであり，それは，任意の $y_1 \geqq 0$，$y_3 \geqq 0$ について，

$$\begin{cases} x_1 - x_{12} - x_{13} = y_1 \\ -x_{21} + x_2 = 0 \\ -x_{31} - x_{32} + x_3 = y_3 \end{cases}$$

を満たすような $x_j \geqq 0$, $x_{ij} \geqq 0\,(i,j{=}1,2,3)$ が存在するということに等しい．ここで，$a_{ij}{=}x_{ij}/x_j\,(i,j{=}1,2,3)$ とおく（ただし，上で定義されていない x_{23} を新たに定義し 0 とおく）と，上の方程式は，

$$\begin{cases} x_1 - a_{12}x_2 - a_{13}x_3 = y_1 \\ -a_{21}x_1 + x_2 = 0 \\ -a_{31}x_1 - a_{32}x_2 + x_3 = y_3 \end{cases}$$

となり，さらに，行列 $\boldsymbol{I}, \boldsymbol{A}$，およびベクトル $\boldsymbol{x}, \boldsymbol{y}$ をそれぞれ，

$$\boldsymbol{I} = \begin{bmatrix} 1 & 0 & 0 \\ 0 & 1 & 0 \\ 0 & 0 & 1 \end{bmatrix}, \quad \boldsymbol{A} = \begin{bmatrix} 0 & a_{12} & a_{13} \\ a_{21} & 0 & 0 \\ a_{31} & a_{32} & 0 \end{bmatrix}, \quad \boldsymbol{x} = \begin{bmatrix} x_1 \\ x_2 \\ x_3 \end{bmatrix}, \quad \boldsymbol{y} = \begin{bmatrix} y_1 \\ 0 \\ y_3 \end{bmatrix}$$

と定義すると，上の方程式は

$$(\boldsymbol{I} - \boldsymbol{A})\boldsymbol{x} = \boldsymbol{y} \tag{3.2}$$

と書ける．$\boldsymbol{A}$ は投入係数行列と呼ばれる．このとき，この経済が生産的であるとは，任意の $\boldsymbol{y} \geqq \boldsymbol{0}$ について (3.2) を満たす $\boldsymbol{x} \geqq \boldsymbol{0}$ が存在するということである（$\boldsymbol{0}$ は零ベクトル）．(3.2) の両辺に左から $(\boldsymbol{I} - \boldsymbol{A})$ の逆行列をかけると

$$\boldsymbol{x} = (\boldsymbol{I} - \boldsymbol{A})^{-1}\boldsymbol{y}$$

となり，任意の $\boldsymbol{y} \geqq \boldsymbol{0}$ についてこれを成り立たせる $\boldsymbol{x}$ が存在するためには，逆行列 $(\boldsymbol{I} - \boldsymbol{A})^{-1}$ が非負（$\geqq \boldsymbol{0}$）でなければならない．これが非負であれば十分であることも知られている．一般に，経済が生産的であるための必要十分条件は，$\boldsymbol{I} - \boldsymbol{A}$ が非負の逆行列をもつことである．

次に，この投入係数行列の下での諸価格の関係を見てみよう．電力，集熱器，資本設備の価格をそれぞれ p_1, p_2, p_3 とすれば，それは，

$$\begin{cases} p_1 = p_2 a_{21} + p_3 a_{31} + v_1 \\ p_2 = p_1 a_{12} + p_3 a_{32} + v_2 \\ p_3 = p_1 a_{13} + v_3 \end{cases} \tag{3.3}$$

を満たさなければならないだろう．ここで，v_1, v_2, v_3 はそれぞれ，P_1, P_2, P_3 部門の製品 1 単位当たりの付加価値である．付加価値は労働者への賃金と資

本への利潤とからなる．ベクトル $\boldsymbol{p}, \boldsymbol{v}$ をそれぞれ $\boldsymbol{p}=[p_1, p_2, p_3]$，$\boldsymbol{v}=[v_1, v_2, v_3]$ と定義すれば，この価格方程式は

$$\boldsymbol{p}(\boldsymbol{I}-\boldsymbol{A})=\boldsymbol{v}$$

となるが，これから

$$\boldsymbol{p}=\boldsymbol{v}(\boldsymbol{I}-\boldsymbol{A})^{-1}$$

となることからわかるように，経済が生産的であれば，任意の付加価値をもたらす正の価格が存在する．

「経済が生産的である」とは以上のような意味を持つ．そして，生産的な経済における生産方法(技術)は生産的である．

次に，技術が競争的であるということの意味を考えよう．上の太陽熱発電の他に電力を生産する方法があって，それは集熱器を必要とせず，太陽熱発電よりも少ない資本ですみ，かつ，必要な労働力も少ないので，付加価値も小さくてよいとすれば，そのような技術は太陽熱発電よりも明らかに市場で競争力をもつから，支配的な技術となって，太陽熱発電を駆逐するであろう．その発電方法の投入係数を b_{21}, b_{31}，生産物1単位当たりの付加価値を w_1 とすると，$b_{21}=0$，$b_{31}<a_{31}$，$w_1<v_1$ である．この技術が支配的になった後の諸価格のベクトルを $\boldsymbol{q}=[q_1, q_2, q_3]$ とすると，

$$\boldsymbol{q}<\boldsymbol{p}$$

となるだろう．その技術の下でより低い価格が成立するということがその技術が競争的であることの表れである．

では，自立的な技術は，これらとどのような関係にあるか．まず，ジョージェスク-レーゲンは，技術が生産的でないならば，それは自立的ではないが，逆は成立しないと述べた(*ibid.* p.1052, 邦訳263頁)．競争的な技術が必ず生産的であることは明らかであり，また，「われわれがすでに太陽輻射に基礎を置く技術の中で生活しているわけではないという冷厳な事実は，そういう技術が自立できないということを証明するわけでもない．」(*ibid.* pp.1052-1053, 邦訳263頁)という記述から，生産的技術と自立的技術と競争的技術との関係は，図3.4の(a)か(b)のどちらかしかあり得ないことになる．

では，ジョージェスク-レーゲンは自立的でない技術をどう描いているだろうか．彼が太陽熱発電の非自立性を説明するモデルは，表3.1に1行1列を加

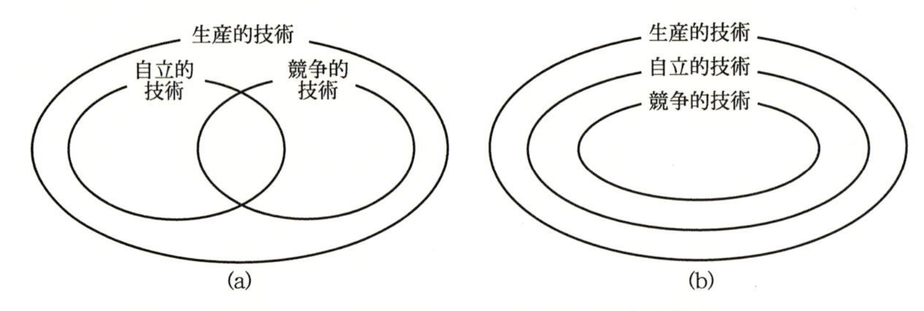

図 3.4　生産的技術・自立的技術・競争的技術

えた表 3.2 によって表現される．ここでは新しく P_4 部門が加わっているが，この部門は化石燃料を用いてエネルギーを生産する．そして，資本設備と集熱器の生産には，このエネルギーが用いられ，太陽熱発電で生産された電力は使われない．太陽熱発電の生産物は他の財の生産に用いられず，太陽熱発電自体は，他のエネルギーを用いて作られた財に依存している．この意味で太陽熱発電は現在の技術体系の「寄生者」であるとも言われている．

この，太陽熱発電が寄生者になるモデルを用いて，ジョージェスク-レーゲンが論証しようとした命題は次の 2 つである．第 1 に，このモデルにおいて太陽熱発電から電力が純生産物として生産されるとき，その純生産物の量は，投入される化石燃料のエネルギーよりも小さいということ，第 2 に，生産される電力の価格は，化石燃料エネルギーの価格よりも高いということである．このうち，第 2 の命題は，ある前提の下で正しいが，第 1 の命題は証明できない．それを考えるには，表 3.2 の関係を投入係数を用いた等式に表現する必要がある．

前と同じように，投入係数を $a_{ij}=x_{ij}/x_j$ $(i,j=1,2,3,4)$ とし，行列 $\boldsymbol{I}'$, $\boldsymbol{A}'$，ベクトル $\boldsymbol{x}, \boldsymbol{y}$ をそれぞれ

$$\boldsymbol{I}' = \begin{bmatrix} 1 & 0 & 0 & 0 \\ 0 & 1 & 0 & 0 \\ 0 & 0 & 1 & 0 \\ 0 & 0 & 0 & 1 \end{bmatrix}, \boldsymbol{A}' = \begin{bmatrix} 0 & 0 & 0 & 0 \\ a_{21} & 0 & 0 & 0 \\ a_{31} & a_{32} & 0 & a_{34} \\ 0 & a_{42} & a_{43} & 0 \end{bmatrix}, \boldsymbol{x} = \begin{bmatrix} x_1 \\ x_2 \\ x_3 \\ x_4 \end{bmatrix}, \boldsymbol{y} = \begin{bmatrix} y_1 \\ 0 \\ y_3 \\ y_4 \end{bmatrix}$$

と定義すると，

$$(\boldsymbol{I}' - \boldsymbol{A}')\boldsymbol{x} = \boldsymbol{y} \tag{3.4}$$

表 3.2 太陽熱発電が寄生者である経済

	P_1	P_2	P_3	P_4	純産出
電　力	x_1	—	—	—	y_1
集 熱 器	$-x_{21}$	x_2	—	—	—
資本設備	$-x_{31}$	$-x_{32}$	x_3	$-x_{34}$	y_3
化石燃料エネルギー	—	$-x_{42}$	$-x_{43}$	x_4	y_4

となる．また，付加価値ベクトルを $\boldsymbol{v}=[v_1, v_2, v_3, v_4]$，この下で成立する価格を $\boldsymbol{p}'=[p'_1, p'_2, p'_3, p_4]$ とすると，

$$\boldsymbol{p}'(\boldsymbol{I}'-\boldsymbol{A}')=\boldsymbol{v} \tag{3.5}$$

となる．(3.5)を連立方程式体系として書くと，

$$\begin{cases} p'_1 = p'_2 a_{21} + p'_3 a_{31} + v_1 \\ p'_2 = p'_3 a_{32} + p_4 a_{42} + v_2 \\ p'_3 = p_4 a_{43} + v_3 \\ p_4 = p'_3 a_{34} + v_4 \end{cases}$$

である．これから，

$$p'_1 = p_4(a_{42}a_{21} + a_{43}a_{31} + a_{43}a_{32}a_{21}) + v_1 + v_2 a_{21} + v_3 a_{32} a_{21} \tag{3.6}$$

が得られる．他方，(3.3)から

$$p_1 = \frac{v_1 + v_2 a_{21} + v_3 a_{32} a_{21}}{1-(a_{12}a_{21} + a_{13}a_{31} + a_{13}a_{32}a_{21})}. \tag{3.7}$$

投入係数 $\boldsymbol{A}'$ で表される技術の下での，集熱器製造と資本設備製造のエネルギー投入係数が，投入係数 $\boldsymbol{A}$ の技術の下での電力投入係数と等しいと仮定する，すなわち，$a_{42}=a_{12}$, $a_{43}=a_{13}$ とすると，

$$a_{42}a_{21} + a_{43}a_{31} + a_{43}a_{32}a_{21} = a_{12}a_{21} + a_{13}a_{31} + a_{13}a_{32}a_{21}$$

となる．そこでこれを α とおき，また，$V=v_1 + v_2 a_{21} + v_3 a_{32} a_{21}$ とおくと，(3.6), (3.7)はそれぞれ

$$p'_1 = p_4\alpha + V, \quad p_1 = \frac{V}{1-\alpha}$$

となるから，

$$p'_1 = p_4\alpha + p_1(1-\alpha) \tag{3.8}$$

である．集熱器と資本設備にエネルギーを供給するのに，化石燃料を用いるの

が，太陽熱発電によるよりも競争力をもつとすれば，$p_4 < p_1$ となるはずである．そうすると，上の式から

$$p_1' > p_4\alpha + p_4(1-\alpha) = p_4$$

すなわち，太陽熱発電による電力の価格が，化石燃料のエネルギー価格よりも高くなる．これは，ジョージェスク-レーゲンの２番目の命題である．

第１の命題について同様に吟味してみよう．太陽熱発電による電力の純生産のための生産を考えるために，y_2, y_4 が０で y_1 だけが正の値をとる場合を考え，その下で $\boldsymbol{x}'=[x_1', x_2', x_3', x_4']^T$ が(3.4)を満たすとする(上付添え字の T は転置，つまり行ベクトルを列ベクトルに変換することを示す記号である)と，

$$\begin{cases} x_1' = y_1 \\ x_2' = a_{21}x_1' \\ x_3' = a_{31}x_1' + a_{32}x_2' + a_{34}x_4' \\ x_4' = a_{42}x_2' + a_{43}x_3' \end{cases}$$

となり，ここから，

$$(1 - a_{43}a_{34})x_4' = (a_{42}a_{21} + a_{43}a_{31} + a_{43}a_{32}a_{21})y_1$$

である．ここで，$\beta = a_{43}a_{34}$ とおけば，

$$x_4' = \frac{\alpha}{1-\beta}y_1$$

である．したがって，ジョージェスク-レーゲンが言うように，電力の純生産物よりも多くの化石燃料エネルギーが必要になるのは，

$$\frac{\alpha}{1-\beta} > 1$$

の場合である．これは満たされる保証がないから，彼の第１命題は成立しない．

この第１命題が成立するための条件を変形すると，

$$\alpha + \beta > 1$$

となる．$\alpha = a_{42}a_{21} + a_{43}a_{31} + a_{43}a_{32}a_{21} = a_{12}a_{21} + a_{13}a_{31} + a_{13}a_{32}a_{21}$ という定義からわかるように，α は，太陽熱発電で電力を１単位得るのに必要なエネルギーまたは電力の量である．これが１よりも大きければ，初めの太陽熱発電の体系が生産的でなくなる．そのような体系ははじめから考慮の外

であるから，$\alpha<1$ である．また，β は，化石燃料を1単位得るのに必要な化石燃料の量であるから，やはり，生産的であれば，$\beta<1$ である．したがって，$\alpha+\beta>1$ は，太陽熱発電と化石燃料エネルギー生産との生産性の和が非常に低ければ起こりうる．両者の生産性が同等にそれに寄与するという点が重要である．

つまり，第1命題は太陽熱発電と化石燃料エネルギーとの差を量的に表現していない．第2命題の方も，自立性という点での太陽熱発電の劣位を表現するものではない．化石燃料が投入されて，最終生産物として太陽熱による電力が出てくる体系で，同じエネルギー量なら電力の価格の方が高くなるのは自然である．それは単に多くの費用が投入されていることの表れにすぎない．むしろ，初めの太陽熱発電だけの体系に，化石燃料を加えた場合の著しい結果は，そのおかげで太陽熱による電力の価格もまた低くなるということである．そのことは(3.8)と $p_4<p_1$ とからすぐに導かれる．すなわち，$p_1'<p_1$ である．それは，ある財の価格が，それを作るのに直接間接に投入される財の生産性の上昇によって低下するという，ごくありふれた事実を表現しているだけである．そのことは自立可能性とは何の関係もない．

つまり，ジョージェスク-レーゲンが，投入産出分析を用いて自立不可能性の特徴を量的に示そうとした試みは成功していない．自立不可能性が現れているとすれば，それは唯一，行列 $\boldsymbol{A}'$ の要素そのものの中にである．この行列の第1,2行第3,4列はすべて0であり，それは，太陽熱集熱器と太陽熱による電力とが，化石燃料によるエネルギー生産と資本設備の生産に入らないことを示している．他方，第3行第1,2,4列と，第4行第2,3行が正であるが，それは，資本設備と化石燃料エネルギーとが直接間接にすべての生産に入ることを示している．

直接間接に体系のすべての生産に入る財は「基礎的生産物」または「基礎財」と呼ばれ，それ以外の財は「非基礎的生産物」または「非基礎財」と呼ばれる(Sraffa 1960)．ジョージェスク-レーゲンが投入産出表を使って表現しているのは，非自立的技術とは，非基礎的生産物を生産する技術であるということである．これは一見，非自立的技術の適切な性格付けのように見える．

しかし，基礎財か非基礎財かは，財や技術の物理的な性格によって決まるのではない．太陽熱発電を含んだ体系が生産的であれば——生産的でない体系はそもそも問題にされていない(図 3.4 を見よ)——，(3.2)を満たす正のベクトル $\boldsymbol{x}$ が存在し，表 3.1 で示される生産が行われる．このとき，太陽熱で生産された電力は基礎財となる．それが可能であるにもかかわらず，化石燃料が導入されて，表 3.2 の生産が現実に行われるとしたら，それは，太陽熱によって生産される電力が競争力を持たないからである．化石燃料の方が安いから太陽熱によって生み出される電力は生産への投入物としては使われず，最終消費財としてのみ体系に現れる．それゆえに，それは非基礎的生産物となるのである．

ジョージェスク-レーゲンは，市場で競争力を持つこととは別の，物理的性質としての自立可能性の概念を追求し，それを投入産出分析の上で表現しようとして，市場で競争力を持つかどうかに依存して決まる，非基礎的という性質に行き着いたのである．自立可能性が基礎的であることと同一であれば，それは資源のもつエントロピーとは関係がない．結局，経済学の分析道具と熱力学の概念との間の接合は成功しなかったのである．

3.6.3 環境汚染の診断と処方箋

エントロピー経済学は，資源の枯渇ではなくエントロピーの棄て場の枯渇が問題だと言う．そして，エントロピーとは汚れであると言う．つまり，環境汚染をエントロピーの廃棄障害と捉えるわけである．廃棄障害と捉えることから出てくる処方箋は，本来棄てられるものだけを排出せよということになる．化石燃料の使用は，地球の水循環が予定していない廃熱を排出し，物エントロピーを熱エントロピーに変換するという土の作用に乗らない廃物を出すから，やめなければならないということになる．そして，輸送は土を収奪し廃物で土をだめにするという理由で，狭い地域での自給自足が導かれる．

しかし，この論理にはあらが多い．まず，地球の水循環が予定していない廃熱かどうかをどうやって判定するのかわからない．太陽光のエネルギーの 0.01% 程度の廃熱を宇宙空間に棄てることができないはずはない．原理的には，地表の温度が上がれば，廃棄されるエントロピーも増えるのである．

これに対して，槌田は，地球全体の廃熱の量が問題なのではなく，それが，一部の工業化された国の都市部で偏って排出されていることが問題だと言う

(槌田 1982，103 頁)．都市の温暖化は確かに問題であるが，それは廃棄障害問題ではない．都市を取り巻く外側の定常開放系に，エントロピーを引き渡せばよいのであって，それは現に行われている．

土に棄てられない物を使ってはいけないという主張についてはどうであろうか．エントロピー論が土に付与した役割は，物エントロピーを熱エントロピーに変換して大気と水の循環に引き渡すということであった．石油文明の吐き出す物エントロピーについて，土に同様の役割を期待するのは酷かもしれないが，それを熱エントロピーに変換するのは比較的容易であり，要するに燃やせばよいのである[2)]．石油文明の排出物がまさに棄ててよいものであるからこそ，まだ石油文明の活動は止まっていないのではなかろうか．

ある定常開放系は常に一定量のエントロピーを廃棄し続けていなければならない．廃棄が滞ると定常性が維持できなくなる．廃棄が滞って累積的にエントロピーが溜まり活動が停止する，つまり系が死に至る．エントロピー経済学はそうした事態を問題視し，したがって，環境汚染はそのような問題であると捉えたように見える．しかし，多くの環境問題はそのような問題ではない．

例えば，人間の活動によって生じる水質汚濁物質の湖への流入量が増えると，湖の水質はだんだんと悪化するであろう．流入する汚濁負荷の量が定常になれば，やがて，流入および湖内での汚濁の生産と，分解および流出とがつり合って，湖の水質は定常化するであろう．その状態は，初めの水質が良かった状態と比べると水質が悪化しているが，それ自体は定常性を維持し，定常開放系であると言える．この場合，環境汚染とは，ある定常状態から別の定常状態への移行なのである．そして，初めの状態と移行後の状態とで，どちらがエントロピーが高いかを言うのは難しいが，仮に後の状態の方がエントロピーが高いとしても高い状態で定常を保っているとすれば，エントロピーの廃棄は行われているのである．

確かに，水質が悪化する過程で，その湖に本来いた生物種が数を減らし，そのうちいくつかは絶滅して，別の種に取って代わられるかもしれない．その変

2)　燃やされる「物」を「物エントロピー」と呼んでよいかどうかは疑問である．燃やされた後よりもエントロピーは低いからである．しかし，それは土の作用についても言える．土は，まだエントロピー増加余地のある資源をエントロピーに変えているのだから．

化は不可逆的である．しかし，生物相の交代という変化はエントロピー増加とは関係がない．

大気汚染についても，有害化学物質による人の健康の障害についても同様のことが言える．それらの多くの問題では，環境問題は，ある定常状態から別の定常状態へのシフトであり，ある生態系から別の生態系へのシフトである．シフト後の状態は，人間にとって何らかの意味で望ましくないだろう．だからこそ環境問題なのである．しかし，それをエントロピーの高さによって表現することはできない．

3.7 エントロピー経済学の意義

3.7.1 エントロピー経済学が明らかにしたこと

エントロピー経済学の最も挑戦的な部分には，上で述べたように，無理のあるものが見られる．しかし，エントロピー経済学はいくつかの重要な視点を提起した．上で述べた限界にもかかわらずなお残るエントロピー経済学の意義は何だろうか．

第１に重要なことは，エネルギー問題はエントロピー問題であるということを明らかにしたことである．稀少で枯渇しうるのはエネルギーではなく，質の高いエネルギーである．このエネルギーの質の高さを，熱力学第二法則と結びつけて理解させたところに，エントロピー経済学の第１の意義がある．

次に，経済学が必ずしも明示的に認識していなかった，系を通り抜ける流れの必要性を，エントロピー経済学は明らかにした．特に，廃棄の絶対的必然性を疑う余地なく示したことは，エントロピー経済学の貢献である．廃棄が，外部負経済論のように例外的にではなく，普遍的なものとして認識されたのである．

第３に，エントロピー経済学は，リサイクルが良いとは限らないことを明らかにした．リサイクルの良し悪しを判断する１つの基準は，リサイクルする方がより多くの有用なエネルギーを消費するかどうかに求められる．それは，人間にとって必要なエントロピーの低い状態を作り出すのに，どれくらいの低エントロピーを消費しなければならないかということと結びついている．したがって，エントロピー概念は，この問題を認識するのに有用な枠組を提供したのである．このことは廃棄物問題をLCA(ライフ・サイクル・アセスメント)で評価することに結びつく．

第4に，エントロピー経済学が提起した定常性の概念は，環境問題を見る際の鍵概念である「持続可能性」と密接な関係がある．重要な環境問題とは，持続可能性が危険にさらされている環境問題である．上で，多くの環境問題は異なった定常状態の間の選択の問題だと述べたが，そうは言えない問題もある．例えば，大気中のCO_2の濃度が上昇し続けていることからわかるように，温暖化問題は定常状態の選択問題ではない．生物多様性減少の問題も同様であろう．これらは，現時点を切り取ってみると定常性が維持できなくなっている危険があるという問題である．それらの問題を必ずしもエントロピーによって表現することはできないが，定常開放系という概念が問題を捉えるのに有用なのである．温暖化問題は，エネルギー消費と密接にかかわっているという点と，定常性の維持が危険にさらされている問題であるという点で，エントロピー問題であると言える．

3.7.2　エントロピー概念の堅実な利用

上で，エネルギー問題がエントロピー問題であることを明らかにしたことにエントロピー経済学の意義があると述べたが，その点に焦点を当ててエントロピー概念を堅実に適用しようとした試みがあった．それを紹介してこの章を閉じよう．

1973年アメリカ物理学会に設けられた，社会の諸問題に関わる研究への学会の寄与について検討する特別委員会は，エネルギー問題に関してどのような研究ができるかを模索すべきだと勧告した．それを受けて設定された研究テーマの1つに，「より効率的なエネルギー利用の技術的諸側面」というのがあり，74年にこのテーマの研究グループが，エネルギー利用効率を支配する技術を向上させるための物理学的研究開発領域を見極めるために集まり，その成果が75年に公表された(Ford, et al. 1975)．

この成果報告書の意義は，エネルギー利用技術の効率性を評価するために，

「第二法則効率」という尺度を提案し，それを用いて技術評価を行った点にある．第二法則効率は「第一法則効率」に対して定義された概念である．まず，第一法則効率 η は次のように定義される．

$$\eta = \frac{\text{装置・システムによって移転されるエネルギー}}{\text{装置・システムに投入されるエネルギー}}$$

これは通常のエネルギー利用効率の指標である．例えば，暖炉の効率が60%であるという場合，この第一法則効率が0.6であるということを指し，それは燃焼熱の60%が部屋の空気を暖めるために有効に利用されたことを意味する．この場合効率の上限は η=1 である．一方，ある種のエアコンは1の電力投入で2の熱を室内から室外に排除する．この場合，η=2 であるが，この η の上限がいくらになるのかわからない．火力発電所のエネルギー効率が40%だというとき，η=0.4 である．この効率の上限は，第二法則的制約により1よりも小さい．

このように，第一法則効率は，装置・システムの種類によって上限が異なる．特定の装置・システムがどれくらい効率的か，それがとりうる上限に対して判定されるから，これでは，システムの効率の高さを判定できない．そこで，熱力学第二法則によって与えられる理論上の上限が1になるように定義した効率性の指標が，第二法則効率である．第二法則効率は

$$\epsilon = \frac{\text{ある装置・システムが有効に移転する熱または仕事}}{\text{同じ機能を持つ任意の装置・システムが同量のエネルギーを用いて有効に移転する最大の熱または仕事}}$$

と定義される．

第二法則効率を実際に計算する上で重要なのが「有効仕事(available work)」という概念である．有効仕事とは，あるシステムが環境との熱平衡に至るまで供給しうる最大仕事と定義される．高さ h に持ち上げられた質量 m の物体の有効仕事は mgh である(g は重力の加速度)．環境温度が T_0(絶対温度)であるとき，温度 T_1 の熱溜から取り出される熱 Q の有効仕事は $Q(1 - T_0/T_1)$ である[3)]．非常に高い温度で燃えている燃料の有効仕事は，ほぼそれが持っている

3) これは，いわゆる「カルノー・サイクル」が与える熱機関の最大効率である．

熱量に等しい．

あるシステムの実際の有効仕事を B_a と書き，そのシステムが行う「役立ち(task)」を得るのに必要な有効仕事の最小値を B_m と書くと，第二法則効率は

$$\epsilon = \frac{B_m}{B_a}$$

と表せる．例えば，外気温 0℃ のとき，室内でガスなどの燃料を焚いて 43℃ の温風を室内に送る暖房装置の熱効率(第一法則効率 η)が 0.6 であるとしよう．つまり燃焼の熱量が H とすると，供給される熱量 Q は $0.6H$ に等しい．ガスの炎の中の温度は非常に高温だから，そのシステムの実際の有効仕事はほぼ H に等しい．つまり $B_a{=}H$．他方，43℃ で熱 Q を室内に入れるという「役立ち」を得るのに必要な最小の有効仕事 B_m は

$$B_m = Q\left(1 - \frac{273}{316}\right) \approx 0.14Q$$

である．$Q{=}0.6H$ だから，

$$\epsilon = \frac{B_m}{B_a} \approx \frac{0.14 \times 0.6H}{H} \approx 0.082$$

となる．第一法則効率 60% の暖房装置の第二法則効率は 8.2% にすぎないのである．

暖房装置の第二法則効率がこのように低くなったのは，外気温が 0℃ のとき 43℃ で室内に熱を供給するのに必要な仕事は少しで済む(運ぶ熱量の 14% でよい)のに，非常に大きい仕事をする能力のある良質の高温熱エネルギーを費やしているからである．それに対して例えば火力発電であれば，その第一法則効率が 0.4 ならば，第二法則効率もほぼ 0.4 になる．それは，高温の熱エネルギーを高温で仕事に変換しているからである．

このように第二法則効率は常に上限が 1 であり，効率改善のための工夫はこの上限を目指して行えばよい．この指標によって表現されていることは，エネルギーには質の差があり，その質の差は熱力学第二法則に関わりがあるということ，そして，稀少なのは良質のエネルギーであり，良質のエネルギーをできるだけ節約しながら，エネルギーの役立ちを享受する必要があるということである．

報告書は，この第二法則効率を用いて現実のエネルギー消費システムを評価し，いくつかの提言を行っているが，その特徴は，個人や企業の努力による効率改善ではなく，エネルギー利用システムの社会的選択の領域に踏み込んでいることである．例えば，家庭の暖房を例にとって，エネルギー利用効率が低い原因の多くは，装置・システムの非効率性にではなく，どのような装置・システムを選択するかに関わると指摘している（*ibid.* p.6）．高温燃焼熱を暖房に使うのは間違いであり，ヒート・ポンプや熱電併給（コジェネレーション）を使うことによって第二法則効率が改善する余地があると指摘している．また，火力発電の廃熱を地域の暖房に利用することを提言している．

自動車による運輸については，当時の自動車の第二法則効率が10％程度に過ぎないと報告書は評価している．内燃機関は，有効仕事の半分以下しか車輪に伝えていないと指摘し，エネルギー効率を改善する方法として，準社会的な戦略としての，速度規制，重量規制の強化を，また，技術的対策としては，ブレーキによって散逸している力学的エネルギーを回収することを提言した．このような方法は，現在ハイブリッド車として現実のものになっている．都市での走行では，車輪に伝えられるエネルギーの3分の1から2分の1が，摩擦・抵抗によって失われている．タイヤの改良や道路とタイヤとの適合性の向上が効率を増す可能性があるとも指摘した．

伊東（1984）は，この報告書の第二法則効率の提案の意義を，エネルギー利用の社会的管理に踏み込むという点に見出し，エネルギーは自由な市場に委ねることのできない財であることを示す例としてこれを紹介した．火力発電所を都市の近くに造って廃熱を地域暖房に用いれば，仮に発電所内部のエネルギー効率が小さくなっても，エネルギー全体の利用効率は増す．こうした社会のシステムは自由な市場に委ねて自然に発生してくるものではなく，社会的計画的に導入しなければならないものである．エネルギーには質があり，高温の質の高いエネルギーを，そうでなければならない用途に用い，その廃熱を，質が低くてもよい用途に用いるといった多段階利用の意義は，第二法則効率によって明らかになり，しかも，それはエネルギーの社会的計画的管理を要請する．それは，エントロピーの視点なしには見えなかったものである．

第4章　その他の重要な環境経済学

4.1　はじめに

これまで，新古典派環境経済学，マルクス派環境経済学，エントロピー経済学を見てきた．しかし，環境に関する経済学がその3つにきれいに分けられるというわけではない．以上の3派から漏れる重要な経済学者，境界に位置する経済学者の学説をこの章で概観し，主要な3つの学派とそれらとの関係を見ておこう．

4.2　制度派経済学

4.2.1　制度派経済学とは何か

都留重人は，その著書『制度派経済学の再検討』を「マルクス政治経済学の再評価」から始めている(Tsuru 1993)．そこで都留は，「政治経済学におけるマルクスの方法論でもっとも特徴的なことは，社会的生産過程の実物的な側面と価値的な側面とを区別し，かつ総合することの重要性を強調した点である」と述べた(*ibid.* p.3, 邦訳6頁)．実物的な側面は，第2章で使った言葉で言えば，生産力の側面である．価値的な側面は生産関係の側面と言ってもよい．環境問題に関しては，都留は，前者を「素材面」，後者を「体制面」とも言っている(都留 1972, 34-39頁)．

実物の面と価値の面とを峻別するということは，価値の面を自然的所与と見ないということを意味する．価値の面は，歴史的に変わりうる制度に依存するとしてこれを相対化するというところに，都留は制度派経済学の本質を見ており，だからこそ，マルクスを制度派経済学者に含めているのである．逆に言えば，新古典派は，価値の面を自然的所与と見ている．そのことの誤りが最も顕著な形で現れたのが，マクロ生産関数を前提にする新古典派成長理論であると都留は述べている．そこでは，本来価値である資本の，実物としての限界生産力という矛盾した概念が前提にされているのである．

ヴェブレンに始まるアメリカの制度派経済学を1つのまとまったグループにしている要因を，都留は次の4つにまとめている．「(1)生産や消費の開放体系としての性格，したがって，経済学の範囲についてのより広い見方の強調，(2)産業経済が進行する際の進化経路に対する関心と，技術進歩と循環的な累積的因果関係の動学的なプロセスの重視，(3)計画化という，ある種の全体的な社会的管理によってのみ与えられる誘導の必要性が強まっているという認識，そして最後に，(4)経済学は積極的に社会的目標や目的を定式化する規範的な科学とならなければならないという認識である」(Tsuru 1993, p.73, 邦訳114-115頁)．

その意味での現代の制度派を例証する学者として，都留は，グンナー・ミュルダール，ジョン・ケネス・ガルブレイス，ウィリアム・K・カップの3人を取り上げている．このうち，経済学の立場から環境問題の分析に大きな貢献をしたのは，カップである．

4.2.2 ウィリアム・カップ

カップは，伝統的経済学が公共政策にかかる費用を問題にしたのと反対に，政府が経済を自由放任の状態に置くことに伴う費用は何かを問題にした．彼は，1950年に著した著書の中で，私的企業活動がもたらす社会的害悪に着目し，これを「社会的費用」と呼んだ．社会的費用とは，「第三者あるいは一般大衆が私的経済活動の結果蒙るあらゆる直接間接の損失を含むもの」(Kapp 1950, p.13, 邦訳15頁; Kapp 1963b, p.13)と定義され，環境汚染はその中で最も重要な項目である[1]．カップは，実際に大気汚染や水質汚染の社会的費用を貨幣額で計測して見せる．しかし計測できるのは社会的費用全体のごく一部であるし，今後定量化のための努力が積み重ねられたとしても，どうしても貨幣の尺度では計測できない無形のものが残るということを，彼はむしろ強調した．

後の論文によれば，数量化が可能なのは，「職業病や業務災害による賃金や産出量の損失とか，局部的および永久的廃疾による医療費や入院費……補償金」(Kapp 1963a, p.197, 邦訳 107 頁) である．また，「土壌の浸食や消耗の大きさは，地力の低下や減少した穀物産出量の商品価値によって，はっきりと計測することができる．土壌の浸食や洪水による金銭上の損失は，かなり正確にたしかめることができる」(同)．さらに，損害を補償するために要した支出によって間接的に社会的費用を概算できる場合がある．例えば，「汚染された大気にさらされている建物をきれいにするための追加費用」や，「適当な濾過器や汚水処理設備の取り付けのための費用」は，社会的費用の一部を計測するのに使えるだろうとカップは言う (同 108 頁)．しかし，「例えば美的価値やレクリエーション上の価値の損傷や，人間の健康の損傷のうちの或る部分のごときは，以上のものほどは有形的でなく，これらは市場価値以外の尺度を用いて初めて計測しうる」のである (Kapp 1950, p.229, 邦訳 265 頁; Kapp 1963b, p.264)．

無形のものを含めてすべての社会的費用を定量化するという課題は，結局のところ，社会的評価の問題に行き着くとカップは述べる (Kapp 1950, p.21, 邦訳 24 頁)．社会的評価というのは，例えば人間の生命の救済と，自然の美的価値とが相対的にどの程度重要であり，さらにそれらが，経済成長を促進することに対してどの程度重要だと社会が見なしているかに関する量的推定のことである．そうした推定は，幾分かは，政策課題の間の選択に関して政府が実際に行った決定から可能であろうし，また，幾分かは世論投票などの手法を使っても可能であろうとカップは述べる (*ibid.* pp. 258-260, 邦訳 294-296 頁)．しかし，社会的評価の確立は経済学にとっては未解決の課題であり，結局，政策の費用と便益のかなりの部分は政治的なものであるというのがカップの認識であった (*ibid.* p.21, 邦訳 25 頁; Kapp 1963b, pp.22-23)．そして，経済学者に残されてい

1)　第 1 章では，外部費用と私的費用との和を意味するものとして「社会的費用」の語を用いたが，カップの「社会的費用」は外部費用だけを指す．

る科学的な仕事とは，第1に，私的経済活動と社会的損失・損害との間の因果関係を明らかにすること，第2に，「社会的損失や損害の事実に関する証拠を提示し，比較的有形的な損失のおおよその大きさについての貨幣尺度による各種の推定値を提供すること」(Kapp 1950, p.22, 邦訳 25 頁)であると言われる．

このうち第2のこと，つまり，社会的費用の貨幣的計測という仕事にカップが持たせた意義は限定的であるのに対して，社会的損失や損害の事実を示し，その原因を明らかにすることははるかに重要視されている．彼は，社会的費用を貨幣額でなく，実物で表示することの必要性を強調する．実物表示とは，「水質汚濁や大気汚染の場合のように，最大許容濃度という客観的な安全境界あるいは臨界ゾーンによって示すこと」(Kapp 1970, p.846, 邦訳 17 頁)である．重要なことは，自然環境の汚染を防止すればどれだけ得するかではなく，人間にとってどの欲求が不可欠で，どの欲求がそうでないかを区別することである．その区別は客観的にできるとカップは信じている．かくして，「経済理論は，人間の欲求や必要を充足する現実的な水準とは何の関係もない効用や効率や最適条件などに関する純粋に形式的な諸定義に専心することをどうしてもやめなければならない」(*ibid.* pp. 846-847, 邦訳 18 頁)と述べ，経済学全体を作りかえる必要を説いた．

したがって，カップにあっては，環境被害の貨幣評価は，便益が費用を量的に上回れば政策を是とするという判断の根拠となる費用便益分析のデータとして使えるような代物ではない．新古典派経済学は，いかに外部負経済概念によって環境問題を経済理論の中に取り込んだとしても，それを貨幣的に評価できる外部費用として取り込み，全体の費用のごく一部として扱っている限りにおいて，依然として，そうした問題は例外的な現象として扱われているという印象を免れない．環境破壊は市場の外にはみ出る現象であるが，外部負経済論は，市場の外にはみ出る現象を，市場を中心とした経済理論の体系に取り入れる方法である．

これに対して，カップは，市場の外にはみ出る現象を，例外的にではなく，本格的に扱う必要があると考えた．そのためには，社会的費用の概念を貨幣的計測可能性の呪縛から解き放たなければならないと考えたのである．そうなると，環境破壊の物的側面の解明こそ重要になる．被害がどのような原因で発生し，どの汚染レベルから発生し，許容できる最低汚染水準はどこかを物的に確定することが重要なのであって，被害の貨幣的評価はそのような全体の一部にすぎなくなるのである．

4.2.3　華 山 謙

華山謙もカップとよく似た議論を展開している．1978年に『環境政策を考える』を著した華山は，ピグーの考え方に対して，

(1) 公害を金銭的に評価することが可能か．

(2) それが可能だとして，ピグーの考える社会にとっての最も望ましい生産水準が実現しても，なおいくばくかの公害は残っているはずであり，そのとき，被害の大きさを社会の構成員相互間で加えあわせることになんの意味があるのか．

という疑問を提出した(華山 1978，173頁)．

第1の問題について，社会的費用の実態的被害の中には，(イ)被害を最小限度にくいとめるために支出された費用，(ロ)何らかの費用の支出を伴って修復された被害，(ハ)現実には物理的な被害を受けながら，各経済主体によってはなんら手を打たれず放置されたままになっているもの，あるいは手を打ったのは一部だけで完全には修復されていないもの，(ニ)住民の受けた精神的圧迫，肉体的苦痛，失われた美観などの被害，があると華山は言う(同 175-176頁)．華山ら自身が行った東京都江東デルタの公害被害額の計測では，このうち，(イ)と(ロ)だけを集計した．(ハ)については，そのような被害を計測する方法がないという理由で，(ニ)については，宮本憲一の言う「絶対的損失」である(宮本 1976，165頁)という理由で計測不能とした．絶対的損失を無理に測ろうとしても，「前提の恣意性の故に，人々の納得を得ることはむずかしいものになるであろう．たとえば，大気汚染で亡くなった人の命を金銭で評価するのに，平均余命と平均所得期待額に基づいた計算を行なったとして，その結果に意味を認める人がどれだけいるだろうか(例えば，80歳の無職の人が亡くなったときの損失はゼロ，うっかりすれば社会的利益と計算されるかもしれない)」と華山は指摘した(華山 1978，176頁)．

華山らは，公害から自らを守り，被害を少しでも修復するために，実際に支

出した金額を積み上げた．それ故それは被害の全体を過小評価したものであると言う．すなわち，被害の一部が貨幣評価できるにすぎず，絶対的損失が存在して，それは貨幣的には計測不可能なのである．しかも，第1章で述べたように，ピグー的課税政策のためには，被害の総額ではなく限界被害額が必要である．しかし，「実証的であろうとすれば，被害関数は微分不能であるという結論を承認せざるをえなくなり，それを避けようとすれば，ますます多くの仮説を認めなければならず，それだけ恣意的なものにならざるをえなくなる.」と華山は指摘している(同 179 頁).

以上に基づいて，華山は，社会的費用を経済的に評価することの実践的意味を次のように考える．住民が真に欲しているのは公害をなくすことである．「公害による被害の経済的評価というものは，ピグーが考えたような，それ自体が経済政策の対象となる実体ではなく，住民が公害に対して立ち上がるとき，その運動の中で，公害の実態を明らかにすることを通じて運動を強化し，公害発生源者に対して，公害防止投資を要求する上で，その要求の正当性を強化する，きわめて実践的な概念だ」と(同 182-183 頁)．華山が，社会的費用の経済的評価を「実践的な概念」だと言うのは，貨幣的に計測できる部分だけで見ても，社会的費用はこんなに大きいのだということを示すことに意味があるということであり，また，それを計測する過程で，社会的費用発生の物的な事情の解明が進むという効果も含んでのことである．

華山が提起した第2の疑問は補償原理に向けられている．補償原理に対して，華山は，「公害の被害者の受ける苦痛は，成長によって所得の上昇した人々からの補償によって癒えるものだという仮定は，公害の被害者の身体，生命に及んでいる現実を見るとき，とうてい支持できる仮定ではない．その意味で，“仮定的補償定理”(仮説的補償原理と同義)を環境問題に当てはめることは，明らかに間違いであ」ると述べて，批判している(同 188 頁).

ここで見たカップと華山による批判は，1950 年代から 70 年代にかけて，経済成長の副作用としての公害が激しく起こる中で，形成されつつあった新古典派環境経済学に対して向けられたものである．その底流には，新古典派経済学が，環境問題を経済学の重要課題として本気には扱っていないという不満があったと思われる．その後，環境問題は公害から性格を変え，新古典派環境経済学は，上の批判を一部克服する形で発展した．その事情と，そうした変化を経た後になお残っている新古典派経済学の問題点については，後の諸章で詳しく論じよう．

4.2.4　都留重人

最後に都留重人自身を取り上げよう．都留は日本で最も早く外部負経済としての公害に着目した経済学者である(都留 1950, 1961)．しかし，外部負経済という新古典派の捉え方では十分ではないという立場をとり，「素材面と体制面とを区別しながら両者の統一的把握をはかる」ことが必要だと指摘し，これを政治経済学的接近法と呼んだ(都留 1972, 34, 39 頁)．素材面とは生産力の面，実物の面であり，体制面とは生産関係の面，価値の面である．そして，「現代のような科学＝産業革命の時代には，生産力の発展が旧来の生産関係を桎梏とするようになってい」(同 184 頁)るという認識に立ち，「体制への挑戦」という観点から採るべき環境対策を考えた．

その観点から都留が提唱する第 1 の政策は，公害税である．これはピグー的課税とは異なり，価格信号としての役割を税にもたせて効率的な汚染水準に導こうとするものではない．そうではなくて，公害税は「フローの社会化」のための一手法と位置づけられている．フローの社会化とは，国民純生産物の処分を私的な経済主体に全面的に委ねるのではなく，計画的・社会的に行うということである．これは，「ストックの公有化」に対して用いられた概念である．ストックの公有化とは，伝統的マルクス主義が主張する生産手段の公有化のことである．資本主義から社会主義への移行に際して，生産手段を公有化する必要はなく，フローを社会的に制御するという漸進的なやり方の方が容易であると都留(1958)は主張した．伝統的マルクス主義への批判である．都留はこれを環境政策の分野で活用すべきだと考えたのである．具体的には，建設費償還後の首都高速道路を有料のままにし，場合によっては混雑税的要素を入れてそれを値上げし，その収入を，道路周辺の緑地化や大衆交通機関の整備への補助などに使って，自動車交通がもたらした社会的費用の償いをするというものが提案されている(同 186 頁)．

第 2 の政策は土地公有化である．都留は，公害と土地利用との関係について,「工場立地の問題にせよ, 遮断緑地設定の要請にせよ, より積極的には公園用地の確保にせよ, あるいはゴミ焼却場の問題にせよ, 土地をいかに合理的に利用できるかが対策の決め手であるといっても過言でなく, その前に大きく立ちはだかっているのが, 土地私有権過保護の政策である」(同 188 頁)という認識に立って, 土地の計画的利用が公害対策に不可欠だと述べている.

第 3 の政策は, 科学技術の社会的管理である. 科学技術発展の方向を私企業の利潤動機や, 細分化した科学者の判断に委ねることが, 社会的費用を発生させる事態を頻発させているという認識がその基礎にある.

以上 3 つの政策は, 現在の体制の枠を破る面をもっているが, 都留の経済学はそれを視野に入れていた. 都留は,「外部効果というとらえ方は, 市場経済的把握を本論とし, いわばその補論として, 市場の網からこぼれる事象をすくいあげるようなもの」(都留 1972, 49 頁)と述べて, そのような捉え方への不満を表明した. 都留はまた, 外部効果論が素材面を捉え損なうと述べている. これはカップと同じ立場である.

マルクス経済学者が一種の社会主義的原理と見なした公害の直接規制は, 今では資本主義社会に一般的な制度になったが, 都留が, 体制への挑戦という観点から提唱した 3 つの政策である, フローの社会化, 土地公有化, 科学技術の社会的管理は, 今現在も実現していない課題である.

4.2.5 制度派経済学のまとめ

制度派経済学は, 環境問題の被害を捉える上で素材面を重視するが, 原因は体制面で捉える. この点で, マルクス経済学と共通のものをもっている. だからこそ, 都留重人のように, マルクス経済学を制度派経済学に含めるという捉え方もあるのである. マルクス経済学との違いは, 伝統的マルクス経済学の理論に固執しないという点にある.

制度派は新古典派の外部負経済論を批判している. それは, 新古典派が被害を金銭で捉え, 効率性の観点から最適な汚染の水準があるかのように言う点に焦点を当てたものである. 新古典派は素材面と体制面とを初めから混ぜて捉えているからそうなるのである. それに対して, 制度派の立場は, 素材面と体制面とを峻別した上でこれを統一するということになろう.

4.3　新制度派経済学

R. H. コースを祖とする取引費用経済学や，ブキャナンやタロックらによる公共選択理論が新制度派経済学と呼ばれることがある．これらに共通する特徴は，新古典派が与件と見なした「制度」を経済学の対象と考える点にある．しかし，(旧)制度派経済学も，制度を相対化して対象とする．新制度派がそれと異なるのは，制度を扱うのに新古典派ミクロ経済学の方法を以てするという点である．その意味では，新制度派を超新古典派と言ってもよい．

新制度派の経済学の中で，環境問題に関係するものは，コースの業績に集約されている．

4.3.1　コースの定理

コースの1960年の論文「社会的費用の問題」(Coase 1960)は，いわゆる「コースの定理」を示したものとして知られている．コースの定理とは，取引費用が無視できるならば，政府の介入がなくても，「外部負経済」の発生者と被害者との取引によって，効率的な資源配分が達成され，しかも，発生者と被害者とのどちらにどの程度責任が負わされるかによらず，それは実現するという命題である．この定理が成り立つためには，取引費用が無視できることが必要である．取引費用とは，市場での取引そのものにかかる費用であって，所有権を確定し，取引相手を見つけ，交渉をして合意に達し，契約を結び，契約の履行を確認するなどのために必要となる費用のことである．

しかし，論文を素直に読む限り，コースの意図は，取引費用が無視できない世界に関して，「ピグー派」の立場全般を批判することであり，さらに根本的には，外部負経済なる概念そのものを否定することであった．「取引費用」概念の創始者であるコース(Coase 1937)が，取引費用のない世界で成立する定理の提唱者に矮小化されて有名になったのは奇異である．しかし，実はそれには理由がある．順を追ってそこに迫ることにしよう．

コースが一貫して強調するのは，第1に，外部負経済という問題の捉え方が間違っているということである．例えば，公害が発生しているとき，そこには，外部負経済があるのではなく，公害の原因者が一切の責任を負わなくてもよいという１つの権利配分が存在しているのであると彼は言う．それに対して，原因者が被害者に補償をしなければならないとか，あるいは，ピグーが主張したように，原因者が税を支払わなければならないというように法制度が変わった場合には，被害者が被害を受けない権利を有するという別の権利配分が存在するようになったと捉えるべきだと言うのである．その議論にも現れているが，コースが強調する第２のことは，外部負経済と通常言われている現象にある「相互的性格」である．公害が増えれば被害者の被害が増えるのと全く対照的に，公害を減らそうとすればその原因者の便益が減るのであり，被害者の権利の拡張は原因者の権利の縮小を意味し，両者は対称的であると言うのである．

コースの定理はこの相互的性格をよく表している．今，ある道路を通行する自動車の排ガスが，沿道の住民に大気汚染と騒音の被害を与えている事態を想定しよう．何らかの調査の結果，その被害額が測定できて，これが年間４億円であったとする．他方，自動車の利用者が，道路のその部分を通行することから得る便益の総額が年間５億円であったとする．このとき，自動車通行の便益がその被害費用を上回るので，現状どおり通行することが資源配分上効率的となる．

自動車の利用者には，その道路を自由に通行できる権利があって，被害者に配慮する義務はないという制度の下では，事態に変更をもたらそうとすれば，被害者の側が何らかの行動をとるしかない．例えば，自動車の使用者に金銭を払って通行をやめてもらうように働きかける誘因を彼らはもつであろう．しかし，彼らの被害額は４億円であるから，最大限４億円までしか，彼らは支払おうとはしないであろう．それに対して，自動車の使用者の便益は５億円であったから，４億円の補償では，その使用をあきらめさせるには十分でない．したがって，被害者の側からの働きかけによって，現状を変更することは想定上不可能である．

それに対して，もし，被害者の側が被害を受けない権利をもっているという制度の下では，自動車の使用者が，被害者に十分な補償を行わずには，道路を通行できない．その場合，自動車の使用者は，５億円の便益を得るのであるか

表 4.1 コースの定理の例解——自動車通行の便益と費用

通行量 (1000 台 / 日)	限界便益 (億円)	限界被害費用 (億円)
1	1	0.1
2	1	0.2
3	1	0.4
4	1	0.8
5	1	1.5

ら，その中からいくらかを支払っても通行を確保することに利益を見出すはずである．他方，被害者の被害額は4億円であるから，4億円以上を補償されるのであれば，被害者は通行を認めるであろう．かくして，4億円以上，5億円以下の補償金額で合意が成立し，自動車は通行することになるであろう．

このようにして，自動車の使用者に通行権があるときにも，逆に，住民に良質の環境を享受する権利があるときにも，自動車は結局通行することになり，その状態がパレート最適である．これがコースの定理の例解である．

以上の例は，道路を自動車が通行するか，それとも全く通行しないかという二者択一の選択しかできない場合を想定しているが，自動車の通行量を選択できる場合にも，この定理は成り立つ．例えば，自動車の通行による便益が，通行量が1000台/日増える毎に，年間1億円ずつ増えるとする．他方，自動車通行による被害は，通行量1000台/日のときには年間1000万円，2000台/日では3000万円，3000台/日では7000万円，4000台/日では1億5000万円，5000台/日では3億円であるとする．

このとき，1000台毎の限界便益と限界被害費用とは，表4.1のようになる．このとき，通行量4000台/日が，便益マイナス被害費用，すなわち純便益を最大にするという意味で，最も効率的である．実際，そのとき，便益は4億円，被害費用は1億5000万円で，2億5000万円の純便益となる．そこから，さらに1000台/日増やして5000台/にすると，便益は5億円であるのに対して，被害費用は3億円となり，純便益は2億円に減るのである．

そして，最適通行量4000台/日は，自動車使用者に権利がある場合でも，被害者に権利がある場合でも，当事者間の交渉によって実現する．自動車使用者が自由に通行する権利をもつ場合，彼らは，便益が増える限り，通行量を増やそうとするであろう．しかし，住民は，通行量を減らしてもらうことに関心をもつ．5000 台/日の通行量から出発したとして，彼らは，1000 台/日だけ通行量を減らしてもらうことに対して，最大 1 億 5000 万円を払う用意があるであろう．これは，自動車使用者にそれだけの通行量削減を受け入れさせるに十分な補償を提供する(彼らがあきらめる便益は 1 億円にすぎなかったから)．しかし，それ以上の通行量削減を実現することはできない．次の 1000 台/日の削減に対して住民が支払おうとする金額の上限が 8000 万円であるのに対して，自動車使用者は 1 億円以上受け取るのでなければ，削減しようとしないからである．かくして，通行量は 4000 台/日となる．逆に，住民に権利がある場合，自動車使用者は，通行量を 1000 台/日増やす毎に 1 億円の便益を獲得できるので，住民を説得して通行量を 1000 台/日ずつ拡大することと引き替えに最大限 1 億円ずつ支払う用意がある．これに対して，住民は，最初の 1000 台/日の増加については，1000 万円，次の 1000 台/日の増加については 2000 万円の被害しか受けないので，それ以上の金額を受け取ってそれらの増加を受け入れるであろう．しかし，そうした交渉によって通行量を増やすことができるのは，4000 台/日までである．それを超えると，自動車使用者が支払ってもよいと思う金額が，被害額を超えることができないからである．こうして，いくつかの通行量を選択できる場合にも，コースの定理は成り立つ．

4.3.2 取引費用と外部負経済否定論

コースの定理は，どちらの法制度から出発しても，加害者と被害者との間での自発的な交渉が行われ，その結果として，双方が合意し，実現する状態に変わりはないことを主張するのである．しかし，そのための重要な前提は，そうした交渉を行い，合意に至り，合意されたことを履行することにかかる費用，すなわち取引費用が無視できるということである．取引費用が大きく，取引の結果として実現するであろう潜在的利益を，それが上回るとしたら，そもそも取引は起こらないからである．最初の例では，仮に，初期状態が自動車の通行のない状態であるとして，そこからの変更による潜在的利益の合計は 1 億円である．取引費用が 1 億円を超えるのであれば，取引費用を差し引いた利益は負になってしまうのである．

実際に，「外部負経済」と一般に呼ばれるような現象――ここでは自動車公害――が起こっているとき，取引費用は無視できない大きさであり，だからこそ，解決されない「外部負経済」が残存しているのだとも言える．自発的取引に費用がかかるがゆえに問題が解決されないとしたら，ここにこそ，第三者による介入(典型的には政府による介入)が正当化される根拠があるのではないのか．

しかし，コースの主眼は，常識的には政府介入が必要であると思われる場合について，政府介入を主張する立場――彼が「ピグー派」と呼ぶ立場――を批判することにあった．彼はまず，政府介入にもまた費用がかかることに注意を向ける．すなわち，政府介入にかかる費用が取引費用を上回るとしたら，政府介入もまた正当化されないのである．何もしないという選択肢もあるということを彼は強調する．

これ自体は，誰も否定し得ない命題である．取引費用に注目したのであれば，政府介入にかかる行政費用に注目するのは当然である．そうすると，取引費用と行政費用とを比較して政府介入の是非を判断すべきだということになるが，多くの場合，そうした費用の計測は困難であるから，実際の問題について明確な判断はできないという結論になりがちである．

政府介入が必ずしも好ましくない根拠として，政府介入にかかる費用に加えて，介入の制度設計のあり方によっては，最適な資源配分が実現しないということも，コースは指摘した．まず，原因者による被害者への補償制度を作る場合，損害額を原因者が補償することにすると，被害者の誤った行動によって被害が拡大しても，全額補償されるのであれば，被害者は自らの行動が自らの被害に与える影響に無頓着になる．それは被害者の行動も含めた真に最適な資源配分の実現を阻害するであろう．例えば，自動車の多く通行する道路の沿線に住まずに別の場所に住むこともできるのに，わざわざ公害のある道路沿線に住むといった行動を，補償は助長するのではないかというわけである(Coase 1960 in 1988, pp.139-141)．

政府介入として税を使う場合にも同様の問題があることをコースは指摘している．煤煙を排出するある工場が 100 ドルに相当する損害を引き起こし，それに応じて，100ドルの課税を受けたとする．煤煙防止装置が90ドルの費用で利用可能であるとすれば，工場はそれを利用し，税の節約との差額10ドルの利益を得る．しかし，被害者が，移転するか，他の予防方法をとることにかかる費用が40ドルであったとすれば，そうした被害者側の対策をとる方が効率的である．税による排出者の生産価値の減少もまた被害者が排出者に課す外部性であるので，排出者だけに課税するのは誤りであり，課税するのなら被害者にもするのが望ましいとコースは主張する(*ibid.* pp.151-153)．ここでも，コースは徹底して相互的性格を強調している．

しかし，この最後の，被害者にも課税をするべきだという議論については，ボーモル(Baumol 1972)による批判がある．ボーモルは，外部性を補正し，最適な資源配分を達成するためには，排出者に対するピグー的課税が十分な手段であり，被害者には補償も課税もするべきでないことを論証した．また，被害者も原因者に外部性を与えているという点に関しては，コースのここで言う外部性はいわゆる「金銭的外部性」の一種であって資源配分の歪みをもたらすものではないとして退けた．

被害者への補償が行われる場合でも，補償金額が，被害者の利益の減少分を超えないという「合理的」な補償ルールの下では，被害者の行動が資源配分を歪めることはないということを，ミシャンが論証した(Mishan 1965)．その点は，後に，補償金額が被害者の行動選択に依存しないことが，最適資源配分の条件であるという命題に一般化された(Shea 1978, 岡 1997a)．被害者に補償をしないというのは，そのような条件を満たす補償の特殊ケースである．

コースの最後の2つの命題は正しくなく，その前の政府介入の費用への着目は，明確な処方箋とはなりえない．だからこそ，コースは「コースの定理」の提唱者としてしか記憶に残らなかったのである．

しかし，取引費用が無視できない場合についての彼の議論にはもっと重要なものがある．それは，取引や政府介入がなくても効率的な配分を実現させる司法の役割に関するものである．コースは，取引費用が大きくて取引が行われないとしたら，取引がなくても初めから最適な排出量になるように，権利の配分をしておけばよいと考えた(Coase 1960 in 1988, pp.119-133)．そうした権利の配分を行うのは司法であるが，裁判官がそうした役割をよく認識している証拠があるとコースは主張する．そのことを判例によって示すことがコースの論文の大半のページを占めているのであり，この命題こそが，彼の中心的結論なのである．

要するに，コースの経済学の特徴は，誰がどれだけの権利を持つべきかを，効率性の基準によって決めるという考え方である．誰がどれだけの権利を持つべきかは，本来，正義の問題であった．正義の問題に効率性をもって答えるというところに，コースの経済学の革命的な性格があったのである[2)]．

この考え方に対して，根元的な批判を提出したのがミシャンである．ミシャンは，新古典派に対して外在的な批判を加えるのではなく，その論理に内在して限界まで行き，新古典派の殻を破った．その結果，超新古典派の最も強力な批判者となった．

4.4　倫理的厚生経済学

4.4.1　所得効果とコースの定理の否定

ミシャンの議論の基礎は，取引費用が導入されなくても，コースの定理は成立しないというところにある(Mishan 1967a, 1971a)．前節の自動車公害の最初の例では，自動車による公害の被害額が 4 億円で，自動車使用の便益が 5 億円であり，その金額は，住民に良好な環境を享受する権利がある場合にも，自

---

2)　このことから，法全般を効率性の視点によって分析しようという動きが生まれた．すなわち，「法の経済分析」である．コースの論文と並んで法の経済分析の嚆矢をなしたのは，1961 年のカラブレイジの論文「危険分配と不法行為法に関する考察」である(Calabresi 1961)．カラブレイジは，事故法において，取引費用が無視できないとき，そして，事故の原因となる行為の便益がよくわかっていないときには，事故の費用を最も安く回避できる当事者(最安価費用回避者)に費用を負担させるのがよいと論じた(Calabresi 1970)．一方，公害の場合，原因者に損害賠償責任を負わせるのが望ましいとしたら，それは，誰が最安価費用回避者かについて確信がもてないという理由からだと分析した(Calabresi and Melamed 1972)．ポズナーは，刑罰や日常の倫理的規範や慈善や人権や所有権でさえ，富の最大化の原則から導き出すことができると述べ，差別という行為が情報費用の節約によって説明できると論じた(Posner 1981)．その意味で差別の肯定は効率性の原則に合致するし，少数集団の権利を平均以上に擁護する逆差別政策もまた，情報費用の節約という意味をもつ．しかるに，多くの判例は差別も逆差別も禁止している．ここに，費用の分配や正義といった，効率性とは違う原則を持ち出さずには解釈できない法現象があるというのがポズナーの結論である．このように，法の経済分析は必ずしも効率性一元論ではない．

動車使用者に自由に道路を使用する権利がある場合にも，変わらないと想定されていた．ミシャンが着目したのは，これらの金額が権利の初期配分によって変わるという事実である．その原因は，消費者選択の理論で言われる「所得効果(income effect)」，もっと一般的な表現では「福祉効果(welfare effect)」である．

そもそも，純便益によって配分の効率性を測ろうとする際の便益や費用は，第1章で述べたように，変化に対して，関わりのある諸個人がもつ支払意思額(WTP)または受入補償額(WTA)によって測られる．費用を負の便益と見なせば，便益は常に補償変分(CV)で測られると言ってもよかった．すなわち，自動車公害がある状態から，それがなくなる状態への変化が被害者にもたらす便益は，そのような変化に対して被害者がすすんで払おうと思う金額によって測られ，逆に，公害がない状態から公害が発生する状態への変化がもたらす，被害者にとっての費用は，そのような変化を受け入れるのに，潜在的被害者が必要と感じる補償金額によって測られる．

そのような，ちょうど逆向きの変化に対応するWTPとWTAとは，異なった大きさをもつ．通常，環境悪化へのWTAは改善へのWTPよりも高くなる．このことを一般的に示すと次のようになる．

表4.1が1万人の被害者についてのものだとすれば，平均的個人の限界被害額 は，1000台/日 で1000円，2000台/日 で2000円，3000台 で4000円，4000台/日で8000円，5000台/日で1万5000円になる．ベクトル(q,m)が，通行量q[1000台/日]と貨幣m[1000円]との組を表すとし，この平均的個人の当初所得がy_0[1000円]であるとすると，第1.3節で導入した記号を使えば，

$$(5,y_0)\sim(4,y_0-15)\sim(3,y_0-23)\sim(2,y_0-27)\sim(1,y_0-29)\sim(0,y_0-30)$$

となる．これらの点はすべて無差別である．これらの無差別な点を結ぶと，図4.1の曲線I_0が描ける．横軸は右方向に通行量の減少をとっている．環境改善を横軸に測っていると見なしてもよい．このような曲線は「無差別曲線」と呼ばれるが，無差別曲線の傾きは，右へ行くほど緩やかになっている．これは，通行量が少なければ少ないほど，限界被害が小さいことに対応している．それは，環境が良くなれば良くなるほどもう1単位良くすることへのWTP

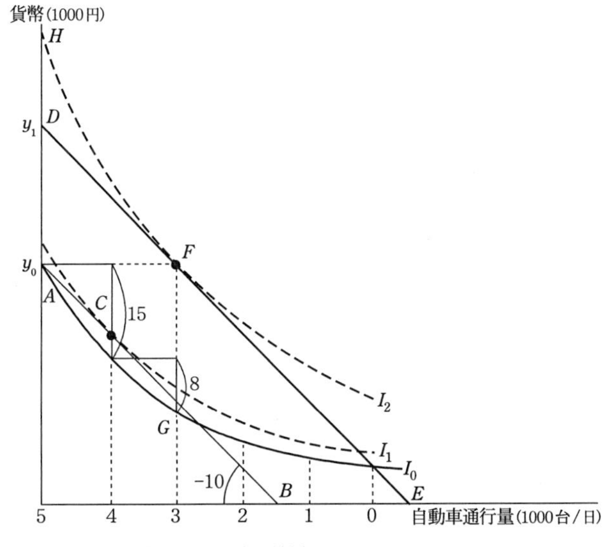

図 4.1 所得効果と WTP・WTA

が低下するということと同じことである．

今仮に，良い環境をお金で買えるという事態になったとし，通行量 1000 台/日当たり 1 万円の価格でそれが手に入るとすると，点 $(5, y_0)$ を通って傾き -10 の直線(AB)上の点はすべて選択することができるようになる．平均的個人は，そのような点の中で最も効用の高いものを選ぶだろう．無差別曲線は，I_0 以外に無数に存在するが，1 つの曲線上の点は互いに無差別であり，したがって，等しい効用を与える．より上方に位置する無差別曲線はより高い効用を与える点の集合である．直線 AB 上には，曲線 I_0 よりも上方に位置する点が多数あり，それらはすべて I_0 上の点よりも高い効用を与える．その中で，最も上方に位置する無差別曲線の上にあるのは，ちょうど AB と接するような無差別曲線上の点であろう．I_1 がそのような曲線であり，それと AB との接点が C であるとすると，点 C が選択されるだろう．この点に対応する通行量は 4000 台/日である．

こうして，コースが言う，当事者間の交渉によって，対価を払って良好な環境を購入するという道が開かれれば，効率的な通行量 4000 台が実現するということが示されるわけである．しかし，これは，平均的個人の当初所得が y_0 である場合の話である．所得がもっと高く，例えば y_1 に上がったとしたら，この図では，その所得と価格 1 万円/1000 台の下で，取得可能な通行量と手持ち貨幣との組を示す直線 DE 上の点のうち，最も効用の高い点は点 F になる．この点は，通行量 3000 台/日に対応している．最も効率的な通行量が 3000 台/日に減ったのである．

なぜそうなったかと言えば，所得が高まったために，良い環境への需要が高まったからである．一般に，所得の変化が需要量に与える効果を「所得効果」と言うが，所得が高まると(価格が変わらないとき)需要が増える場合，所得効果が正であると言い，所得効果が正である財を正常財と言う．図 4.1 で言えば，平面上を真上に移動するとき無差別曲線の傾きの絶対値が大きくなるならば，所得効果は正である．

さて，平均的個人にとって，所得が y_0 で，何もしなければ 5000 台/日の通行量に相当する環境の悪化を被るという状態は点 A で示される．それに対して，所得は同じく y_0 だが，何もしなくても，通行量が 3000 台/日しかないという状態は，点 F で示される．所得が同じでも，通行量が 2000 台/日だけ減った状態 F は，A よりも高い効用を与え，したがって，F は A よりも高い生活水準を示している．この生活水準の高まりは，所得が y_1 に上がったのと同等であるから，それは，所得上昇と同じ効果を，良い環境への需要に与える．そのことは，A から F に移動した後では，再び A に戻る際に，効用水準を維持するために受け取らなければならない貨幣額が高くなるという効果になって現れる．このように，この効果は，所得の変化だけでなく，A から F への移動に見られるような生活水準の変化によって起こるので，ミシャンは，これを「所得効果」ではなく，「福祉効果」と呼んだのである．

図で言えば，初めの状態が A であれば，2000 台/日の通行量削減に対する WTP は 2 万 3000 円，つまり，図の線分 FG の長さであるのに対して，初めの状態が F であれば，2000 台/日の通行量増加の WTA は線分 AH の長さであり，これは FG よりも大きい．平面上を真上に移動すると，無差別曲線の傾きが急になるので，2 本の無差別曲線(ここでは I_0 と I_2)の間の垂直距離は，平面上を左へ移動すればするほど大きくなるから，$AH>FG$ なのである．

表 4.2 所得効果と変化の純便益 (億円)

初期権利の状態	費用と便益		純便益
	自動車使用者	住民	
道路使用権	−5	4	−1
環境享受権	4	−6	−2

そうすると，例えば，公害がなくなることへの住民のWTPは4億円だが，新たに公害が発生することへのWTAは6億円であるといったことが起こりうる．一方，自動車使用者の便益についても，使用を差し止められるという変化へのWTAは，上記のように5億円であるが，新たに使用が可能になるという変化へのWTPは4億円であるといったことが起こりうる．そうすると，最初の権利配分が，道路使用権が認められている状態であるか，良い環境を享受する権利が認められている状態であるかに応じて，現状と反対の状態への変化の便益，費用，純便益の値は，表4.2のようになる(費用には負の符号を付けている)．この結果が示しているのは，当初道路使用権が認められている状態では，道路の使用を差し止める変化の純便益が負であるが，当初環境享受権が認められている状態では，自動車が通行するようになる変化の純便益がやはり負であるということである．これは，当初の権利の状態によってパレート最適な状態は異なるということである．つまり，パレート最適状態は一意には決まらない．そして，純便益が正であるか負であるかによって効率性を判定する基準は，現状に粘着的な傾向をもつのである(Mishan 1971a in 1981, pp.144-145)．

このことは，コースの主張する当事者同士の交渉によって到達する状態もまた，当初の権利配分によって異なることを意味する．当事者交渉による解も複数存在し，交渉によって起こる変化もまた，現状に引きずられる傾向をもつのである．

表4.1のように，通行量によって，追加便益と追加費用の値が変わる場合に，所得効果は，そうした値を，権利の初期状態に依存したものにする．一般的に言って，表4.1の数値が，道路使用権が認められた初期状態に対応したものであったとすれば，逆に，環境享受権が認められると，自動車使用者にとっての追加便益の値は小さくなり，住民にとっての追加費用の値は大きくなる．

その結果，パレート最適状態も，環境享受権が認められると，通行量の小さいところに移るであろう．

すなわち，唯一の効率的な資源配分というものはなく，資源配分は権利の状態に依存するのである．このことを認めると，取引費用が無視できない場合に，取引がなくても効率的な資源配分が実現するようになるように権利を設定するべきだというコースの提案は，意味をもたなくなる．なぜなら，権利の付与に先立って効率的な資源配分がどこにあるかを確定できないからである．

4.4.2 アメニティ権と衡平の観点

それでは，初期の権利の配分はどのように行うべきなのであろうか．それを決める際に，ミシャンが着目したのは，第1に，効率性の観点から，資源配分を改善しようとする場合に生じる取引費用の大きさが，権利配分によってどう変わるかということであり，第2に，様々な衡平(equity)の観点である．

公害の調整のための取引費用には，

(1) 2つのグループを交渉に入らせるための初期費用

(2) 合意を持続させ，必要ならば改訂するための費用

(3) 合意されたことを実施するために必要な資本支出

があるが，特に重要なのは最初のものであり，それはさらにいくつかの局面に分解できる．すなわち，(a)グループメンバーの同定，(b)1つのグループとして共同で補償金額の提示や受入をすることを，グループのメンバーに納得させること，(c)他のグループとの交渉に付随するすべての事柄について，グループ内での合意に達すること，(d)他のグループとの交渉，である(*ibid.* p.146)．

権利の配分によって取引費用の大きさがどう変わるかを厳密に実証するのは難しい．しかし，上の第1の範疇の費用，特に，(a)と(b)の局面を実行するのに，人数の多い分散したグループの側がイニシアティブをとらなければならない場合に必要となる，回収不可能な費用が，相当大きくなるであろうとミシャンは言う．それに対して，産業が公害の原因者である場合には，必要なイニシアティブが産業の側にあり，それが企業の日常業務の一部になる場合には，費用は小さくなる．また，投資が常にリスクを考慮して行われること——つまり，損失の危険は投資を小さくする傾向があること——を考慮すると，環

境享受権が確立している場合には，被害を起こす危険が，環境を汚染する傾向のある活動を拡大する投資を抑制し，汚染防止技術への投資を拡大する(*ibid.* pp.146-147)．したがって，産業が公害の原因者である場合には，環境享受権を認めた場合の方が，取引費用が小さくなる傾向があるだろう．上の例のように原因者が自動車使用者である場合には，原因者もまた多数で分散しているが，原因者の範囲を自動車の製造者や道路の管理者に拡大すれば，ミシャンの指摘はかなりの程度当てはまる．

この議論は効率性の観点からのものである．しかし，ミシャンは，効率性の観点にもっぱら注目する経済学者の「自己満足」に警告を発し，「衡平」の観点の重要性を指摘した(Mishan 1967a in 1981, p.116; Mishan 1971a in 1981, pp.147-148)．

第 1 に，相互的性格を強調するコースにとっては，権利の配分問題は，衡平の観点から見ても全く対称的であった．つまり，公害の発生が住民の環境への権利を侵害するのと同様に，住民が良好な環境を享受することは，公害の原因者が自由に営利を追求する権利を侵害するのであって，この 2 つの権利は対等で互いに他を排斥するものだというのである(Coase 1960 in 1988, p.96)．これに対して，ミシャンは，ある人が自分の利益を追求する自由は，それが他の人の自由または福祉を減少させない限りにおいてのみ認められるという古典的な自由の公理に依拠しながら，この見解を批判した．ある人が公害を発生させ，他人に被害を与えることは，他人が良い環境を享受する自由を減少させるが，良い環境を享受すること自体は他の何人の自由も減少させない．それゆえ自由の公理から言えば，この 2 つの権利は対等ではないと言うのである(Mishan 1971a in 1981, p.147)．

この他に，「衡平」の範疇に属する観点として，ミシャンが取り上げているのは以下のものである(*ibid.* pp.147-148)．

(1) 環境汚染は，移動の可能性の小さい貧しい人々の福祉を，移動の可能性の大きい富者のそれよりも多く減らす傾向があるであろうという分配の観点．

(2) 環境享受権が確立しておらず，潜在的加害者に自由に汚染する権利がある状態では，加害者が故意に害を大きくしようとする可能性があること．

(3) 環境汚染による損害が不可逆的であるかもしれないこと，および，将来世代との間の分配問題.

(4) 急速な技術革新の長期的影響についての知識が不十分であること.

こうした認識に基づいて，ミシャンは「アメニティ権」の確立を提唱した.アメニティ権とは，これまで述べてきた環境享受権と同じものである．現状の，所有権が優位な法制度に代えて，アメニティ権が所有権と対等な地位にある状態を作り出すことを，ミシャンは提唱したのである(Mishan 1967b, 1969).

4.4.3 効率性による外部性把握の限界

以上のようなミシャンの主張に対する反批判として位置づけられうるのが，コースの次の議論であろう．すなわち，上のような意味で法の転換が好ましいかもしれないが，現状から，アメニティ権が確立した状態への転換自体が，また無視できない社会的費用を発生させるし，現にそのような転換が行われていないこと自体が，その費用が十分大きいことの証拠であるという議論である(Coase 1988, pp.25–26)．この議論は，法の転換にかかる費用のせいでその転換が起こらないと言えるほど高い水準にその費用が定義されていて，実証不可能な命題であるという意味で，同義反復的である．しかし，論理矛盾を起こすことなく，効率性の観点をどこまでも広げることが可能であることをこれは示している.

コースは，取引費用の概念を導入することによって，新古典派の世界を相対化した．通常の生産費用や消費便益などだけでなく，取引費用を含めた総便益・費用の観点から，法や制度の選択を論じるという新しい見方を示したのである．しかし，彼の経済学の特徴は効率性への素朴な信頼である．コースの経済学は，第1に，制度や法から独立に効率性は測定できて，最も効率的な状態というものを考えることができるということを前提にしている．第2に，自利心の自由な働きが，そのような効率的な状態へと自然に導く仕組みが存在することを信じている.

ミシャンの経済学はそれとは対照的である．第1に，そこでは，効率的な状態は，法や制度がまず与えられなければ決まらない．第2に，取引費用における回収不可能な初期投資の重要性に着目したことからもわかるように，放任によって，何か望ましい状態へ移行する傾向というものはほとんど考えられていない．

実際，取引費用は存在し，相当大きいと考えられる．大きい取引費用があるからこそ，外部性が存在し続けるのだとも言える．そして，どのような法制度の下で取引費用が最小になるかを実証することはほとんど不可能である．したがって，取引費用を含めて効率性概念を拡張することは論理的には可能であるとしても，実証の観点からは，効率性によって制度の選択を論じることの意義は小さいということになる．

ミシャンにおける衡平重視の背景には，このような事情があると思われる．この事情を重視すれば，市場均衡を効率的配分から乖離させる原因として環境外部性を捉えるという見方の有効性は著しく減ぜられる．初めから，市場をその一部として成り立たせる制度的与件の一部として環境規制を捉える方が生産的だと考えられるのである．これは旧制度派への回帰と言ってもよい．

ミシャンの提唱したアメニティ権は，広い意味の環境権とほぼ同義である．日本で「環境権」と言えば，それと「人格権」との違いが強調されたことと，「受忍限度論」への批判という意義をもたされたこと(大阪弁護士会環境権研究会 1973)から，やや狭い意味をもった語と解釈され，未だ認められていない権利であるという印象を免れない．私法上の，差し止めや補償の根拠となりうる概念としての環境権が認められた判例はないが，基本的人権の1つとして承認されており，実際，公法的に環境政策の体系が確立したことは，個人への被害が出る以前の環境の質そのものを管理の対象とする政策体系ができていることを意味し，それは，環境権の保護を実質的に目的にしていると言ってもよい．

4.4.4　倫理的厚生経済学

以上見たように，ミシャンの経済学において，衡平の諸観点が効率性とは独立の価値として重要な役割を果たしている．効率性は純便益を基準として測られた．第1章で述べたように，補償原理の考え方がその基礎になっている．補償原理とは，潜在的パレート改善をもたらす変化は効率的と見なすということであり，潜在的パレート改善は，損失者に適切な補償がなされるならば，誰もが効用を高めうることを意味した．

補償原理は元々，効用が測定できることと，効用を個人間で比較できることを前提にしたピグーの厚生経済学に対する，ライオネル・ロビンズによる批判(Robbins 1932)に答える議論から生まれた．ピグーには厚生経済学の第2命題があったが，それは，「貧者の手に入る実質所得の分け前の絶対額を増加させる原因は，それがどの見地から見ても国民分配分の大きさを縮小させるにいたらないとすれば，いずれも一般に経済的福祉を増大させるであろう」(Pigou 1932, p.89)というものであった．分配の平等化は経済的福祉を増加させるというのである．ピグーはそれを効率性の枠組の中で言えると考えていた．彼の論理は，国民分配分の大きさが縮小しないなら，その分配の平等化は，総効用を増加させるというものだったからである．社会の効用の総和を測ることができるとしたら，それを増加させるような変化は効率性を増すと言える．そのためにピグーは貧者にとっての1円の効用が，富者にとっての1円の効用よりも大きいことを仮定した．

しかし，同程度の所得を持つ人が1円を支出するに値すると考える対象のもたらす効用が本当に等しいと言えるのかについて，誰も確かなことは言えないし，同一人にとっての切実な用途への1円の支出と引き替えに得られる効用が，それほど切実でない用途への1円の支出と引き替えに得られる効用の何単位に値するかという問いには，答は得られそうもない．ロビンズの批判はこうした問題点を指摘したものである．この問題点を克服するための考え方が，カルドア(Kaldor 1939)とヒックス(Hicks 1939a)が提出した補償原理だったのである．

補償原理は，補償変分の集計値，つまり純便益が効率性を測るということを可能にした．しかし，それは，分配の問題を放逐するという代償を払ってのことであった．つまり，補償原理は，仮に補償が行われれば誰の状態も良くなるということをもって，効率的な変化と見なすわけであるが，補償が現実に行われることを要求しないから，現に状態が悪化する人がいることを排除しない．そればかりでなく，貧者がますます貧しくなる変化でも効率的と見なされうる．ピグーは，効率性の問題と分配の問題とを1つの枠組の中で扱おうとしたが，補償原理は，分配問題を切り離すことによって効率性を操作可能な概念にしようとしたのである．

しかし，補償原理は，分配を効率性から完全に切り離すことはできなかった．効率性が実は分配に依存するのである．効率性は，純便益，つまり便益マイナス費用が正であるか負であるかによって判定されるが，便益や費用の大きさが分配に依存するからである．便益とは WTP であった．財の獲得から得られる心理的満足感が大きければ WTP は大きくなるだろう．そうした関係が期待できるからこそ，WTP が便益の尺度として選ばれたのである．しかし，WTP は満足感の大きさだけでは決まらない．支払能力の裏付けがなければ，支払意思額が支払意思額として現れないであろう．つまり WTP は支払能力に依存する．そして支払能力は，所得や資産に依存する．一般に，同じような物的効果をもたらす財への支払意思額は，所得の多い人の方が所得の少ない人よりも大きい．実際，WTP の大きさを決めるものとしては，心理的満足感よりも支払能力の方が決定的である．費用の方も同様である．費用は WTA であったが，所得が大きければ，既にもっている財を手放す際に要求する補償金も大きくなるから，一般に所得が大きければ大きいほど費用も大きくなる．実際，ミシャンが指摘した，権利配分によって複数のパレート最適があるという問題も，便益・費用の大きさが所得に依存することの 1 つの表れである．

これはまた，次のような問題を生じる．社会のある集団と別の集団との間に大きな所得格差があるとき，同じ物的効果を持つ財の便益もその供給にかかる費用も，高所得集団にとっての方が，低所得集団にとってよりも大きい．そうすると，高所得集団に便益が生じ，低所得集団に費用が発生するような政策は，純便益が正になりやすい．例えば，高所得集団から発生したごみを，低所得集団の住む地域にもっていって処理してもらうといった政策がそれに当たる．そうした政策は効率的となりがちである．そして，現実に起こったことである．

しかし，いかに効率的であったとしても，こうした政策が社会の福祉を高めるとは言えない．効率性では捉えきれない問題があるからである．ここでの例のようなごみの押しつけが補償なく行われる場合には，それは，明らかに，貧者をますます貧しくする．つまり，分配の不平等を拡大するのである．この場合には，効率性は分配の平等という価値と対立する．実際には，低所得集団にごみ処理の対価を払ってそれを引き受けてもらうのが普通であろう．その場合，低所得集団のごみ引き受けのWTAは，所得の低さのゆえに小さいから，高いWTPをもつ高所得集団は，低所得集団のWTA以上の対価を支払うことができるだろう．そうすると，潜在的パレート改善ばかりでなく，現実のパレート改善が起こるから，文句なしに効率的であって，誰の状態も悪化しない．にもかかわらず，そうしたごみの移動には倫理的に問題があると多くの人は考えるだろう．だからこそ，国を越えたごみの移動を規制するバーゼル条約なども存在するのである．

効率的であるにもかかわらず，望ましいことではないとされる理由はいくつか考えられる．第1に，WTA以上の対価を受け取ってごみを引き受けた側の状態は一見改善するように見えるが，長い目で見たら，予期しない環境汚染が起こったりして悪化するかもしれない．つまり，WTAの基になった人々の主観的な選好が，その人の真の福祉につながらないかもしれないという危惧があるのである．これは，効率性基準の基礎にかかわる重大な危惧である．第2に，環境問題が人類に突きつけている課題が「持続可能な発展」であるとすれば，生活を豊かにしつつ様々な汚染や環境への負荷を減らしていけるかどうかが問題である．そのようなときに，豊かな人々の間では費用が高すぎて処理できないといって，低所得集団に処理を委ねるという解決法をとるということは，低所得集団がいずれ豊かになったときには，もはや処理を委ねる先がないので，その問題は解決不可能であると言っているようなものだということになる．だとすれば，費用が高くても高所得集団の中で問題を解決する必要があるのである．

以上に示したように，効率性は所得の状態や法制度の枠組に依存する．また，ごみの移動の例でも触れたように，効率的な変化が，分配の平等という基準と対立することがある．分配以外の衡平の基準と対立することもある．このような衡平の諸観点は，効率性とは独立に，福祉に寄与する要素である．

効率性と衡平とが対立したとき，社会の福祉の変化についてどう判断すべきか．それらを統合した何らかの指標を開発しようという望みは厚生経済学の中に一貫してあるが，成功していない．そうした統合をあきらめ，単純で常識的だが現実的な厚生経済学の枠組を提唱したのがミシャンであった．ミシャンは次のように述べた．

> [ある経済的]変化の総貨幣価値[補償変分の総計]が正であれば，そのような変化は社会的純便益を与えてくれると言われ，経済的効率性の基準が満たされる．経済的効率性のそのような定義は，それが基準として用いられるべきだと人々がいくつかの理由で信じているならば，規範的あるいは指令的なものだと言ってよいだろう．さらに，それが適用される社会の内部でそれが倫理的合意を得られるとすれば，それは規範的であるとともに操作性があると言ってよい．(Mishan 1982, p.39)

つまり，効率性基準が使えるかどうかは，そうすることへの倫理的合意が存在するかどうかで判断すべきだと主張しているのである．どうやってそれを判断するかはまた難しい問題だが，重要なことは，経済学者の主観的価値判断にそれを委ねるべきでないということをこれは含んでいるということである．社会の倫理的合意の客観的な存在を事実として確かめるべきだというのがミシャンの主張である．また，そのような事実判断を，費用便益分析を行おうとする経済学者自身が行わなければならないというのがミシャンの主張である．費用便益分析の手法の専門家である経済学者が，社会に受け入れられそうもない効率性評価を無批判に生産するべきではないということをそれは意味している．

倫理的合意の存在の証拠としてミシャンが挙げているのは，慣習法としての憲法にそのような合意が反映されている場合である．例えば，財に対する所有権が認められ，対価を伴ったその譲渡が認められていることは，そうした譲渡を通じた効率性の実現が，倫理的合意を得ていることの証拠と見なされる．環境の質の変化を伴った政策に効率性基準を適用することに倫理的合意があるという明白な証拠が存在することはまれであるが，衡平の他の要素に抵触しないとすれば，費用と便益との分配の偏りがほとんどないような問題に効率性基準を適用することは，倫理的に問題がないと見なされるであろう．

環境政策で効率性と衡平とが衝突することは頻繁に見られる．後の諸章でそのような衝突の具体的な事例を多数見るであろう．それらを１つ１つ検討する中から，衝突をどう扱うかを考えていきたいと思う．少なくとも，効率性と衡平とが対立するということを明示的に意識して問題を見ることによって，的外れな問題解決に陥らなくてすむという効果はあるだろう．

ミシャンは，宮本憲一によって，公害の被害者が一般に労働者階級か下層中産階級であることを指摘した論者として紹介され(宮本 1989，37, 109 頁)，華山謙によって，経済成長至上主義者に対して，成長が将来世代にとっての選択の幅を縮めることを強調した論者として紹介されている(華山 1978，191-192 頁)ことからもわかるように，制度派に近い経済学者と見なすことができる．しかし，ミシャンは，新古典派環境経済学の分析道具の確立に大きな貢献をしたし，ピグー派対新制度派という対比の中では明らかにピグー派に入ると言ってよいであろう．新古典派の理論を充実させた上で，ミシャンはその殻を破って制度派に接近したのである．

4.5　諸学派の関係

新古典派は，限界分析を基礎に，効率性の観点を中心に据えて，外部性として環境問題を捉える．マルクス派は，使用価値と価値，素材と体制との二分法に基づき，環境問題の実態を素材で捉え，原因を資本主義体制に求めた．エントロピー経済学は，実態も原因も素材レベルで追求し，使用価値の経済学たらんとした．制度派経済学は，マルクス理論を必ずしも用いないが，素材と体制を峻別し，制度の歴史依存性を明確に認識するとともに，環境問題の素材面を重視した．新制度派は，制度を明示的に対象とするが，それを扱うのに，限界分析と効率性の視点を以てし，新古典派の純粋形態とも言える．倫理的厚生経済学は，新古典派の論理を突き詰めた先に，法・制度の独立の価値を再認識し，制度派に，新たな基礎をもって接近した．

第5章　古典的な大気汚染と水質汚濁

5.1　はじめに

環境経済学諸学派の体系を詳しく見てきた．ここからは，具体的な環境問題を環境経済学がどう分析し，どのような政策提案をしてきたかを見ていく．

1950年代後半から70年代半ばまでの環境問題の中心は，経済活動の急拡大に伴って工場から排出された物質による大気や水の汚染であった．

この章では，この産業公害としての最初の環境問題に直面して，環境経済学がどう形を整えていったかを見ていく．初めに日本の公害の経緯と環境政策の形成について記述し，後の議論に必要な素材をそろえる．次いで，マルクス経済学がその問題をどう見たかを概観する．そして，新古典派経済学が現実の環境問題に意味のある処方箋を書くために，初期の理論をどう変えていったかを見る．環境税の新しい考え方である「目標-税アプローチ」と「譲渡可能な排出権制度」が登場したことに焦点を当てよう．そして，その理論を適用した現実の例を観察する．その上で，これらの制度の本質に迫ることにしよう．

5.2　産業公害と環境政策の形成

5.2.1　日本の大気汚染

産業公害は日本では特に激しい被害をもたらした．急速な経済成長がその最大の要因であろう．いわゆる高度経済成長期の実質経済成長率は，1950年代後半が年平均8.8%，60年代前半が9.3%，60年代後半が12.4%であり，この15年間で経済活動の規模は4倍以上に拡大した．55年～64年の10年でエネルギー消費量は3倍になった．

日本での，エネルギー消費に由来する硫黄酸化物(SO_x)の排出量が，1950年には42万トンであったという推計がある(大気環境学会史料整理研究委員会 2000，52頁)．そのうち，34万トンが石炭の燃焼に由来するものであって，石油からの排出は8万トンにすぎなかった．62年になると，石炭からの排出は61万トンに増えたが，石油からの排出は136万トンとなって，両者の関係は逆転し，排出総量も5倍近くに増えたのである．60年代もSO_xの排出は増え続け，68年には499万トンにまで増加したと推計されている．しかも，この間，工場や火力発電所は巨大化し，それが集中的に立地した地域には，汚染物質の放出も集中したのである．

日本で最初の石油化学コンビナート開発が行われた三重県四日市市では，第1コンビナート(塩浜コンビナート)が公式に操業を開始した1959年ごろから，悪臭や煤塵に対する苦情の発生と並んで，喘息患者の多発が報告され始めた(吉田 2002，67-68頁)．塩浜コンビナートと鈴鹿川をはさんで南側に位置する磯津地区では，自動観測機による測定で，時に1 ppmを超える高濃度の二酸化硫黄(SO_2)汚染が記録され，これが12時間以上続いたり，2.5 ppmが記録されたりした(同50頁)．

この大気汚染と喘息の多発との関係が疑われ，三重県立大学の吉田克己を中心として行われた疫学調査の結果，汚染地区での，気管支喘息，慢性気管支炎，咽喉頭炎の増加が観察された(同71-74頁)．1962年には厚生省による大気汚染の健康調査が行われ，これによっても，汚染地区での慢性気管支炎と閉塞性呼吸機能障害の発生率が，対照地区と比べて高く，最も汚染の激しい磯津地区では5倍以上に上がっていることが明らかになった(同78頁)．

政府は，1962年に「煤煙の排出の規制等に関する法律(煤煙等規制法)」を施行したが，これは，地域限定規制であって，東京，川崎，大阪，北九州しか適用地域になっておらず，しかも，黒煙と甚だしい降下煤塵の改善が期待できるだけであるといった限界があった．悪化する四日市の大気汚染に対処する必要性についての世論の高まりを受けて，国は63年に四日市地区大気汚染特別調査員(黒川調査団)を派遣した．調査団の報告は翌64年に出されたが，それは，それまでの四日市での疫学調査の結果を採用して，大気中の硫黄酸化物濃度が1時間以上にわたって0.2 ppmを超えないようにすることを求め，それを確保するために，低硫黄化，高煙突拡散，公害防止施設の整備，コンビナートのメカニズムを公害防止のため有効に利用すること，都市改造，保健医療，職業対策などを含めた総合的な四日市コンビナート公害対策を提言した(橋本1988, 67, 97頁)．

1964年には，四日市を始めとする各地の大気汚染被害を背景として，住民運動が，三島沼津の火力発電所・コンビナート計画を中止に追い込んだ．危機感を強めた政府では，公害対策基本法制定の機運が高まった．66年の公害審議会の答申は，被害が一定限度を超える場合，産業の発展を多少とも犠牲にする必要があること，公害の問題は基本的人権の問題として認識すべきだという考え方の下，公害防除費用の原因者負担，原因者の無過失責任の導入，公法上の規制による発生の事前防止を謳い，土地利用そのものに着目した予防的な公害対策，地域公害防止計画の策定，国民の健康や生活環境を守るための環境基準の設定を提言した(同103-107頁)．これを受けて，経済活動に対する健康・福祉保持の優先を原則とし，「国民の健康を保護し，生活環境を保全するために保持すべき基準」としての環境基準を導入するという当初の厚生省試案が，政府内の反対によって後退を強いられながらも，67年に公害対策基本法が制定された．

公害対策基本法の第1の意義は，厚生省の悲願であった環境基準の設定である．長く政府内の抵抗によって実現しなかった環境基準が設定されたことをもって日本の環境政策が成立したと見なしてもよいだろう．環境基準は，「国民の健康を保護し，生活環境を保全するうえで維持することが望ましい基準」に後退したが，環境基準達成を目標として，規制などの手段が整備されるという環境政策の体系が成立したのである．二酸化硫黄については，1時間値として0.1 ppm，その24時間平均値として0.05 ppmという環境基準が決められた[1)].

公害対策基本法の制定を受けて，1968年に大気汚染防止法が制定され，本格的に大気汚染の規制が始まった．硫黄酸化物については，煙突からの硫黄酸化物の排出量を，煙突の高さの2乗に，地域の状況に応じて決められるK値を乗じた値以下に抑えるという，いわゆる「K値規制」が導入された．これは，高煙突化による拡散を提言した黒川調査団の勧告を反映したものである．四日市では，同勧告の後，高煙突化が進み，局所的な高濃度汚染は緩和された．

しかし，高煙突化によって，かえって汚染地域は拡大した．根本的な解決のためには排出量を減らさなければならないことは明らかだったが，そのためには排煙脱硫装置の設置が必要であった．それは巨額の投資を必要としたので，脱硫装置の設置を要するような規制への産業界の抵抗は強かったのである．

この状況を変える契機になったのは四日市公害訴訟である．1967年9月磯津地区の公害病認定患者9人が，第1コンビナート6社を相手に，これらの企業の排出したSO_2が喘息の要因となったとして，慰謝料と損害賠償の支払いを求めて提訴したこの訴訟は，72年7月原告の全面勝訴に終わった．被告6社の工場の煤煙と健康被害との因果関係が最大の争点になったが，初期から疫学調査を続けていた吉田克己が提起した疫学的因果関係が認められた．つまり，汚染地区と非汚染地区との間で，気管支喘息や慢性気管支炎などの有症者の率に有意な差があり，また，汚染の程度と被害の発生率との間に「量と効果の関係」があるといった疫学的証拠があれば，法的因果関係の立証として十分であるという考えが認められた．また，被告6社には過失があり，共同不法行為責任があると認定されたのである．

この判決は，その後の環境政策の進展に大きな影響を与えた．三重県では，四日市裁判が終局に近づき，原告勝訴が見込まれるようになった段階で，それまでの公害防止条例を改正し，1972年に硫黄酸化物の総量規制を導入した．

---

1) これが99% 達成されれば，年平均濃度は0.018 ppmとなり，公害患者の発生は抑えられると期待されたが，1時間値は88%，1日平均値は70% の達成率でよいこととされたので，年平均はほぼ0.05 ppmとなり，それだと，慢性気管支炎の有症者率は自然有症者率の2倍以上になると見込まれた(吉田2002，174頁)．1973年に二酸化硫黄の環境基準は，1時間値で0.1 ppm，1時間値の1日平均値で0.04 ppmに改訂された．

表 5.1　四日市市における SO_x 排出量

年	SO_x 排出量 (t/年)	年	SO_x 排出量 (t/年)
1971	106,509	1982	7,730
1972	71,549	1983	6,316
1973	49,831	1984	6,284
1974	28,998	1985	4,575
1975	20,679	1986	4,230
1976	17,583	1987	3,559
1977	14,300	1988	3,142
1978	11,999	1989	3,310
1979	10,964	1990	3,264
1980	9,873	1991	2,498
1981	8,364	1992	2,290

出所）　四日市市資料.

これは，それまでの環境基準よりも厳しい，住民の健康を保護するために必要ないわゆる「閾値」と考えられた，平均 0.017 ppm の濃度を達成するという目標を設け，地表濃度をこの目標値にまで確実に低下させるために，各発生源にどれだけの排出を許容することができるかを科学的に算出し，それに基づいて，煙突ではなく事業所毎の排出量を規制する基準を設定するという規制手法である．

総量規制導入の結果，表 5.1 に示すように，1971 年以前は年間約 10 万トン以上であった四日市市の SO_x 排出量は，76 年には 1.8 万トンまで減少した．この削減によって，76 年には全観測局で SO_2 濃度の目標値(0.017 ppm)を達成したのである．

硫黄酸化物の総量規制は，1974 年には，大気汚染防止法の改正によって国の政策にも導入された．K 値規制によっては環境基準が達成できない地域を国が指定し，都道府県が，その地域全体での排出許容総量を算出し，総量削減計画を作成し，総量規制基準を定める．総量規制基準は，事業所毎に硫黄酸化物の排出量について定められる基準であって，燃料使用量の b 乗($0.8 \leqq b < 1$)にある定数 a をかけたものとして定められる．b が 1 よりも小さいことによって，燃料使用量で表される事業所の規模の拡大とともにより厳しい基準値が与

えられることになる．そして，aとbとを調整することによって，目標とする排出量が達成されるようにするのである．新増設の工場についてはさらに厳しい基準が適用される．

こうした規制体系の整備によって，硫黄酸化物による大気汚染問題は終息に向かうことになる．そして問題は窒素酸化物や浮遊粒子状物質などに移っていくが，その原因たる排出源も，自動車が大きな比重を占めるものへと変化していくのである．

5.2.2 日本の水質汚濁

日本の公害史上，四日市公害と並んで特筆すべき事件は水俣病であろう．1956年4月，新日本窒素肥料株式会社(チッソ)水俣工場附属病院に，5歳11か月の女の子が，歩行障害，言語障害，狂躁状態などの脳症状を主訴として受診，入院した．その妹も入院し，隣の家にも同様の患者が出た[2)]．医師たちは調査，往診により多数の患者を発見した．細川院長は，5月1日「原因不明の中枢神経疾患が多発している」と保健所に報告した．患者は53年から発生していることがわかった．

当初伝染病が疑われたが，熊本大学医学部水俣病研究班が，ある種の重金属中毒であり，人体への進入は水俣湾の魚介類であると確認した．発生源としてはチッソ水俣工場が疑われた．熊本大研究班は，海底の泥や海水を分析し，また，成書の記載から類似の症状を探し，マンガン，セレン，タリウムなど疑いのある物質を挙げた．そして水銀にたどり着く．水銀農薬工場での事故によるメチル水銀中毒の症状――四肢のしびれ感と痛み，言語障害，運動失調，難聴，求心性視野狭窄など――を報告したハンターとラッセルの1940年の論文から，メチル水銀中毒に違いないとの結論に達し，59年「有機水銀説」を発表した．

チッソはこれに反論した．「水俣工場では，昭和7年からアセトアルデヒドの合成に触媒として硫酸水銀を用いてきたし，昭和24年から塩ビの合成に触媒として塩化第二水銀を用いており，その一部が海に流出しているが，これ

2) 以下水俣病の経緯については，原田(1972)および西村・岡本(2001)による．

は無機水銀であり，海底にたまっているのはほとんど金属水銀である．これらの物質の合成過程で有機水銀が生ずるという事実は認められない．また，世界中で行われている方法である」というのがその理由であった．しかし，1959年10月に，チッソ附属病院の細川医師が，アセトアルデヒド工場の精留塔ドレーンを猫に与える実験を行い，水俣病を発症させていた．

チッソは1958年に，排水を，それまでの水俣湾百間港から，水俣川河口に変更したので，59年には不知火海一帯に患者の発生が拡大した．漁民は，59年8月，浄化装置をつけることと1億円の漁業補償とを要求して工場に押し掛けた．患者家庭互助会は，補償金2億3000万円，1人当たり300万円を要求した．工場はこれを拒否した．患者らは結局，熊本県知事らを中心とする水俣病紛争調停委員会の斡旋案を飲んだ．それは，死者30万円，生存者に年金として成人10万円，未成年者3万円，葬祭料2万円という見舞金契約であって，そこには，「水俣病が工場排水に起因する事が決定した場合においても，新たな補償金の要求は一切行わない」という文言が含まれていた．

1960年，細川医師は猫の発症実験を再開し，精留塔ドレーンを与えて7匹を発症させたが，これは極秘にされた．また，61年末から62年初めに，工場技術部が，アセトアルデヒドの精留塔ドレーンから塩化メチル水銀を抽出した．これも極秘にされた．

熊本大研究班が，1962年にアセトアルデヒド工程のスラッジから塩化メチル水銀を抽出し，63年に，水俣病は「水俣湾産魚介類を摂食して発症，毒物はメチル水銀化合物」と発表した．しかし，政府が，水俣病の原因を，チッソ水俣工場のアセトアルデヒド設備内で生成されたメチル水銀化合物と断定したのは，それから5年後の68年であった．

公害として認定された後，補償交渉が行われたが，話し合いはつかなかったので，1969年，厚生省が補償処理委員会を設置した．患者互助会の自主交渉派は，69年6月熊本地裁に提訴した．チッソの過失の有無が争点となり，その際，化学工場に課せられている注意義務の範囲が焦点となったが，裁判所は，排水放流に予見義務があることを認め，73年に原告勝訴の判決が出た．先の見舞金契約は犯罪的行為と断定された．

なお，水俣病の原因についての政府の正式見解が出た1968年以降も，解明

されていない謎があった．これを解明したのは，西村・岡本(2001)である．謎とは，

(1) 1932年から水銀を触媒にしてアセトアルデヒドを造ってきたのに，なぜ53年になって突然水俣病が発生したか

(2) 日本でも世界でもアセトアルデヒドを造っている工場はたくさんあるのに，なぜ水俣だけで発生したか

ということである(同18頁)．

水俣工場のアセトアルデヒド工程は1932年から操業を始め，37年に6200トン，39年に9000トンを生産した．戦争で生産量が落ち，戦後の49年に4400トン，53年に6600トンの生産量であり，戦前の水準に戻ったのはようやく54年(9000トン)である．53年よりも多く生産していた戦前に水俣病が発生しなかったのはなぜか．

西村・岡本は，まず，海と魚の汚染の側の事実から，そうした汚染を引き起こすためには，どれくらいの有機水銀の排出がなければならなかったかを推定し，次に，それとは独立に，工場の側で起こった事実，特に1950年代初めに生じた変化を基に，排出されたであろう有機水銀の量を推定し，両者をつき合わせるという方法をとった．汚染の側から推定された排出量は4～40 kg/年．一方，50年代初めに生産工程で行われた変更のうち，有機水銀の排出に影響を与えたものとして，触媒として使用された水銀の一部が還元されて金属水銀となったものを酸化して使えるようにするための助触媒を，二酸化マンガンから第二鉄イオンに変えたという事実が特定された．新しい化学の知見によって解明されたメチル水銀生成メカニズムと，実験結果と，アセトアルデヒド生産量および生産方法の情報とから推定された，メチル水銀の排出量は図5.1のとおりである．52年以降排出量が急増したが，それは，環境汚染の側から推定した値4～40 kgとよく一致している．

なお，助触媒に硫酸鉄を使うという普通の方法への転換が，なぜ水俣では大惨事の原因になったかについては，蒸発器の中の塩素イオン濃度が異常に高かったことが指摘された(同289頁)．その結果，チッソの蒸発器では，メチル水銀の50％が塩化メチル水銀分子であったと推定された．そのために，水銀は蒸発し，精留器ドレーンにメチル水銀が入ったのである．加えて，助触媒の原

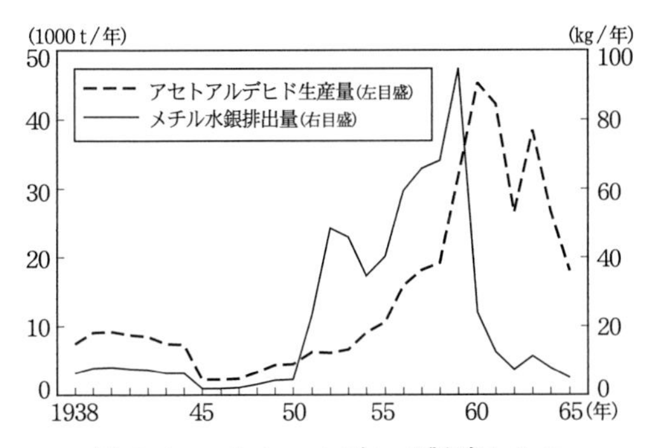

図 5.1 アセトアルデヒド製造からのメチル水銀排出量

出所） 西村・岡本(2001), 276-277 頁.

料として廃棄物の利用をしていたために，質が劣悪で，反応液の廃棄が頻発したこと，垂れ流しされた，メチル水銀以外の大量の汚濁物質のために，メチル水銀を含んだ表層の魚が斃死し，海底に沈み，これが食物連鎖で底生魚にも蓄積され，これを漁民が食べたことが，被害を引き起こした要因であると，同書は指摘している．

水俣病は，工場の排水が食物を媒介にして人に深刻な健康被害を与えた問題であったが，高度経済成長期には，その他の水質汚濁も大きな問題を引き起こした．前の項で四日市の大気汚染について述べたが，四日市のコンビナートが操業して最初に起こった社会問題は，異臭魚問題であった．これはコンビナートの工場から伊勢湾に排出される油分が魚介類に着臭したという問題であって，1958 年から 60 年までの 3 年間で 8342 万円の漁業被害を引き起こした(吉田 2002, 26-27 頁)．

一般の有機性汚濁も激しいものであった．庄司光と宮本憲一は，東京都内の主要河川のほとんどが，BOD(生物化学的酸素要求量)で 8.1 ppm を上回る「E 級」の水質であったと報告している(庄司・宮本 1964, 47 頁)．そのうち新河岸川の志村橋付近で 34 ppm，浮間橋付近では溶存酸素がほとんどゼロ，神田川の浅草橋付近で BOD128 ppm，河口に近い隅田川厩橋付近では 310 ppm と，隅田川水系の汚濁を報告している．1980 年の環境庁『環境白書』によると，

70 年代前半の都市河川の平均 BOD は 20 ppm を超えていた.

中西準子の推定によると，1970 年に日本全国で河川に排出されていた BOD は 375 万トンもあった(中西 1992，1994)．これだけの BOD を日本中の川にまいたら，日本のすべての河川の BOD 濃度が 10 ppm になったであろうと推定されている．BOD10 ppm は現在の日本の下水処理場からの排水と同じ程度の汚れである．この汚濁物質の 8 割に当たる 300 万トンは，工場から排出されていたという．残りの 2 割が生活排水である．工場から排出された BOD の約半分は，紙・パルプ工業から出たと推定されている．

この汚水の排出のために，「川はあらゆる所で，メタンガスや硫化水素を出し，港湾は硫酸の海であった．特に，紙・パ産業の集積地である，静岡県田子の浦港や瀬戸内海は，チョコレートのソフトクリームが海を被っているような感じであった．それに加えて，臭気も酷く，海の底も川の底も硫化物で真っ黒であった.」と言われている(中西 1992)．田子の浦港に注ぐ潤川と沼川の港に近い地点での水質は 1971 年でそれぞれ BOD 52 ppm，120 ppm もあり，田子の浦港出口の COD(化学的酸素要求量，海域の水質は COD で管理されている)は 71 年に 60 ppm を超えていた(同)．

水質汚濁への対策が進展したのは 1970 年代である．政策の上では，70 年に水質汚濁防止法が成立したことが大きな意味をもった．水質汚濁防止法は，58 年制定の水質保全法と工場排水等規制法(いわゆる水質二法)の反省の上に立って，指定水域だけでなく，原則規制で，全国の公共用水域——河川や海域や湖沼のこと——への排水に国の一律の排水基準を適用するという考えが導入され，ほとんどすべての業種が規制の対象となった．これによって，被害が出ていなくても排水基準が適用されるようになり，また，都道府県が上乗せ基準を設定することができることが明文化された.

公害対策基本法によって，水質についても環境基準が設定された．環境基準は，人の健康の保護に関する基準(健康項目)と，生活環境の保全に関する基準(生活環境項目)とに分けられ，健康項目の環境基準は，1971 年に，カドミウム，全シアン，鉛，クロム(六価)，砒素，総水銀，アルキル水銀の 7 つについて設定された．後に，75 年に PCB 等が，92 年にトリクロロエチレン，テトラクロロエチレン等の有機塩素化合物や，農薬，ベンゼン等が追加され，

23項目になった．生活環境項目は，当初，pH，BOD，COD，SS，DO，大腸菌群数，ノルマルヘキサン抽出物質(油分)の7項目であった．後に全窒素，全燐が追加された．

健康項目は，全国の公共用水域に共通の一律基準であり，おおむね水道水質基準と同じだが，水銀とPCBについては，魚介類への濃縮を考慮した基準値となっている．例えば，総水銀の環境基準は0.0005 mg/ℓとなっているが，これは，魚介類の暫定的規制値——総水銀0.4 ppm，メチル水銀0.3 ppm——から，魚介類の水銀濃度がこの規制値を超えないということを根拠として決められた．生活環境項目の環境基準は，公共用水域の水域群別に，水域の用途に応じて決められている．

水質についても，これらの環境基準を達成するように，規制などの政策が採られる．その中心は排水基準による排水の規制である．健康項目の物質の排水基準は原則として環境基準の10倍である．これは，公共用水域の水は，排水の10倍以上の水で希釈されているであろうということを根拠にしている．したがって，排水量に比べて河川の水量が少なければ，排水基準を満たしても環境基準が満たされないことがあり得る．

生活環境項目の排水基準は，国の一律基準としては，BOD，COD(最大)が160 mg/ℓ，BOD，COD(1日平均)が120 mg/ℓなどとなっている．これは，一般家庭下水を簡易な沈殿法により処理して得られるのと同等の濃度である．家庭下水は古来河川に排水されても公害を起こさなかったというのがその根拠だが，工場排水についてはあまりに緩い基準であって，環境基準達成という目的には明らかに足りない．水質汚濁防止法は，都道府県が，個々の公共用水域の実情に合わせて，上乗せ排水基準を設定することを認めており，都道府県の上乗せ排水基準が実質的な効力を持つ規制基準となる．河川や湖沼や海域の実情に合わせた基準なので，排水基準は地域によって異なっている．

これらの規制に対応して，工場は汚濁物質の排出を減らした．河川に排出されていたBODは，1970年の375万トンから，89年には78万トンに減ったと推定されている(中西1994)．このうち，工場から排出されていた分は，89年には20万トンに減ったが，これは70年の15分の1である．70年に工場から排出されていたと推定された300万トンの約半分は，紙・パルプ製造業から出たと推定され，CODで見ると紙パルプ製造業からは70年には220万トン排出されていた．これが89年までに20万トンまで削減されたと推定されている(同)．いろいろな排水対策がとられて削減されたのだが，中西(同)は，削減対策を，製品の転換，黒液回収率の向上，排水処理の3つに分けて，それぞれの削減への寄与分を推定している．それによると，70年と同じ製品構成で同じ方法で紙・パルプを製造していたとしたら，89年のCOD排出量は450万トンになっていたと予想されるという．これが，製品転換，つまり，製造する紙の種類を変更することによって，58%減り，黒液回収率の向上，つまり，製造工程内の対策によって26%減り，さらに，排水処理によって16%減ったということである．

製品転換とは，COD発生量の少ないパルプを作るということである．特に古紙パルプの比率を増やしたことが効果を上げた．黒液回収率の向上とは，パルプ製造の過程で出る「黒液」と呼ばれる濃い廃液を回収して，これを燃料として使用する率を引き上げるということである．これは，パルプの原料である木材の中にあったバイオマス・エネルギーを有効に利用することを意味し，経費節約と排水の浄化を同時に実現する一石二鳥の方法であった．こうした製造工程内の対策によって環境への負荷を減らすことは「クリーナー・プロダクション」と呼ばれる．排水処理は，生物処理と凝集沈殿といった処理とを組み合わせて排水中の有機物を取り除くのである．こうした最終の処理によって環境への負荷を減らすことは「エンド・オブ・パイプ技術」と呼ばれる．

水銀の対策は特異な経過をたどった．水銀の排水規制が始まる前に，水銀を触媒として使うアセトアルデヒドの製造は行われなくなっていた．その後1973年に，水俣，新潟に続く第3の水俣病が有明海で，第4の水俣病が徳山湾で発生したのではないかと言われ，電極に水銀を用いて苛性ソーダを製造する工場が原因ではないかと疑われる事件が起こった．「水銀パニック」とも言われる状況の中で，政府は，苛性ソーダ製造における水銀法全廃の方針を決定した．

これによって，日本の苛性ソーダ製造法は，水銀法から隔膜法へ，さらに隔膜法からイオン交換膜法へと二度の転換をしたが，そのための設備投資に3340億円がかかった(中西 1993)．これに公害対策費をあわせた4214億円は，日本全体の苛性ソーダの売上の 5 年分くらいに当たる(同). この莫大な費用をまかなったのは, ソーダ工業界全体の大きな利益であった. 苛性ソーダや同時に製造される塩素はあらゆる化学薬品の原料なので, ソーダ工業はそれらを原料として多種の化学物質を作っていて, それの売上が大きかったのである. 実際, 1978 年のソーダ工業界全体の経常損益は 1035 億円の黒字であった(同). こうして日本での水銀の使用は急速に衰退し, 環境への水銀の放出も大幅に減ったのである.

以上が, 高度経済成長期の日本の産業公害の概要である.

5.3　マルクス経済学と産業公害

マルクス経済学は, 公害を出した企業と急速な経済成長を推し進めた政府の政策を激しく批判した. 庄司光と宮本憲一は, 1964 年に, 高度成長下で激発する公害の事実を知らせ, 公害の本質を明らかにしようとして,『恐るべき公害』を著した. 彼らは, 当時の工場で, 煤煙除害設備や汚水処理施設を設置している工場がいかに少ないかを指摘し, 住民との紛争や政府の規制によって強制されない限り, 企業が自主的に公害を防止することはないと主張した.

次いで彼らは, 政府の当時の公害対策が不十分であると指摘した. 第 1 に, 自治体で公害防止に関する条例をもっているのが, 8 都府県 2 市にすぎず, その規制も罰則も緩くて実効性がない. 第 2 に, 国の公害防止に関する法律がきわめて不十分なものである. 当時水質に関しては 1958 年制定の水質二法があった. また, 大気については煤煙等規制法が 62 年に成立していた. これらの法律による規制は, 被害の特に激しい地域を指定して, そこだけで規制を行うものであり, 新規開発における公害を予防的に取り締まることはできなかった. また,「産業の健全な発展との調和」との文言(いわゆる調和条項)に基づいて, 指定地域内の規制も緩く罰則も緩かったので, 実効を上げることができなかったのである. また, 環境基準が設定されなかったので, 目標のない規制になっていた.

庄司・宮本は, この不十分さを資本主義に本質的なものと見なしており, 体制が変わらない限り, 公害を根本的に解決することはできないと考えた. しかし，資本主義体制の中で事態を少しでも改善する必要があることは誰もが認めるところであり，そのために最も重要なものが住民運動であるというのが，彼らの考えである．

その後，資本主義体制内部での環境政策の整備は急速に進んだ．前節で述べたように，1967 年に公害対策基本法が制定され，それにより初めて環境基準が設定されて，環境保全政策の目標が示された．公害対策基本法には，「国民の健康の保護と生活環境の保全を図るにあたって経済の健全な発展との調和の下で進められるべき」との調和条項が入っていたが，70 年の「公害国会」で改正され，調和条項は削除された．公害国会は，公害の激化，自治体による革新的な公害防止条例の制定，環境権思想の提唱などを背景とした世論の高まりに圧されたものであり，そこで，公害関係の 14 の法律が成立した．70 年にはまた，公害行政を一元的に担う統一機関としての環境庁が発足している．73 年には公害健康被害補償法が成立した．これにより，裁判によらずとも，指定地域，曝露条件，指定疾病という要件によって公害病と認定されたら，被害の救済を受けられるようになった．補償財源の負担は，汚染物質を排出している企業に求められた．

このように，1960 年代末から 70 年代前半にかけて，環境政策は大きな進展を見せた．このような政策の発展をマルクス経済学はどう評価したであろうか．

庄司と宮本は 1975 年に『日本の公害』を著し，それまでの 10 年間に進展した環境政策に分析のメスを入れた．環境基準については，67 年制定の SO_x の環境基準——年平均値で 0.05 ppm——が緩すぎて，患者の発生を防ぐことができなかったと指摘した．環境基準は，これ以下ならば被害が出ない「閾値」でなければならないが，現実には，達成のしやすさが考慮に入れられて，その水準も，どの項目について設定されるかも，いつまでに達成すべきかも政治的に決められているというのである(庄司・宮本 1975，178 頁)．

環境基準を達成するための規制基準についても，濃度基準であって，排出量の増加を防ぐことができない，また，平均値規制であって，最大濃度を規制していないといって批判している．総量規制が導入されたことは前進だが，その具体的方法が確立していないと，彼らは述べている(同 181 頁)．つまり，総量規制を実際に行うには，開発規制，生産の差し止め，交通量の規制などが必要になるが，そのための手法がないというのである．

行政による被害者救済のための制度である，公害健康被害補償制度については，住民の裁判闘争に歯止めをかけるために，国が総資本の代弁者として登場している制度であると，否定的な評価をしている(同170頁)．また，国や自治体が救済の主体となっているために，害を出さないよう対策をとる誘因を企業に与える効果を，補償制度が持っていないとも述べている．庄司・宮本は，被害補償にPPPの現実化としての意義を求めている．PPPは，公害規制を行う際の費用負担についてOECDが提唱した原則であって，「汚染者支払原則(pollutor pays principle)」のことであるが，庄司・宮本は，これを「汚染者負担原則」と訳し，OECDのものよりも広い意味をそれに持たせた．OECDが提唱したPPPの意図は，自国民の健康をどの程度保護し，その生活環境をどの水準に維持するかは，各国の主権に属することで，したがって，公害防止政策を行うのは各国の自由であるけれども，その際，公害防止にかかる費用を政府が補助すると，貿易上の公平さを損なうことになるので，補助は行わず，費用は原因者に支払わせるべきだというものである(OECD 1975)．原因者が，支払った費用を自分の製品価格に転嫁して，消費者に最終的に負担させるか，それとも，自分の経営努力の中でその費用増分を吸収するかは，原因者の自由であり，政策当局の関知するところではないという考えもPPPの中には含まれていた．このPPPを庄司・宮本は，「PPPは，価値法則から脱落する社会的費用を原因者に負担させることによって，資本主義経済の矛盾を一定の程度解消し，社会的正義を経済的に回復する目的をもっている．」(庄司・宮本1975，192頁)と性格づけて，これを，被害者への補償を原因者が負担すべきであるという意味も含むものに拡張した．その上で，PPPには，絶対的損失を補償できないということ，原因者が一度支払った対策費用を製品価格に転嫁して最終的に消費者に負担を負わせる可能性があることから，PPPには限界があるとして，公害の防止は直接規制によらなければならないと結論づけている．

公害対策の基本が住民運動であるという点は，1964年の著作から一貫して変わらない．しかし，75年の著作では，三島・沼津のコンビナート開発を阻止した運動を自治体運動として高く評価しながらも，もっと広域的で，労働運動や革新政党との連携をもった運動にならないと限界があるとも指摘した．その上で，革新自治体と住民運動との対立や，消費に原因をもつ公害に住民運動がどう取り組むかといった課題を指摘している．

総じてマルクス派環境経済学は，公害を資本主義の社会的災害と見て，体制の変革がなければ根本的な解決は図れないと見なす．そういう見方をもっているので，体制の面では，具体的な修正の処方箋は出てこない．それに対して，公害の被害は素材面で捉えるので，政策面でも，素材面での被害を出さないようにするための素材的命題が多くなるのである．

5.4 排水課徴金

5.4.1 水質管理への税または課徴金の適用——クネーゼの貢献

ピグーの着想は，理論の世界では次第に経済学者に共有されるものとなり，第二次世界大戦の前後に概念の整理や精緻化が行われたが，ピグー的課税政策を現実の環境政策に適用する制度提案が行われたのは1960年代である．それを担ったのは米国のクネーゼ(A. Kneese)である．

クネーゼは，1964年に書いた『広域的水質管理の経済学』の中で，河川への排水が下流の水利用者に被害を与えるという問題に課徴金政策を適用することを考えた．ピグー以来の伝統的な理論に従えば，下流の水利用——水道水であれレクリエーションであれ漁業であれ——への被害額を上流の排水者に支払わせることによって，パレート最適な上流での利用水準(あるいは汚染水準)が実現する．しかし，そのためには被害額を算定しなければならない．しかもそれを，上流での排出と量的に結びつけなければならない．

クネーゼは，被害額をどう推定するかを論じている．まず被害が美的価値やレクリエーション価値に関するものである場合，被害額の算定は難しいが，環境の貨幣価値がWTPに基づいたものであるべきだという理論上の要請に合致する計測方法として，レクリエーションの活動場所までどれだけの旅行費用をかけて来ているかという事実から推定する，いわゆる「旅行費用法(travel cost method)」や，インタビューやアンケートによって直接WTPを聞き出す

「質問法(questionnaire)」が使われ始めており，まだ課徴金の額の算定に使えるほどの正確な価値の計測はできていないけれども，将来は可能かもしれないと述べている(Kneese 1964, p.73)[3]．

水道水としての利用に与える被害については，浄水処理費用の増加分でなら容易に計測できるが，健康被害の金銭的計測は困難だと述べている(*ibid.* p.74)．実際，感染症や毒物による健康被害の観点からは，水道水の水質基準を決めてそれを守るという政策がとられているのであって，課徴金でパレート最適な水質を求めるということは行われていないとクネーゼは述べている(*ibid.* p.75)．

このように被害額の算定が困難な場合，水質に関するある基準を満たすことを目的にして，それを満たすためにかかる費用をもって被害費用に代えることができるとクネーゼは述べた．それはどういう意味だろうか．まず，その水質というのが水道水の水質である場合，目標とする水質を確保するのにかかる浄水の費用を被害費用として使えると彼は述べる．それはわかりやすい．その費用を課徴金として上流の排出者に課せば，それよりも安い費用で排水処理ができるならば，排出者は対策をとるだろうし，それよりも安い費用で排水処理ができないならば，対策はとられず，下流の浄水処理で基準を満たすべく対策がとられることになる．いずれにしても基準は満たされ，それが最小の費用で実現する．

次に，水質というのが，河川水の水質である場合について，クネーゼは，オハイオ川の塩分濃度の管理を例にとって，課徴金政策の適用可能性を論じている．この問題は，いくつかの支流を含んだ河川の上下流に複数の工場が立地しており，それらが排出する塩分が下流で水を利用する工場に被害を与えるというものである．オハイオ河川渓谷水衛生委員会(ORSANCO: Ohio River Valley Water Sanitation Commission)による政策提案は，目標地点の塩分濃度の環境基準を決めて，渇水時にそれが破られそうになると，流域の排出工場の排水量を一律に規制するというものであった(*ibid.* p.103)．これに対して，クネーゼは，下流工場に与える被害額に応じた料率での課徴金を排出企業に課してはど

3)　クネーゼは，旅行費用法の文献として Knetsch(1963)を，質問法の文献として Davis(1963)を挙げている．

うかと考えた(*ibid.* p.111)．しかし，被害額の算定は現実には難しい[4)]．そこで，ORSANCO 提案のように，基準点での基準塩分濃度の達成を目標にするのが現実的だが，それを達成するのにも，課徴金という手段が使えると彼は提案した．つまり，排出者に塩分排出量に応じて一律の料率で課徴金を課すが，その料率を，基準点での濃度目標値をちょうど達成するように調整すればよいと言う(*ibid.* p.118)．そのような料率の意義は，第1に，排出者の限界費用がそれによってわかるということであり，第2に，基準点での濃度目標値が最小の費用で達成されるということであると彼は言う(*ibid.*)．

このことは，課徴金が課せられたときの排出者の行動を考えてみればわかる．塩分1ポンドの排出に対して100ドルの課徴金がすべての排出者にかけられたとすると，塩分1ポンドの排出を100ドルよりも小さい費用で減らす方法を持っている排出者はその方法を用いて排出を減らすであろう．それによる課徴金支払の節約が排出削減のための費用を上回るからである．1ポンド100ドルよりも小さい費用で減らす方法を持たない排出者は，課徴金を払って排出し続けるであろう．その方が経済的に有利だからである．1ポンド100ドル以下の削減方法を持っている排出者も，排出量を減らしていくと，だんだんと安価な削減方法が枯渇して，これ以上減らすとその費用が100ドルを超えるというところに来るであろう．その時排出削減は止む．こうして，限界における単位当たり削減費用が，課徴金料率の100ドルにちょうど等しくなる．つまり，限界排出削減費用が課徴金料率に等しくなる．すべての排出者がこのような行動をとり，すべての排出者の限界排出削減費用が課徴金料率に等しくなるので，課徴金をかけるだけで排出削減の限界費用がわかるというわけである．

一律の課徴金料率を媒介にしてすべての排出者の限界排出削減費用が等しくなっている．これは，その状態での排出削減量の各排出者への配分が，目標とする環境基準を満たすためにかかる総費用を最小にするという意味で効率的であることを意味する．なぜなら，現に採られている排出削減策はすべて均等な限界費用以下の単位費用を持つ対策ばかりであり，採用されていない対策の単

---

4) 0.1ポンド/ガロン当たり1ドルという，濃度に比例した架空の被害額を恣意的に設定した課税の案をクネーゼは示している．

位費用はすべて現在の限界排出削減費用を上回るから，今行われている対策のどれを止めて，行われていない対策のどれを代わりに行っても，費用の合計は増えるからである．

このような効率性は，ピグー本来の課税政策にはもちろん含まれていた．しかし，ピグー本来の課税政策には，それに加えて，限界排出削減費用が限界排出削減便益に等しくなるということを通じて，実現する汚染水準がパレート最適になる，つまり純便益が最大になるという，より高次の効率性があった．税率が限界排出削減便益に等しく設定されたからそうなったのである．しかし，そのために，限界排出削減便益の算定が不可欠であった．クネーゼの新しい税の利用では，限界排出削減便益，つまり限界外部費用(限界被害額)はわからなくてよく，ある環境基準の達成を目指して税をかける．その際，税率はちょうど基準を達成するように決められる．そこでは，排出削減の純便益が最大になっているかどうかは問題にされない．しかし，基準を最も小さい費用で達成するという，限定された効率性の利点を税または課徴金は持つことになるのである．

クネーゼは1968年にバウアーとともに，『水質を管理する――経済学，技術，制度』を著した(Kneese and Bower 1968)．ここでも，先のオハイオ川の塩分濃度管理の事例が紹介されているが，加えて，デラウエア河口域の溶存酸素濃度管理への課徴金の利用提案が紹介されている．政策の目標は，河口域を，1つが3～6 km の30の小区画に分割して，各区画の溶存酸素を一定以上に保つというもので，それを，規制で達成するのと，課徴金で達成するのとでどちらが総費用が安く済むかが分析された．規制は，各排出者の有機汚濁物質を一律のある割合で削減するというものである．課徴金は，全地域に一律の料率を課す場合と，区域毎に異なった料率を課す場合とが想定された．結果は表5.2のとおりである．最小費用解は，目標を最小費用で達成するように，各排出者の削減量を個別に決めた場合の削減の配分を意味する．課徴金による限界排出削減費用の均等化の結果，一律削減よりも費用が小さくなって，最小費用に近づいていることがわかる．

この提案でも，水質の悪化による被害の費用は推定されず，料率決定に用いられていない．料率は，基準をちょうど満たすように決められている．その

表 5.2 デラウエア河口域水質管理の費用

(100万ドル/年)

溶存酸素目標値	最小費用解	一律削減	一律課徴金	区域ごとの課徴金
2 ppm	1.6	5.0	2.4	2.4
3～4 ppm	7.0	20.0	12.0	8.6

出所） Kneese and Bower (1968), p.162.

際，排出削減費用関数がわかっていることが前提とされている．実際，ある費用関数に基づいて上の費用は計算された．しかしそこでは，排水処理による排出削減だけが考慮されている．実際には，生産工程内の対策によってもっと安く削減ができるかもしれないので，費用は小さくなると予想されている．そうであった場合には，料率を引き下げればよいとクネーゼとバウアーは述べている(*ibid.* p.163)．また，技術革新があると，費用はもっと下がるであろう．その場合，基準を維持しつつ料率を下げてもよいし，逆に基準を厳しくしてもよいと，彼らは述べている(*ibid.* pp.163-164)．

この種の課徴金の他に，クネーゼとバウアーは，下水道への受入排水に水質に応じた課徴金をかけたり，工場内の排水に課徴金をかけるといった，課徴金の利用法を紹介している．いずれにしても，限界外部費用に等しく料率を設定するような，本来のピグー的課税政策は，現実の水質管理では，ほとんど想定されていなかったということが重要である．

その後1971年に，ボーモルとオーツが，このクネーゼの提唱した，環境基準をちょうど達成するように税率を決める型の環境税を新しく「提案」し，これを「価格づけ基準アプローチ」と呼んだ(Baumol and Oates 1971)[5)]．この後，価格づけ基準アプローチは，新古典派環境経済学の主たる政策手法の地位を占めるようになる．

このクネーゼ型の環境税または環境課徴金で重要なことは，税率を上げれば，より高い限界排出削減費用を持つ対策が実行されるようになるから，排出削減量が増え(つまり排出量が減り)，税率を下げれば，排出削減量が減る(つま

5） ボーモルとオーツは Kneese and Bower (1968)を引用しているが，基準と課徴金との組み合わせを彼らが提案していることに言及していない．

り排出量が増える)ということである．排出量の増減が環境の質(環境中濃度)の変化と結びつくから，環境基準の達成を目指して税率を調整することに意味があるのである．このことから，目標とすべきものは環境基準でなくてもよく，環境を保護する上で排出総量を目標とすることに問題がなければ，排出総量を目標にしてもよいということがわかる．この型の税の目標としては排出総量の方がむしろ直接的である．実際，後で論じる地球温暖化問題では，環境基準の設定は現実的でなく，明らかに排出総量が政策の目標になっている．そこで，このクネーゼ型の環境税を「目標-税アプローチ」と呼ぶことにしよう．

5.4.2　ドイツ排水課徴金

排水課徴金はヨーロッパの多くの国で採用されている．ここでは，現実の例のいくつかを見て，それをクネーゼらが発展させた理論上のモデルと対比してみよう．

ヨーロッパで導入されている課徴金の目的は，多くの場合収入を上げることである．それに対して，ドイツでは，目標-税アプローチの理論に基づいて，環境改善を目的とした排水課徴金が導入された[6)]．ドイツの排水課徴金制度は1976年制定の排水課徴金法によって導入され，81年から実施された．それまで，水環境保全政策は直接規制によるものだったが，効果を上げていなかった．

河川や海などの環境水域に直接排水する者から，汚染単位数に一定の料率を乗じて算出される課徴金を州が徴収するというのがこの制度の骨格である．「環境水域に直接排水する者」とは，主に工場と公共下水道の処理場とである．公共下水道の事業主体は，自治体である場合と「水管理組合」である場合とがある．汚染単位は，いくつもの水質汚染物質の汚染度を統一的に評価するための共通の尺度であり，表5.3に示した各汚染物質項目の負荷量によって定義される．課徴金料率は，当初1汚染単位当たり12マルクで導入されたが，その後徐々に引き上げられ，1993年に60マルク，97年に70マルクになった．

この課徴金制度は直接規制と密接な関係をもっており，ドイツの水質管理

6)　以下の記述は岡(1997b)に基づく．

表 5.3 ドイツ排水課徴金における1汚染単位に相当する汚染物質の負荷量

COD	50 kg
りん	3 kg
窒素	25 kg
AOX	2 kg
水銀	0.002 kg
カドミウム	0.1 kg
クロム	0.5 kg
ニッケル	0.5 kg
鉛	0.5 kg
銅	1 kg
魚毒性	3000 m^3/希釈率

出所） 排水課徴金法 Anlage (zu §3) A.

政策は，規制と課徴金との混合政策である．ドイツの水質保全における直接規制の柱は，州政府が排水者に与える排水許可証である．許可証には，排水の量，排水先，排水の水質(汚染物質の濃度)などが記載してあり，排水者はこれに合致した水を排出しなければならない．この排水許可証の他に，連邦政府が決める最低要求基準がある．これは排水中の汚染物質の濃度や製品1単位当たりの負荷量(まれに除去率)に関する基準であり，産業ごと排水規模ごとに異なるが，全国一律に適用される．連邦最低要求基準は，有害物質については「利用可能な最高の技術(Stand der Technik)」に基づいて，その他の汚染物質については「一般に採用されている標準的技術(allgemein anerkannte Regeln der Technik)」に基づいて決められる．そのような技術は時とともに変化するから，最低要求基準は徐々に厳しく改訂される．最低要求基準が改定されると，排水許可証の記載事項も，それにあわせて改訂することを要求されるが，いつ改訂するかは州政府の裁量である．実際，許可証の基準は2～3年遅れて最低要求基準の後を追うという．実質的な規制の効力は排水許可証にある．この直接規制と課徴金との関係で重要なのは以下の3点である．

第1に，徴収されるべき課徴金の額は，汚染単位数に料率をかけて算出されるが，汚染単位数は，排出負荷量の測定値ではなく，許可証に書かれている排水量と濃度とから計算された負荷量によって決められる．排出者が排出負荷量を減らすことによって課徴金を節約しようと思えば，事前に申告しなければならない．あるいは，許可証の値を改訂することによって汚染単位数を減らすことができる．立入検査の結果，許可証の記載から計算される負荷量を超えて排水されていた場合には，汚染単位数が割り増しされる(排水課徴金法 §4)．第2に，排水が連邦最低要求基準の水質を守った場合には，料率が軽減される．課徴金導入当初は2分の1に軽減されていたが，1991年に4分に1まで軽減されるようになり，99年からはまた2分の1に戻った．第3に，排水処理施設の改修を行えば，その費用と課徴金支払とを相殺できる．後の2つの関係は，この制度の性質にとって重要である．

この課徴金導入当初の水環境政策の課題は，1985年までに全ドイツで排水を90%まで生物処理し，水質類型II(中程度の汚染，BODで2〜6 mg/ℓ)を達成することであった．69年の公共下水処理場のBODの平均除去率は56.7%であったと報告されている(Der Rat von Sachverständigen für Umweltfragen 1974, p.88)．91年には，公共下水道の91.5%で生物処理が行われるようになった(Statistische Bundesamt 1994)．ノルトライン-ヴェストファーレン州のルール水管理組合に属する下水処理場の排水の平均水質は，CODで41 mg/ℓ，BODで8.6 mg/ℓとなり，これは過去10年間で30〜40%の改善に相当するという(Ruhrverband 1993, p.63)．また，80年までに，環境水域に直接排水する工場の66%で排水処理技術の改善があったと報告されている(Federal Minister of Interior 1983, pp.42-43)．排水の改善によって河川の水質も改善し，ノルトライン-ヴェストファーレン州を流れるライン川の水質は，75年には類型III〜IV(「強度に汚染」および「極めて強度に汚染」，BODで7〜20 mg/ℓ)であったのが，92年にはおおむね類型IIになった(Nordrhein-Westfahlen, 1993)．

こうして，課徴金導入の際の環境の目標はほぼ達成された．排水課徴金の導入とともに規制が強化され，規制と課徴金との両方でこれが達成された．問題は，排水課徴金がどのような効果を発揮したかということである．

課徴金や環境税が効果を上げたかどうかを測るのに，税または課徴金導入の前後で排出量がどう変わったかを計測したり(OECD 1989)，税負担と排出削減量との相関を見る(Bressers 1988, p.43)といった分析が行われることが多い．

しかし，そのような分析は税や課徴金がその本来の役割を果たしたかどうかを検証しない．税・課徴金の役割は，限界排出削減費用の均等化を通じて費用を最小化することにあった．課徴金がそのような効果を出すためには，排出者が課徴金支払の節約を目的として，どこまでどの方法で排出を減らすかを決めたのでなければならない．それを確かめるには，料率と限界費用とを比較するしかない．

排水課徴金の制度設計を行った専門委員会は，1974年に，BOD除去率87.5%における限界費用が80マルクであるという推定に基づいて，1汚染単位当たり80マルクの料率が必要だという提言を行っていた(Der Rat von Sachverständigen für Umweltfragen 1974, p.87)．しかし，排水課徴金は当初12マルクで導入され，排水の改善がほぼ終了した後の97年に70マルクまで引き上げられたのであって，排水の改善が進んだ時期の料率は必要なそれよりもずっと低かった．

1970年代後半に行われた調査では，排水の追加処理費用は，工場，公共下水道とも0.30マルク/m^3であるのに対して，課徴金は，工場で0.08マルク/m^3，公共下水道で0.03マルク/m^3であった(Federal Minister of Interior 1983, p.44)．

我々の調査によると，ノルトライン-ヴェストファーレン州のルール水管理組合に属するデュースブルク-カースラーフェルト下水処理場での新処理場建設(1988～92年)での限界排出削減費用は，67～104マルク/汚染単位であった(岡1997b，41-42頁)．アルフェルトにあるハノーファー製紙で1990年に行われた生物処理導入の限界費用は，35～51マルク/汚染単位と推定され，また，ビンデル繊維での88年以降の排水処理への投資の限界排出削減費用は642マルク/汚染単位と推定された(同42-43頁)．

この例の中では，唯一ハノーファー製紙だけが60マルク以下の限界費用で対策を行っており，したがって，当時1単位当たり60マルクの排水課徴金を節約するためにそれが行われた可能性がある．しかし，先に述べたように，実際の排水課徴金は，最低要求基準を満たせば，4分の1に料率が軽減されるのである．つまり，効いてくる料率は，15マルクであって60マルクではない．

ある基準を境にして料率を減額することの効果は複雑である．図5.2によっ

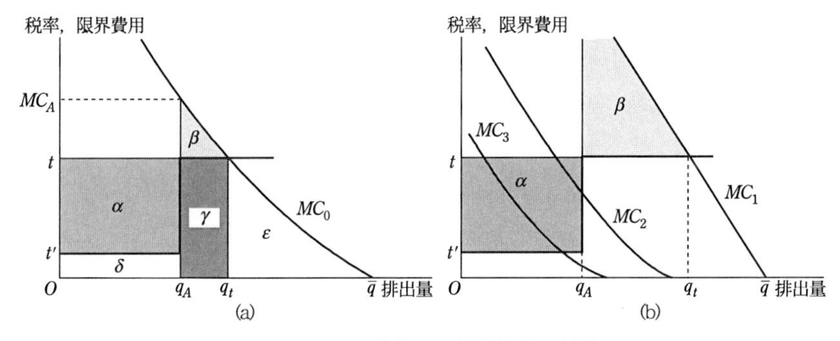

図 5.2　ある基準での料率軽減の効果

て考えてみよう．図 5.2 の左側の(a)図の MC_0 のような限界排出削減費用曲線をもつ排出者が，排出量 q_A で t から t' に軽減される税率での排水課徴金に直面しているとしよう．規制も課徴金もなければ，この排出者は，$\overline{q}$ まで排出するであろう．軽減のない税率 t での排水課徴金を課せられたら，排出量を q_t まで減らすに違いない．そこで税率が限界費用に等しくなるからである．このとき，排出者は，限界費用を $\overline{q}$ から q_t まで積分した値，すなわち，図の ε の領域に等しい削減費用をかけて排出を減らし，残った排出量について，tq_t，すなわち，$\alpha+\gamma+\delta$ の領域に等しい税を払う．

q_A まで減らすと税率が t' に下がるという軽減措置が導入されたとしよう．このとき，実際 q_A まで減らすと，削減費用は，$\beta+\gamma$ だけ増えるが，税支払額は δ だけになる．つまり，税は $\alpha+\gamma$ だけ減る．したがって，排出量を q_A まで減らすことによって，$(\alpha+\gamma)-(\beta+\gamma)=\alpha-\beta$ だけ得をする．それゆえ，$\alpha>\beta$ であれば，q_A まで減らすのが有利になる．図の MC_0 のような限界排出削減費用曲線では，q_A が選ばれるだろう．

図 5.2 の右側の(b)の MC_1 の限界費用曲線をもつ排出者であれば，税率軽減にもかかわらず限界費用が t に等しい q_t が選ばれるだろう．MC_2 ならば，当然 q_A が選ばれるだろう．MC_3 ならば，限界費用が軽減税率 t' に等しくなるまで排出量は下がるだろう．こうして，限界費用はばらばらになるが，排出量は q_A に集まる傾向があることがわかる．

この評価基準に，先の例を当てはめてみると，デュースブルク-カースラーフェルト下水処理場では，図 5.2 の α の領域に対応する金額が 671 万マルクであり，β の領域に対応する金額が 302 万～1979 万マルクとなって，$\alpha>\beta$ であるがゆえに設備投資が行われた可能性がある(岡 1997b，46 頁)．ハノーファー製紙は図の(b)の MC_2 のような状況である(同 47-48 頁)．これは基準値が排出削減を決めた可能性が高い．ビンデル繊維は限界費用がきわめて大きく，図の(b)の MC_1 の状況である(同 48 頁)．にもかかわらず高い費用で削減しており，これも課徴金料率は意思決定に効いていない．

したがって，排水課徴金が費用最小化に寄与した可能性は小さいと言わなければならないだろう．

5.4.3 オランダ排水課徴金

オランダ排水課徴金は成功した環境政策と言われている．成功したというのは，課徴金の料率が十分高く，排出者に排出削減への誘因を与えたという意味においてである(OECD 1993; Andersen 1994)．

オランダ排水課徴金は 1969 年の水汚染法(Wet Verontreiniging Oppervlaktewateren: WVO)によって導入された[7]．それによると，まず，すべての環境水域は「国水」と「地方水」とに分けられる．国水は，主要河川(ライン川，ムーズ川)，大きな湖(アイセル湖など)，南西ホランドのデルタ水域，主要運河，ワデン海と北海である．それ以外の環境水域は地方水である．国水の水質は国が管理し，地方水の水質は県(province)と水管理組合(water board)とが管理する．

排水規制の体系は図 5.3 のように図示できる．国は，水管理計画を立て，排水許可証の発行を通じて，国水に排水する工場と下水処理場の排水を規制する．県は，地方水について責任を負い，水管理計画を立てるが，通常は詳細計画の作成と水質管理とを水管理組合に委ねる．水管理組合は市と同格の行政体と言われ，数百年来，水管理組合税を家計と企業から徴収することによって，洪水調整・水資源管理といった水の量的管理の責任を果たしてきたが，水汚染法の施行によって，水質管理も担うようになった．地方水を直接管理しているのは 2 県であり，それ以外の県は水質管理の権限を，全部で 28 の水管理組合

7) 本節の記述は諸富・岡(1999)に基づく．

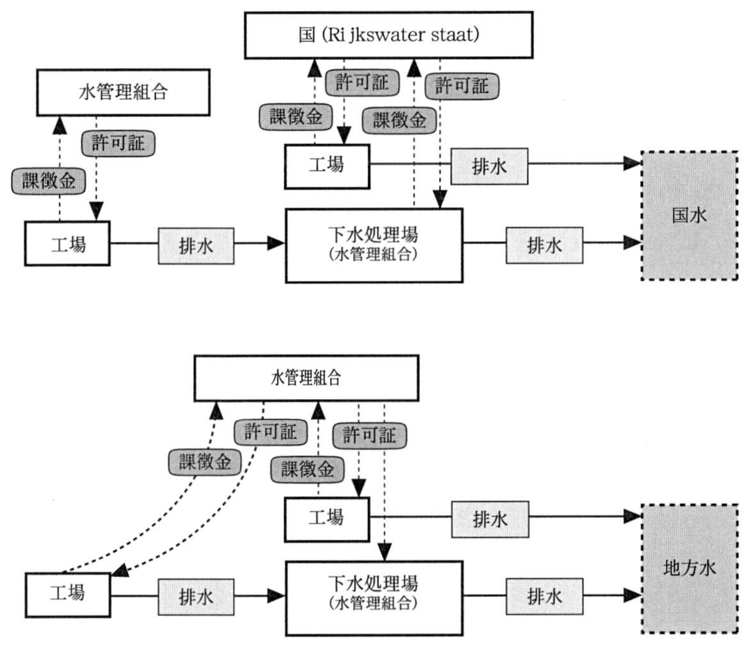

図 5.3 オランダの排水規制の体系

に委譲している.

水管理組合は，地方水に排水する工場に排水許可証を発行する．また，水管理組合は下水処理場を建設し運転する．下水処理場へ排水する工場への排水許可証は水管理組合が発行する．下水道(管渠)は通常，市が管理する．市は，下水処理場への排水に関して水管理組合から許可証をもらい，下水道への排水に関して工場に許可証を与える．水管理組合が管理する下水処理場が国水に排水する場合には，国から排水許可証を取得しなければならないが，多くの下水処理場は地方水に排水している．その場合，地方水への排水許可は水管理組合自身が与える.

排水課徴金の目的は，環境水質改善のための費用をまかなうことであるが，その中で最大のものは下水処理場の建設・運転の費用である．下水処理場は水管理組合が管理しているから，この費用をまかなうための課徴金を徴収するのは水管理組合である．徴収されるのは，こうした下水処理場につながっている下水道へ排水する工場と家計，および，その水管理組合が管理する地方水へ直接排水する工場である．

国水への排水にも課徴金は課される．徴収者は国であり，被徴収者は，国水へ排水する下水処理場を管理する水管理組合と，国水へ直接排水する工場とである．国水の排水課徴金の目的も，環境水質改善のための財源調達であるが，国は下水処理場をもっていないから，国自身の排水処理費用をそれでまかなうわけではない．国水へ直接排水する工場での排水処理施設建設への補助金として，それは使われたのである．

図5.3からわかるように，国水へ排水する下水処理場は課徴金を払うが，地方水へ排水する下水処理場は課徴金を払わない．地方水へ排水する工場は当然課徴金を払う．課徴金に環境水への排出削減の限界費用均等化をもたらす役割を期待するのなら，この差別は明らかに欠陥である．また，工場の中には，下水道へ排水するものと環境水へ排水するものとがあるが，両者は同じ料率で課徴金を払う．これは，公平性から見ても効率性から見ても問題である．環境水へ直接排水する工場は，自ら排水処理を行っているはずであり，その費用を負担した上に，他の工場の排水を下水道で処理する費用まで負担させられるのである．また，環境水に直接排水する工場は，課徴金に応じて合理的に行動すれば，その限界費用が料率に等しいところまで排出を減らしているだろう．他方，下水道へ排水する工場もまた，課徴金に応じて合理的に限界費用が料率に等しいところまで排出を削減したとすると，下水処理場はその排水をさらに浄化するから，下水処理場を通じて環境に出される排水の限界費用はもっと高くなるだろう．これは効率性の点からは不合理である．

排水課徴金は，汚染単位数に基づいて課される．有機汚染物質に関する汚染単位数は，数式

$$P = \frac{Q(COD + 4.57N)}{136}$$

に従って計算される（P：汚染単位数，Q：排水量[m^3/日]，COD：化学的酸素要求量[mg/ℓ]，N：ケルダール窒素[mg/ℓ]）．これは1年間に1個人が排出する平均的な汚染物質の量に対応しており，したがって，汚染単位は「人口等量」とも呼ばれる．この他，水銀とカドミウムは0.1 kgが1汚染単位，その他の重

表 5.4　排出汚染単位数(有機汚濁物質)の推移

	1975	1980	1985	1988	1990
家　計	13.7	14.1	14.5	14.8	14.9
農　業	0.2	0.1	0.1	0.0	0.0
製造業	15.3	9.7	5.9	6.0	5.7
食品工業	9.9	5.6	3.4	3.8	3.3
化学工業	2.8	2.4	1.3	1.3	1.1
製紙工業	1.2	0.4	0.2	0.3	0.2
その他産業	3.9	4.1	3.8	3.8	3.9
総排出量	33.1	28.0	24.3	24.6	24.5
公共下水処理場での除去	12.0	16.5	18.4	20.5	20.8
公共下水処理場から環境水への排出	4.0	4.0	3.9	5.9	4.9
環境水への直接排出	21.1	11.5	5.9	4.1	3.8
環境水への純負荷	25.1	15.5	9.8	10.0	8.7

出所)　Centraal Bureau voor de Statistiek (1994), Hötte et al. (1995), Table 15.2.
注 1)　1986年に1人1日当たり酸素要求物質排出量が180 gから136 gに改訂された．85年から88年にかけて排出汚染単位数が増えたのはそのためである．
2)　「その他産業」とは，公益企業，建設業，観光業，サービス業，運送業である．

金属(クロム，銅，鉛，ニッケル，亜鉛，砒素)は，1 kgが1汚染単位と定義されている(国水では砒素は0.1 kgが1汚染単位)．重金属の排水課徴金が課徴金全体の中で占める割合は1992年以前は0.2%，93年で0.8～0.9%(de Savornin Lohman 1995, p.15)と微々たるものである．

課徴金料率は費用をちょうどまかなうように決められるから，国水と地方水とで料率は異なり，また，地方水でも水管理組合毎に料率は異なる．水管理組合の課徴金料率は，下水処理等の費用をまかなうように決められる．国の課徴金は，工場と下水処理場への補助金の必要性に基づいて算出される．工場に対する補助金は役割を終えたとして，1992年以降新規に建設される処理施設には支給されなくなった．88年以降は，91年以前からの事業の残存分への補助金に加えて，許可や監視といった行政費用をまかなうことや底泥の浄化といった新事業に，国の課徴金は充てられている．

表5.4の上半分は，排出される汚染単位数の推移を示している．排出先には

表 5.5 下水処理場に接続されている家計の割合の推移

年	1975	1980	1985	1990	1992
接続率(%)	52	72	87	93	95

出所） de Savornin Lohman (1995), p.21.

環境水と下水道とが含まれる．排出源のうち製造業からの排出が，この20年間で大きく減ったことがわかる．この排出物のうち，一部は直接環境水に出て行くが，下水処理場に入るものは，かなりの部分がそこで除去される．表5.4の下半分には，その内訳の推移が示されている．環境水に直接排出される汚染物質の量が大きく減少したことと，下水処理場での除去率が向上したことがわかる．前者は，直接排水する工場での排水処理が進んだことと，直接排水が減って下水処理場への放流が増えたこととからもたらされている．表5.5は，下水処理場に接続されている家計の数が急速に増加したことを示している．

このように環境水に排出される汚染物質の量は大きく減少した．排水課徴金はこの削減にどう貢献したのだろうか．

上で書いたように，汚染単位は人口1人当たりの汚濁物質排出量に基づいて定義されており，年間50 kgのCODが1汚染単位に相当する．ドイツの排水課徴金の汚染単位も同じ考え方で定義されており，実際1汚染単位に対応するCODの量は両国でほぼ等しい．したがって，1汚染単位当たりの課徴金料率によってドイツとオランダの排水課徴金の高さを比較できる．

地方水に対するオランダ排水課徴金の平均料率は，1975年に17.8ギルダーであったが，持続的に上昇し，94年には77.8ギルダーとなった．ドイツ排水課徴金は81年に1汚染単位当たり12マルクの料率で導入され，94年の料率は60マルクであった．しかし，排水が「最低要求基準」を満たせば料率が4分の1に切り下げられるという規定によって，ほとんどの排水にとって実質上の料率は94年でも15マルクであった．1マルクが約1.1ギルダーに当たるとすると，オランダの排水課徴金は，一貫して，汚濁物質の負荷量当たり，ドイツのそれよりも重い負担を排水者に課してきたと言ってよいだろう．

実際，排水課徴金が，排水からの汚濁物質の削減に貢献したことを示した研究が存在する．ブレッセルスは，全有機汚濁物質排出の90％を占める14の産業部門の1969年～80年のデータから，生産物価値1ギルダー当たりの排水課徴金支払額の大きい業種ほど，排出削減率が高いことを見出した(Bressers 1983, p.156)．また彼は，74年から80年にかけての課徴金料率の上昇率の大きい地域ほど，75年から80年にかけての有機汚濁物質排出量の削減の相対成功度が大きいことを見出した(Bressers 1988, p.509)．スヒュールマンが，3000汚染単位以上を排出する150の企業を対象として行ったアンケート調査によると，対象企業150のうち，排出削減の要因が課徴金であると答えた企業は47％であった．何らかの対策をとった132の企業のうち54％が，そして，さらにそのうち政府の政策によって負荷削減を行ったと答えた企業108のうち66％が，課徴金がその要因であると答えている(Hötte et al. 1995; Schuurman 1988)．我々が98年にオランダで行ったインタビュー調査もこれらの結果を補強する(諸富・岡 1999, 8頁)．ただし，ブレッセルスが，水管理組合の専門家を対象として行った質問調査によれば，重金属汚染については，課徴金による削減効果は大きくなかった(Bressers 1988, pp.512-513)．

一方，スヒュールマン(Schuurman 1988)は，3000汚染単位以上を排出する72の工場の調査によって，1983年の地方水の平均課徴金料率(47.58ギルダー/汚染単位)は平均排出削減費用(56ギルダー/汚染単位)よりもわずかに低いが，排出削減費用のばらつきを考慮すると，課徴金料率が平均排出削減費用を上回った排出源が多数存在したに違いないことを明らかにした(de Savornin Lohman 1995, p.22)．さらに，内水管理・排水処理研究所(RIZA)のオイテルカンプによると，食品工業は，排出汚染単位数を，75年の960万から，80年で620万，85年には250万と減少させたが，その理由は，排水課徴金の料率が高騰していくだろうという企業の予想であったという(Uiterkamp 1993)．その根拠は，食品工業での排水処理の平均投資費用が1汚染単位当たり144ギルダーであり，平均運転費用が1汚染単位当たり39ギルダーであるのに対して，水管理組合の平均課徴金料率は，75年18.4ギルダー，80年35ギルダー，85年52.45ギルダーと上昇していったという事実であった．食品以外の工業では，平均投資費用が1汚染単位当たり290ギルダー，運転費用が1汚染単位当たり84ギルダーと比較的高いので，直接規制の強化がなければ，汚濁物質の排出を削減しようとはしなかったであろうと言う．産業における負荷削減は，排水処理だけでなく，生産工程を改善することによっても達成された．工場からの汚濁負荷削減のほとんどは生産工程の改善で説明することができ，排水課徴金は，むしろこの面で大きなインセンティブを与えることに成功したという(諸富・岡 1999，11 頁)．

以上の結果を見ると，オランダ排水課徴金は，たしかに多くの工場での汚濁物質の排出削減を促進したと言えそうである．しかし，図 5.3 からわかるように，排水には，地方水への排水と国水への排水とがあり，また下水道への排水がある．排水課徴金の本質を見極めるためには，どの排出源での，どのような削減を課徴金が促進したのかを細かく見る必要がある．

まず，ドイツのそれよりもかなり高い課徴金料率は，地方水の課徴金の平均料率であった．国水に対して国が徴収する課徴金の料率は，地方水の課徴金の料率に比べて一貫して低かった．特に，地方水で排出削減が進んだ 1981 年から 88 年の間は，国水の課徴金料率はどの地方水の料率よりも低かったのである．一方，工場には，環境水に直接排水しているものと，下水道に排水しているものとがあるが，直接排水はほぼ全部国水に出ている．97 年の総排出量 2300 万単位のうち，家計からの排出は 1600 万～1700 万単位，工場からの排出は 370 万単位であった．工場からの排出単位数のうち約 100 万単位が下水処理場を経由しない直接排水であるが，それはほとんどすべて国水に出ていると言う(同 11 頁)．つまり，地方水に排出されている工場排水は，ほとんど全部が水管理組合の管理する下水処理場を通っているのである．その理由は，水管理組合が，原則として地方水への直接排水に許可を出さないからだという．また，平坦な土地がほとんどのオランダでは下水道の建設費が安いので，工場がどこに立地していても，管渠を建設して下水道に受け入れるのが通例であるという．

地方水では工場排水はすべて下水道が受け入れて公共的に処理をし，国水に排水するきわめて規模の大きい工場だけが環境水に直接排水しているというのが，オランダの水質管理の特徴なのである．この点を考慮すると，直接排水者と間接排水者とに同じ課徴金を課すことから生じるかもしれなかった，効率性と公平性とに関する，上で触れた疑問点は解消する．地方水への直接排水工場はほとんど存在しないからである．排水課徴金が効果を挙げたことを示す上の研究は，地方水の課徴金に関するものであった．国水の課徴金が，国水に排水する工場や公共下水処理場の排水対策を促進したという証拠は見つかっていない(同12頁)．

オランダで観察された排水課徴金の効果とは，実は，下水道への間接排水の，工場での前処理が，課徴金によって進んだことを示すものだったのである．こうした課徴金は，本来のピグー的環境税とも，目標-税アプローチとも異なる．目標-税アプローチであれ，本来のピグー税であれ，環境税としての排水課徴金であれば，次のような機能を持たなければならない．すなわち，環境水への排出物に対して，一定の率でかけられ，それゆえに，排出者が環境水への排出をどれだけ削減するかに影響を及ぼすばかりでなく，環境へ出すか下水道へ出すかに関する意思決定にも影響を及ぼすことを通じて，公共的集中処理と個別工場での処理との間の効率的な配分をも実現するという機能である．オランダ排水課徴金は，明らかにそうした機能をもたない．ある工場の排水が工場で個別に処理されるか，公共下水処理場で処理されるかは，水管理組合の許可行政によって計画的に決められる．大部分は公共下水処理の対象となるが，工場での個別処理が選ばれた場合には，直接規制がもっぱらその排水処理の水準を決めるのであって，環境へ出る段階の排水処理の水準を決める上での排水課徴金の役割はほとんどない．排水課徴金の主な役割は，下水処理場へ放流される前の処理の水準に影響を与えることなのである．

しかしながら，こうした評価は，オランダ排水課徴金の意義を低めるものではない．むしろこの例は，どういう場合に課徴金が最もよく機能するかを示しているのではないだろうか．まず，環境政策の最も重要な目標は環境の質をある水準以上に維持するということにあるが，その目標の達成に直接結びつく変数を，課徴金によって管理しようという政策は一般にあまり成功していない．ドイツの排水課徴金はそれを意図した．オランダの水質管理政策はそうではなく，環境の質の維持に直接結びつく環境水への直接排水は，計画と規制によって直接に制御されるのである．そうした計画と規制とにかかる費用を，原因の発生者の負担によってまかなうというのが，オランダ排水課徴金の本来の目的であるが，それは，結果として，そうした計画と規制という枠の中での前処理の選択において，限定的な効率的配分を実現する機能をもった．実際，下水道放流前の前処理では，終末処理だけでなく，工程の改変を含めた多様な対応が可能なので，ここに課徴金をはたらかせて，具体的な対応の選択は工場に任せて効率化を図るということに意味があるのである．

このように，課徴金と直接規制との適用場面の棲み分けが行われていることは，オランダの水質管理政策の特徴であって，例えば，下水道への放流水には，許可証発行を通じた規制がかかっているけれども，下水道での除去が期待されている有機汚濁物質については，ほとんどの場合規制値がない．そうした排水では，事実上直接規制はなく，もっぱら排水課徴金だけが，排出者の排出削減を促す効力を持っているのである．これに対して，下水道への排水でも，処理場での除去が予定されていない重金属には規制があり，実際上，排水課徴金ではなく，直接規制が排出削減を促す効力をもっている．そして，環境水への直接排水については，有機汚濁物質についても，重金属についても，課徴金ではなく，直接規制が実質的な排出削減促進の効力をもったのである．

5.4.4　課徴金の限界と意義

上で詳しく見たドイツとオランダの排水課徴金の他にも，フランス，ベルギー，スペインなどヨーロッパ諸国を中心として排水課徴金の多くの実施例がある．ドイツやオランダのものと同様，本来のピグー税としての性質を持ったものは存在しない．財源調達目的のものが多いが，課徴金の料率が十分高くて，それによって汚濁物質の排出削減が進んだと言えるのはオランダのものだけである[8)]．目標-税アプローチたることを目指して導入されたのは，ドイツのものだけであるが，上で見たように，意図と現実とは違う．

ドイツ排水課徴金は，料率が低く，それだけで目標とした排出削減を実現することはできなかった．そして，直接規制が併用され，さらに，それを達成した場合に税率が軽減されるという形で，直接規制と課徴金政策とが結合されたために，限界において採用される排水対策を決めるという意味で「支配的な」政策は，直接規制の方になった．なぜ，目標-税アプローチとして十分に機能

8)　フランス排水課徴金も料率は低い．これについては岡(1993)，Bower et al.(1981)を見よ．

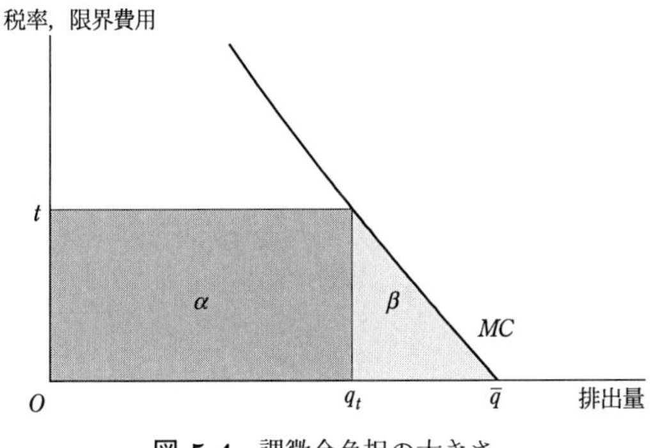

図 5.4　課徴金負担の大きさ

する課徴金にならなかったのだろうか．

第1に考えられる要素は，効果を上げうる課徴金をかけた場合に排出者にのしかかる課徴金負担の大きさである．図5.4は，限界排出削減費用曲線 MC をもつ排出者の排出量を元の排出量 $\overline{q}$ を課徴金によって q_t に抑制しようとした場合に，料率 t の課徴金が必要であることを示している．このとき，排出者は，図の β の領域に等しい額の排出削減費用をかけて排出を q_t まで減らすが，その費用に加えて，残った排出量 q_t について，tq_t，つまり，α の領域に等しい課徴金負担をしなければならない．

直接規制で q_t まで減らすのであれば，排出者の負担は，排出削減費用 β だけですんだのである．確かに，課徴金は，一定の排出削減目標を最小費用で達成するから，それよりも多くの費用をかけて削減させる可能性のある直接規制に比べて，排出者の費用負担を減らす可能性がある．つまり，β の領域に相当する金額を排出者全体にわたって足し合わせた額は，課徴金の方が直接規制よりも小さくなっているであろう．しかし，そうした費用節約にもかかわらず，課徴金が排出者から政府へと移転されるので，排出者全体としてむしろ負担増になり，したがって，平均的排出者にとっては負担が増えている可能性が高い．つまり，直接規制と課徴金とでは，理論上後者の方が効率性が高いと言えるが，分配が異なり，排出者にとっては直接規制の方が分配上有利なのである．

だから，課徴金は十分な率でかけられない場合が多く，それでは，排出削減目標を達成できないから，直接規制でそれを補う必要が出てくる．このことはかなり一般的に成り立つ傾向であって，後の章で見るように，地球温暖化対策としての炭素税にもそうした傾向が認められる．

では，課徴金や税が高い率で導入できるのはどういう場合だろうか．直接規制と比べた課徴金の負担増は，図5.4のように，当初の排出量に比べて削減量が比較的小さい場合に特に大きい(つまり，比率α/βが大きい)．したがって，目標とする排出削減率が小さければ小さいほど，直接規制と比べた課徴金の負担増は大きい．逆に，目標とする排出削減率が大きければ，課徴金の負担増は小さいから，課徴金の費用節約効果が，負担増を打ち消して余りある可能性が出てくる．このことから，大幅な排出削減を目標にした政策では十分高い税率ないし料率で課徴金や税が使われる可能性があることがわかる．

ドイツの排水課徴金は，BODを85％削減する目標をもっていたという意味では，導入当初はこの条件を満たす可能性があったが，現実にはそうならなかった．他に，この条件を満たす環境税の例として，スウェーデンで航空機の排ガス中の窒素酸化物と炭化水素にかけられる税，スウェーデンの硫黄税(OECD 1993, p.65; OECD 1994, p.74)，フィンランド・ノルウェー非再利用飲料容器課徴金(OECD 1994, pp.79-80)，イタリアのプラスチック買い物袋課徴金(*ibid.* pp.81-82)がある．

これらの例に共通の特徴は，採用すれば排出量が大幅に減るというような，明確な代替財または代替技術があって，税によってそれが採用されるということである．しかし税のメリットは限界費用均等化にある．したがって，技術的対応の手段が汚染源ごとにばらばらであるような場合にこそ，税はそのメリットを発揮する．上の例では，技術が均質化して対策の種類が限られているから，大幅な削減効果を目標にできるのかもしれない．だとすれば，そもそも税が必要ない分野であったと言えるだろう．

代替技術が一様であったとしても，それを採用するための費用は排出源によって，また時によって多様である可能性もある．例えば，非再利用飲料容器に対する代替手段は明らかに再利用容器の採用であるが，それに切り替えるための費用(心理的なものを含む)は，消費者個々人によって，また消費者がどのような状況で飲料を消費しているかによって異なるであろう．しかし，こういった費用の差異が公共政策において重要な考慮事項であるとは思えない．

以上をまとめると，目標-税アプローチは，対応技術(費用)が多様である場合にそのメリットが生かせ，かつ，目標とする排出削減量が大きいときに導入しやすいということになる．この 2 つの条件が満たされる場合は多くはないであろう．ここに目標-税アプローチのジレンマがある．

ドイツでは，排水課徴金をかけたところに同時に直接規制をかけ，それを強化していった．どちらかがはたらけば，どちらかは不要になるのであり，実際上，排水課徴金は排出削減上，役割を果たさなかったのである．さらに，直接規制の一部である，連邦最低要求基準を満たせば，課徴金料率を減額するという，課徴金と直接規制と混合物を生み出した．

これに対して，オランダ排水課徴金では，課徴金が効果を上げたのは下水道へ排水する排水者の排水対策であるが，そこには有機性汚濁物質については規制はなく，課徴金が単独で効いた．つまり，直接規制と課徴金との役割を分けたことによって，それぞれの適用場面でそれぞれが成功を収めた．この例は，課徴金または税が成功する場合の条件の 1 つを教えてくれている．

5.5　譲渡可能な排出権

5.5.1　外部性と所有権

環境問題あるいは広く社会的費用の問題を，外部性の問題と見るか所有権欠如の問題と見るかは，一見，新古典派(コースのいわゆる「ピグー派」)と新制度派との分かれ目のように見える．古くは，ナイトが，交通混雑問題は外部負経済の問題ではなく，道路への私的所有権欠如の問題だと主張した例がある (Knight 1924)．ピグーは，車の使用者が，彼自身の車に影響する費用だけを考慮して道路に参入し，彼の車の参入によって他のすべての車が同時に被る費用を無視するという外部性の問題として道路混雑を捉えた．この問題は，私的な車の使用者が考慮する 1 台当たり平均費用と，1 台参入の限界費用との乖離として捉えられる．その差を混雑税として徴収すれば，効率的な交通量が実現するのである．これに対して，ナイトは，この問題を，稀少な資源の浪費的使用の例と捉えた．ここでの非効率性——過剰交通量——は，道路が開放資源であることから生じているのであり，それに対する処方箋は，道路を私的所有の下に置くことだという．そうすれば，地代が発生し，それが道路の稀少性を適切に反映するものになるというのである．

しかし，エリスとフェルナー(Ellis and Fellner 1943)の整理によれば，地代を含んだ平均費用は地代を含まない限界費用に等しくなる．したがって，道路が所有されていない状態で，限界費用と平均費用との乖離に課税することと，私有物としての道路から地代を取ることとは，同じ効果を持つのである．その意味で，ナイトの見方とピグーの見方とは矛盾しない．つまり，外部負経済という視点と所有権欠如という視点とは，混雑という同じ現象に対する違った見方にすぎず，どちらもが正しいのである．

コースが，社会的費用についての「ピグー派」の捉え方を批判し，これを権利配分の問題として捉えるべきだとして，外部負経済という概念を放逐しようとしたことを第4章で紹介した．そのピグー派批判がほとんど成功していないことも見た．それは理由のあることであって，実際，外部負経済と捉えるのも権利配分と捉えるのもともに正しいのである．

一般均衡論の文脈で同様の整理を行ったアローも，外部性にとって本質的なことは，経済主体間に市場を経由しない直接影響が存在すること自体ではなく，その影響についての市場が存在しないことだという結論に達した(Arrow 1970)．その意味で，外部性は，「市場の欠落」という，より広い範疇の中に含まれる．所有権が定義されていないということは市場欠落をもたらすから，外部性と所有権欠如とは同じことになるのである．

5.5.2　クロッカーの議論

所有権欠如という捉え方からは，当然，環境について所有権を設定するという処方箋が出てくる．環境に対する所有権の設定という着想を大気汚染について初めて表明したのはクロッカー(Crocker 1966)である．税についてクネーゼが行った考え方の転換に相当するものを，所有権設定について行って，これを現実の制度に近づけた功績はデールズ(Dales 1968)に与えられなければならない．

クロッカーは，大気には2つの経済的価値があると言う．1つは，生命を維持するものとしての価値であり，もう1つは，排気先としての価値である．大気汚染というのは，大気に排気する者が，生命維持作用を享受する者への便益を考慮に入れず，また逆に，呼吸する者が，大気に排気する者にとっての大気の便益を考慮に入れないという問題だと彼は述べる(Crocker 1966, p.82)．それを解決するのに，大気管理当局が環境の基準を定め，誰がどれだけ排出してよいかを決めて規制を行う場合には，大気管理当局は，大気を吸う者の選好を完全に知り，排気する者の技術や費用などを完全に知らなければならない．

それに対して，排出権を設定し，排出者にも呼吸者にも開かれた排出権の市場が開設されれば，空気利用の，2つの価値の間への最適な配分が実現する可能性が高いとクロッカーは述べた(*ibid.* p.81)．価格メカニズムが効率的に働くためには，権利の購入者が購入した権利をどのように使うかを購入者だけが知っていれば十分だという意味で，価格メカニズムはすぐれた情報供給効果を持っていると彼は主張する．呼吸者が排出権を購入するという決定をしたという事実そのものが，大気管理当局に，生命維持機能の面での大気の価値を教えてくれるのだと言うのである(*ibid.*)．

もっとも，大気が公共財であることが，このような価格メカニズムの効率化作用を阻害することに，クロッカーは言及している．排出権を購入する呼吸者は，その購入が他の呼吸者に与える便益を考慮せず，他方，他人が購入した排出権の便益にはただ乗りができるという事実から，購入量は十分にはならないと言うのである(*ibid.* p.83)．これは，公共財が市場メカニズムを通じて最適に供給されないのと同じ問題である．この問題に対処するためには，呼吸者がグループとして，全員の便益を考えて，共同して排出権を購入するとか，あるいは，大気管理当局が全員の便益を考えて排出権を購入するといった，集合的意思決定が必要になる．つまり，市場に任せることのできない領域が復活する．どこまでを市場に委ね，どこまでを政府なり当局なりが行うべきかを明らかにしないまま，クロッカーの論文は終わっている．この行き詰まりを打破して議論を進めたのは，デールズである．

5.5.3 デールズの議論

デールズは，河川や湖の利用を例にとって，環境に価格づけすればよいという政策提案も，環境に所有権を設定すればよいという政策提案も，それが，パレート最適な資源配分を達成することを目的とするものである限り，実現不可能だとして否定した．まず，課税という価格づけによって河川水の利用を最適化することを考える．河川の利用には，飲料水，農業工業用水，アメニティ利用(レクリエーションなど)，排水の排出先としての利用などがある．問題を単純化しながら本質を失わないために，デールズは，アメニティ利用と排水先としての利用だけに注目する．この2つの利用の間への水の配分を調整して資源配分を最適化するためには，アメニティ利用と排水先としての利用の限界便益を均等にしなければならない．それを価格づけによって実現するためには，例えばアメニティ利用の限界便益に等しい税率で排水に課税しなければならない．しかし，アメニティ利用の限界便益は計測不可能であるとデールズは指摘する(Dales 1968, p.798)．

デールズはさらに，同じくアメニティ便益計測の不可能性によって，所有権設定による最適資源配分もできないと述べている(*ibid.* p.799)．これは，呼吸と排気との間に空気を最適に配分するというクロッカーの着想の否定である[9]．水域の利用について私的な権利を設定することについては，水域があまりにも広域であること，また，水は混ざることなども，それを困難にする要因であることをデールズは挙げている(*ibid.* p.797)．

このように私的な所有権を設定することが不可能であることを述べた上で，デールズは，唯一可能な所有権は巨大な独占者による所有であると述べる(*ibid.*)．巨大な独占者とは政府である．つまり，水の利用に関する権利を所有するのは政府しかあり得ないと言うのである．そのような独占的所有者である政府が決めるべきことは何か．それは，政府が設定するいくつかの区域の各々について，水の利用のどれだけをアメニティに割り当て，どれだけを排水に割り当てるかということだとデールズは言う(*ibid.* pp.798-799)．

---

9) 予めパレート最適な資源配分になるように環境を利用する権利を配分すべきだというコースの議論の否定とも解釈できる．

所有者たる政府がそれを決めるということは，その区域の水質をどの水準に維持するかを決めるということに他ならない．それが決まると，排出する地点によって変わる水質への貢献度を考慮した，排出水質汚濁物質総量の許容限度が決まるだろう．そこで初めて市場の出番が現れる．すなわち，「今後５年にわたって水域Ａに排出される１年当たりの汚濁物質の量が x 等量を超えないようにする」(*ibid.* p.800)ということが決まったとすると，政府は，「x に相当する汚染権を発行しそれを競売に付すと同時に，当該水域に汚濁物質を年間１等量を排出するすべての者は，１単位の汚染権を保有していなければならないという法律を成立させればよい」(*ibid.* p.801)．そうすれば，汚濁物質排出量は目標とする量に確実に抑えられる．そして，汚染権ないし排出権には正の価格がついて，その価格は汚濁物質排出量を目標の水準に抑えるような水準になる．排出者は，排出権の価格を見て，自らの排出削減の限界費用が排出権価格に等しいところまで排出を減らし，残る排出分について排出権を購入するであろう．そうして購入した排出権に基づいて生産を行い，予期せぬ生産の減少やあるいは排出抑制費用の低下などによって思いがけず排出権が余ったりすると，余分の排出権を売ってもよい．逆の場合には排出権を買い増してもよい．さらに，アメニティ利用を行う者が，水質を政府の目標よりもさらに改善するために，排出権を買い取ってもよい．

この制度を「譲渡可能な排出権」の制度と呼ぶ．「排出権取引制度」，あるいは「排出権制度」とも呼ばれる．容易にわかるように，排出権価格は限界排出削減費用に等しくなり，排出権の価格はすべての排出者に共通の価格となっているから，それを通じて，すべての排出者の限界排出削減費用が均等になる．このとき明らかに全体の排出削減費用は最小になっている．つまり，費用最小化という点で，譲渡可能な排出権の制度は，クネーゼ型の目標-税アプローチと同じ結果をもたらすのである．

譲渡可能な排出権の制度が，目標-税アプローチと大きく異なるのは，政府が価格を設定する必要がないということである．価格は，市場が勝手に決めてくれる．これは行政費用の大きな節約になる．その利点は，経済活動の規模の変動に際しては特に大きい．生産が拡大すると，汚濁物質の排出圧力は高まる．目標-税アプローチでは，その時，税率を引き上げなければ，目標が達成できない．それに対して，譲渡可能な排出権制度では，価格は勝手に上がって調整してくれるのである．

デールズは，自身が提案したこの制度が，あくまで行政の道具であることを強調している(*ibid.* p.804)．すなわち，この制度で決定的に重要なのは，各用途への水の配分に関する決定，つまり目標水質の決定であり，したがって，許容される排出総量の決定である．この重要な決定は政治的に行われる．他に方法がない以上，それを政治的に行うことは賢いやり方だとデールズは述べている(*ibid.* p.798)．その重要な決定がなされた後の，決定された目標をどれだけの費用で満たすかという重要度の劣る問題の解決に市場的手法が役立つにすぎないというのがデールズの基本的な認識である．

5.5.4　排出権制度と税との比較

デールズは，初めに政府が保有している排出権を競売に付すという排出権供給の形を想定していた．そうではなくて，初めに排出者に排出権を無償で与えてしまうというやり方も考えられる．その場合も，発行される排出権の総量を，政府が決めた目標排出量に合うように制限すれば，目標とする環境の質は間違いなく達成される．

初めに排出権をどのように分配するかの問題を初期分配問題と言う．ティーテンベルクによると，一方の極に，政府が排出権をすべて保有していて，排出者は少しでも排出しようとすれば，対応する排出権を一から買わなければならない「排出者支払原則」の場合がある(Tietenberg 1980, p.399)．他方の極に，排出者が既存の排出量を排出できるだけの排出権を保有していて，環境の質を改善しようと思う政府が，そのために排出権を買い取らなければならない，「政府支払原則」の場合がある．そして，その中間に，環境の質について保持すべき目標に見合った排出権を無償で政府が排出者に分配する場合があると言う．

つまり，初期分配には無限の多様性があり，どんな分配でも選ぶことができる．この点は，譲渡可能な排出権制度の著しい特徴である．そのことの利点は，前の節で述べた，課税または課徴金制度で，分配の問題が理念通りの制度設計の大きな障害となったことから明らかであろう．譲渡可能な排出権制度はその難点を回避することができるのである．

実際，政府支払原則で初期分配を行えば，排出者にとっては最も有利である．しかし，これは，排出者がいくらでも排出権の保有量を増やすことができる，つまり，排出者が無限の排出権を持っているのと同じことだから，政府がそれを買い取るための資金は無限にふくらむと同時に，排出者はいくらでも収入を増やすことができる制度であって，とても社会に受け入れられない．他方の極の排出者支払原則での初期分配では，排出量の全量を排出者が買い取らなければならないから，税の場合と同じ排出量を目標にするのであれば，分配上は，税をかけられたのと同等である．

そうすると，譲渡可能な排出権制度がその独自性を発揮できるのは，ティーテンベルクが中間の場合と呼んだやり方であることになる．実際，現実の適用例の多くはこの形態をとっている．この初期分配のやり方は「グランドファザリング」と呼ばれるようになった．それに対して，排出者支払原則での初期分配は，「オークション」と呼ばれる．その場合，政府は保有する排出権を競売にかけるからである．

譲渡可能な排出権制度の利点は，グランドファザリングで分配を調整できることである．しかし，このことがこの制度の欠点を用意する．グランドファザリングの場合，決めなければならないのは，政府と排出者との間の分配だけではない．どの排出者にどれだけの排出権を割り当てるかを決めなければならない．これは難問である．初期分配の如何は，誰がどれだけ利益を得るかを左右するからである．

図 5.5 で，限界排出削減費用曲線 MC をもつ排出者が，初めに q_0 だけの分配を受けたとすると，排出権価格が p の下では，排出量を q_2 まで減らして $q_0 - q_2$ だけの排出権を売却するのが有利である．このとき，排出削減費用は AFG の面積に等しいだけかかるが，排出権売却収入が $ABFG$ だけあるので，ABF だけの利益を得ることになる．

初めに q_1 だけの排出権を分配された場合も，排出権価格が p ならば，やはり，q_2 まで排出を減らすのが得策である．このとき，排出削減費用は同じく AFG かかるが，売却する排出権の量が $q_1 - q_2$ に減り，売却収入は $DCFG$ なので，差引利益は $CEF - AED$ に減少する．しかしながら，分配された排出

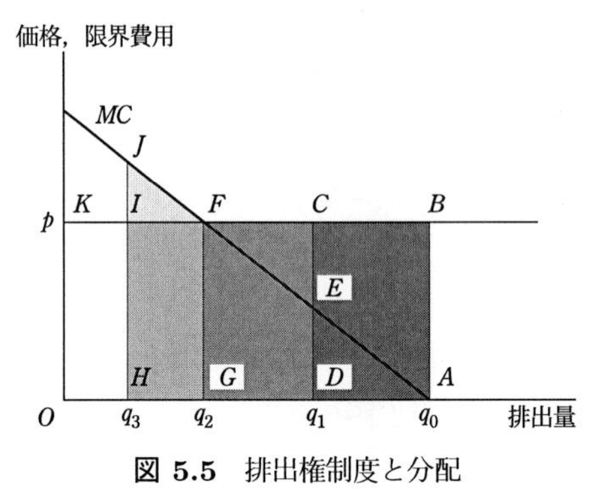

図 5.5　排出権制度と分配

権に相当する q_1 を排出し続けるよりは，排出権を売却した方が CEF だけ利益が大きい．

排出権を q_3 しか分配されなかったとしても，排出量はやはり q_2 にするのが有利であり，この場合，q_3 よりも排出量を増やすことになるので，排出権を q_2-q_3 だけ購入しなければならない．購入費用が $IHGF$ だけかかるのに加えて，排出削減費用が相変わらず AFG だけかかるので，費用負担は全部で $AFIH$ になる．それでも，分配された排出権に相当する q_3 の排出を続けるよりも，排出権を購入した方が，IFJ だけ損失を少なくできるのである．排出権を初めに全く分配されない場合は，排出権購入費と排出削減費用との合計で負担は $OAFK$ となって，課税の場合と同じになる．

このように，どれだけの初期分配を受けるかによって，排出量は同じになるにしても，利益と損失は大きく変わる．したがって，排出者にとって初期分配は重要な関心事になる．しかし，まさしく分配の問題であるがゆえに，これを公平に解決する方法はないのである．

排出者がすべて個人であれば，1 人当たり等しい量をすべての人に分配するという基準が使えるかもしれない．しかし，排出者が企業であれば，規模の異なるすべての企業に等しい量を分配することは公平ではない．既存の排出量に比例して分配するということが考えられる(現実にそれは採用されている)が，それも公平とは言えない．それまでに排出削減を多く行った排出者が少ない分配しか受けないことになるからである．

技術的な基準によって初期分配ができるかもしれない．例えば，生産量1単位当たりの排出量を係数として定めて，排出者の生産量にその係数をかけたものを排出権として分配するというやり方である．これは排出者がみな同種の生産物を作っている場合には可能かもしれない．排出者の生産物が異なっていれば，やはり公平な係数を定めるのは困難である．排出者の生産物が同種であっても，この方法は，ある生産量を「権利」として排出者に与えることになる．それは，企業が成長する自由と衝突する．もちろん分配された生産権を売ったり買ったりするのは自由なので，企業の成長は可能だが，生産権の付与は，成長する上での有利と不利とを人為的に作り出すことを意味する．これは，土地が企業活動の制約になるのと同じだが，土地という自然物以外の制約を人為的に作り出すことの困難があるのである．

これに対して，課税政策では初期分配をする必要がない．排出権制度でもオークションなら，初期分配に煩わされなくてすむ．しかし，その場合，分配上の効果は課税と同等になるのである．

5.5.5　譲渡可能な排出権制度の発展

米国では，1970年の大気清浄法(CAA: Clean Air Act)の下で，大気環境基準を定め，これを達成すべく，主として技術基準による直接規制が実施されたが，目標の75年までに環境基準を達成できない地域が多かった．77年にCAAが改正され，目標達成期限を延長するとともに，達成地域での環境悪化を防止する政策が導入された．それとともに，あまりに硬直的な直接規制を柔軟化して，環境改善をより小さい費用で行うための措置が導入された．

その1つは「オフセット(offset)」と呼ばれる．環境基準未達成地域で，新しく大気汚染物質を排出する施設を建設することは，汚染物質の排出総量を増やすから通常認められないが，工場がもつ既存の排出源で，新規施設での排出増以上に排出を減らして，排出量を相殺すれ(offset)ば，新規施設の設置が認められるという制度がそれである(Hahn and Hester 1989, p.119; 新澤 1997, 163-164頁)．相殺は同一工場内の施設間で行ってもよいし，異なった工場または企業の間で行ってもよい．異なった企業の間でこれを行うと市場取引になる．

既設排出源での削減分は「クレジット(credit)」と呼ばれる．このクレジットが譲渡可能な排出権である．クレジットは，自社工場内の新規排出源のために使用してもよいし，他者に売ってもよいのであるが，将来の新規排出源設置のために「貯蓄」してもよい．これを「バンキング(banking)」と言う(Hahn and Hester 1989, p.119)．

もう１つは「バブル(bubble)」と呼ばれる政策である．これは，１つの工場内に多数の排出源があるときに，どの排出源から排出を減らすかについての自由度を工場に与えるというものである．排出基準は元々排出口ごとに適用されていた．バブルは，工場全体をあたかも１つの排出源であるかのように扱って，全体として排出基準が要求する排出量以下になれば，排出基準を満たしたと見なすというものである(*ibid.* p.118)．バブルとは「泡」または「ドーム状のもの」という意味であって，複数排出源を包む泡に１か所穴が空いていてそこから排気されるというイメージから付けられた名称である．

もう１つ「ネッティング(netting)」と呼ばれる制度がある．これは，工場がその中の１つの排出源からの排出を増やそうとするとき，工場内の他の排出源からの排出を減らすことによって，排出の純増加分が，「大規模な新規排出源」とみなされる水準よりも小さくなれば，排出を増やす排出源が「大規模な新規排出源」と指定されることを免れるという制度である(*ibid.* p.119)．大規模な新規排出源とみなされると，「達成可能な最小排出率技術(Lowest Achievable Emission Rate (LAER) technology)」の適用が義務づけられ，新規排出源審査を受けなければならない．ネッティングを利用すると，これらを免除されるのである．

これらの政策は，米国環境保護庁(EPA)によって，1982年に「排出権取引プログラム(Emissions Trading Programs)」という名称の下に統合された．

ハーンとヘスターによると，取引の結果，数十億ドルの費用が節約されたということだが，注意しなければならないのは，「取引」のほとんどが，工場の内部の排出源間のもの(いわゆる「内部取引」)であり，工場間の取引(「外部取引」)はごく少なかったということである(*ibid.* p.138)．１つの工場から排出される汚染物質の量を効率よく削減するために，工場内部の施設にそれを適当に配分するということは，例えば，日本の大気汚染防止法の総量規制では，当然のように認められていることである．また，水質汚濁の分野では，濃度基準の段階から，規制の単位は事業場であって，個々の汚濁発生施設ではない．規制の単位をどこにとるかは，監視のしやすさなどによって決まってくる技術上の問題である．これは，直接規制の一形態であって，排出権取引に含めないのが普通だろう．

本来の排出権取引である外部取引が少なかったのには理由がある．それは，一言で言えば，外部取引の取引費用が大きかったということである（*ibid.* p.140）．削減した排出量がクレジットになると書いたが，「削減」とは何かを決めるのは，実は難しい．削減とは，ある「ベースライン」の排出量と実際の排出量との差である．したがって，削減を定義することはベースラインを定義することに等しい．ベースラインは，「許可された排出量」であることもあれば，「過去の実際の排出量」であることもある．

大半の州は許可排出量をベースラインにした．しかし，許可排出量をベースラインにとれば，もともと許可量よりも少なく排出していた工場は，新たな削減をしなくてもクレジットを得られることになる．このような「ペーパー・クレジット」を認めると，その取引の結果，排出量が全体として増えてしまうかもしれないということで，環境保護団体からの反対があり，いくつかの州では，過去の実際の排出量がベースラインにされた（*ibid.* p.116）．しかし，これには，過去に多く削減した者ほど権利が小さくなるという欠点もある．さらに，実際の排出量の多くは計算値であり，排出者にとって，自分がどれだけの排出権を持っているのかが曖昧だったのである．

施設を閉鎖した場合，明らかに排出が減るが，これによって減った排出量をクレジットと認めるべきかどうかについても論争があった．閉鎖によって減った排出量を権利として消滅させることでさらなる環境改善を図ろうとする主張もあった．将来の規制も不確実であり，これによってもまた，排出権の内容は不確実になったのである．

また，譲渡可能な排出権は，同じ量の排出はどこで行われても環境への影響が同じであると見なすことができる場合にだけ，単純で分かりやすい形で導入できる．実際は，そのように仮定できない場合がある．その場合，取引の申請者が拡散モデルによって取引の影響評価を行わなければならないことになっているが，それには費用がかかるばかりでなく，否定的な結果が出ることも多いので，影響評価を必要とするような取引はほとんど行われていないということである(新澤 1997，168 頁)．

酸性雨防止という観点からの二酸化硫黄の排出規制について導入されたものが，最も大規模で本格的な排出権制度の例である．この制度については，新澤(1997)が詳しく報告している．米国では 1970 年代から酸性雨が問題視されていたが，石炭火力発電所が多く，古い発電所は規制が緩かったために，脱硫装置の普及も遅れており，新しい発電所との間に限界費用の開きがあると推定された．限界費用の低い古い発電所の規制を強化することが有効かもしれないが，近い将来更新される発電所に脱硫装置の設置を義務づけるのはかえって非効率的かもしれない．このような事情を背景として，90 年の CAA の改正で，二酸化硫黄の排出権取引制度を含む酸性雨プログラムが導入された．

改正 CAA の酸性雨プログラムの下で，2010 年までに，全米の電力会社から排出される SO_2 の総量を，1980 年の排出量から 1000 万トン減らして 895 万トンにすることが目標とされた．規制は 95 年から 99 年までのフェーズ I と 2000 年以降のフェーズ II とに分けられ，フェーズ I では，排出量の大きい発電施設が対象となり，1980 年の排出量 1090 万トンを 870 万トンに減らすことが目標とされた．

この制度では排出権は「アラウアンス(allowance)」と呼ばれる．1 アラウアンスは年間 1 トンの SO_2 の排出に相当する．この制度は広域的な酸性雨の防止を目的とするので，立地点によるアラウアンス取引の制限はない．この制度で規制されるのは発電所から排出される SO_2 だけである．他の一般の工場は規制されないが，SO_2 の排出に占める発電所からの比率は 80% を超えていたので，十分効果があると考えられた[10)]．フェーズ I では，1985 年の投入エネルギー当たり SO_2 排出率が 2.5 ポンド/百万 Btu[11)] 以上で，100 MW (メガ・ワット)以上の発電容量を持つ発電施設が規制対象となった．フェーズ II では

10) 2002 年の発電所からの排出量は全排出量の 70% と推定されている(U.S. Environmental Protection Agency 2005, p.4)

11) Btu は，米国で使われている，ヤード・ポンド法におけるエネルギー単位で，British thermal unit の略．1 Btu は，1 ポンドの水の温度を 1°F 上昇させるのに必要な熱量で，およそ 1055 J (252 cal)に相当する．

25 MW 以上の発電能力を持つすべての発電施設が規制対象となる[12]．

アラウアンスの初期分配は，グランドファザリングを基本として，一部オークションが行われた．グランドファザリングは，1985年時点の排出率が1.2ポンド/100万Btuより大きい排出源には，2000年以降1.2ポンド/100万Btuまでのアラウアンスを与え(つまりそこまでの削減を求め)，1.2ポンド/100万Btuより小さい排出率をもつ排出源には，最大120％までの排出増加を許容するように分配が行われた．既存排出源は，このように無償で分配を受けるが，新規排出源はアラウアンスを取得しなければ操業できない．送電設備をもたない独立系発電事業者の参入を妨げないために，アラウアンス総量の2.8％が政府に保有され，フェーズIではそのうち2万5000アラウアンスが1500ドルで直接売却され，残りがオークションによって配分された．

フェーズIで規制対象となった445の発電所からの1995年の排出量は530万トンに減り，目標の870万トンを大きく下回って達成した(フェーズII対象施設からの排出と合わせた排出量は1190万トン)．余分のアラウアンスは排出者に保有され(バンキング)，後年に持ち越された．

2004年には，EPAは950万アラウアンスを発行した(内25万はオークションで配分)．バンキングによって持ち越されたアラウアンス760万と合わせて，1710万アラウアンスが利用できた．それに対して，SO_2の排出量は1030万トンであり，680万アラウアンスが未使用で持ち越された(U.S. Environmental Protection Agency 2005, p.4)．フェーズIIの規制が厳しくなる(2010年のアラウアンス総量は895万になる)ので，貯蓄されたアラウアンスは徐々に減っていくと予想されている．

アラウアンスの取引が始まった1994年には920万アラウアンス，翌年の95年には1670万アラウアンスの取引が行われた．2000年には，最高の2500万アラウアンスが取引され，2004年の取引量は1530万アラウアンスである(件数は2万)．2004年の取引の内，異なった企業の間の取引は750万である．地域的大気汚染の排出権取引(オフセット，バブル)に比べると，企業間の取引が

12)　ただし，同一電力会社のフェーズII対象発電施設から，フェーズIでSO_2を削減した場合，それを以てフェーズI対象発電所からの削減に代替できる．逆に，フェーズI対象発電所から多めに削減して，フェーズII発電所の排出を増やすこともできる．

多い．1994年から2004年までに総計2億7000万アラウアンスが取引された(*ibid.* pp.6-7)．

アラウアンス価格は，フェーズIでは，当初予想の500～600ドルを下回って約140ドルで始まり，1996年には70ドルまで低下した．その後，100～200ドル程度だったが，2003年から2004年にかけて急騰し，同年末には700ドルになった(*ibid.* p.6)．当初の価格低下は，限界排出削減費用が低下したためだと言われている．その原因として，低硫黄石炭の価格低下，燃料の混合技術の革新，脱硫装置の価格低下などが指摘されている(新澤1997，186頁)．

価格の低迷した時期は，アラウアンスが余ってバンキングによる保有量が積み上がった時期に当たる．毎年発行されるアラウアンスは，フェーズIにおいて1995年の870万から徐々に減ったが，余って保有されたアラウアンスが積み上がり，利用可能なアラウアンスの総量は，2000年には2160万にまで増えた．フェーズIIに入ってそれは徐々に減り，2004年には1710万になった．今後はこの蓄えられたアラウアンスが消費され，保有が減っていくだろうという予想に，EPAによる新たな厳しい規制導入の表明の影響が加わって，アラウアンスの価格が上昇したのである．

5.5.6　譲渡可能な排出権制度の評価

米国で実施されたいくつかの排出権取引制度を見てきた．最後の酸性雨プログラムは「米国で最も成功した環境政策の1つ」と見なされている(U.S. Environmental Protection Agency 2005)．確かにSO_2排出は大幅に減ったし，排出削減費用も低下したようである．しかし，政策手法としての排出権取引が成功したかどうかは，単に排出が減って費用が下がったかどうかではなく，直接規制ではできない配分の効率性をそれが実現したかどうかで測られなければならない．

重要なことは，米国の大気汚染の直接規制がかなり硬直的なものだったということである．1977年CAAでの新設発電所の排出基準は，排出率が1.2ポンド/100万Btuで，かつ，SO_2の90%以上の除去率を要求するというもので，事実上排煙脱硫装置の設置を義務づけるものだった．これを発電所から排出されるSO_2の量だけを規制するものに変えるだけで，上で挙げた，低硫黄石炭の価格低下，燃料の混合技術の革新，脱硫装置の価格低下などは起こっただろうという指摘がある(新澤 1997，187 頁)．

つまり，事業所からの排出総量に関する基準をかける日本の総量規制のようなやり方なら，米国で起こった削減費用の低下を含んだ効率的な削減は行われただろうということである．5.2.1 項で見たように，総量規制によって日本の大気汚染地帯の工場からの SO_x 排出量は 1970 年代に大幅に減った．酸性雨プログラムの対象となっている発電所と比較するために，日本の発電所からの SO_x の排出量を見ると，2004 年の日本の 10 電力会社からの排出量の合計は，9 万 9127 トンであって(10 電力各社の環境報告書から計算)，これは米国の発電所からの排出量の 100 分の 1 以下である．日本の発電所からの発電量当たりの SO_x 排出量は，10 電力平均で 0.21 g/kWh であり，これは米国の 3.8 g/kWh の 18 分の 1 である．酸性雨プログラムでの規制値の根拠になった，1.2 ポンド/100 万 Btu は 0.54 kg/100 万 Btu に相当するが，日本の 10 電力平均の排出率は 0.027 kg/100 万 Btu である(東京電力，関西電力，中部電力はそれぞれ，0.016 kg/100 万 Btu，0.0076 kg/100 万 Btu，0.0053 kg/100 万 Btu)．日本の場合は，総量規制に加えて公害防止協定という直接規制でこれを達成したが，これだけの排出削減を行うための限界費用は，排煙脱硫で 4 万 3000 円/トン-SO_x と推定されている[13)]．アラウアンス価格が 700 ドルにまで上昇している米国の現状と比べて，削減量の大きさを考えに入れると，日本の削減は十分効率的であったと言えるだろう．

酸性雨プログラムにはもう 1 つ重要な特徴がある．それは，最終目標時点で達成が予定されている厳しい規制に向けて，徐々に排出枠が絞られていくということである．排出者は，最終時点の規制を見込んで対策を採り，余裕のある段階で十分なアラウアンスを確保すると同時に，一時的に排出削減が難しい排出源については，アラウアンスの購入で手当てするという行動を採った．先に見たように，フェーズの変わり目の 2000 年にアラウアンスの取引量が最も大きくなっており，その後取引量は徐々に減っている．目標の 2010 年には，排出者の対応も落ち着き，取引は少なくなると思われる．つまり，排出権取引

---

13)　松野裕の推計による(Oka et al. 2005)．

は，直接規制による排出量の最終目標に至るまでの時間的な凹凸をならす効果をもったのである．しかし，それなら，時間的な凹凸をつけた直接規制を初めから導入すれば同じことになる．多くの直接規制でそれは行われている．その意味でも，取引でなければならないという理由は見出しがたい．

これらのことは何を意味しているか．排出総量の規制ができた段階で政策はほとんど成功しており，それに，与えられた排出許可量を取引をしてもよいという自由度が加わったところで，得られる利益は大したものではないということではなかろうか．

実際，難しいのは総量規制である．日本の場合，総量規制は厳密な意味での総量規制ではない．なぜなら，5.2.1 項で見たように，排出基準値は事業所からの排出総量で与えられているが，それは，燃料消費量の b 乗に定数 a をかけたものとして定義され，したがって，活動規模が拡張して燃料消費が増えれば増大する基準値だからである．それにもかかわらず，排出量を大幅に減らすことができたのは，硫黄分の少ない燃料への切替えや排煙脱硫といった，明確な削減方法が存在したからであり，また，エネルギー危機や工場立地の規制といった，環境以外の要因が大きく寄与したからである（新澤 1997，188-190 頁）．水質汚濁の総量規制も同様であり，厳密な排水負荷量の規制には成功していない（岡 1997d）．

総量規制が難しいのは，排出総量という経済主体の活動量と密接に結びついた数量が規制されるからである．濃度または何らかの原単位（活動量の何らかの指標の数値当たりの排出量）で規制されるときは，排出者はそれを満たしている限り，活動量は自由に増やすことができる．成長の機会があればそれをつかんで成長する自由がある．それに対して，総量を規制されると，いくら技術的改善によって活動量当たりの排出を減らしても，活動量自体を抑制する必要に迫られる可能性が高い．したがって，総量規制は経済または企業の成長に制約を課す傾向が強く，それゆえ，難しいのである．

米国の酸性雨プログラムでは，この困難な総量規制を，2010 年のアラウアンスの初期分配という形で行った．これはなぜ可能だったのだろうか．第 1 に，対象が発電所だけだということが大きい．生産物が電力という同質のものであるから，消費エネルギー当たり一律の排出量ということを根拠に，初期分配を容易に行うことができたのである．それでも，独立系発電事業者はオークションでアラウアンスを取得しなければならず，それは参入障壁になる．もしも，電力以外の多種の産業が規制対象になっていたとしたら，グランドファザリングによる初期分配は困難になり，すべてのアラウアンスをオークションで配分せざるを得なくなっていただろう．そうすると，排出者にとっての分配上の不利は，環境税と同等になり，取引制度の導入は難しかっただろう．

譲渡可能な排出権制度で最も重要な点は，排出権の定義である．それがうまくいかなかった地域的大気汚染の排出権取引制度は限界があった．それに対して排出権の定義がうまくいった酸性雨プログラムは成功した．排出権の定義は，規制される排出総量をどう分配するかということに他ならないから，総量規制の成否が成功の鍵を握る．そうすると，排出権取引制度とは，総量規制の一形態だと言ってよいと思われる．総量規制の対象を一事業所全体に広げて，その内部ではどこから出してもよいとしたのが，バブル，ネッティング，日本の総量規制である．それをさらに事業所間に広げたのが，オフセットや酸性雨プログラムの取引であり，その際，無償では誰も許可量を手放さないから，有償で譲渡してもよいとしたのである．

ここで我々は，排出権制度の祖であるデールズの議論を思い出す．デールズは，環境政策において市場メカニズムがいかに小さい役割しか果たせないかを強調した．彼は，環境という財は，巨大な独占者たる政府にしか所有できず，それを健康やアメニティのためにどれだけ使ってよいか，ごみ捨て場としてどれだけ使ってよいかという，最重要の配分は，政府が規制によって決めるしかないと言った．そして，量の決まったごみ捨て場としての用途をごみを出す人々の間で配分するという取るに足りない役割をやっと市場が果たせるかもしれないと言ったのである．その取るに足りない役割を市場がうまく果たすかどうかは，環境政策の成否にとってそれほど重要ではないのである．

5.6　まとめ

この章では，古典的な水質汚濁と大気汚染を取り上げ，その問題に直面して環境経済学がどのような分析枠組と政策手法を発達させてきたかを明らかにした．課税政策は，目標-税アプローチが現実的な手法として取り上げられるようになったが，実際に成果を上げたのは，オランダ排水課徴金のように，そうした手法とは関係のないものであった．全く新しい市場利用の手法として，譲渡可能な排出権制度が提案されたが，その本質はむしろ直接規制の一形態と解釈できた．

目標-税アプローチも，譲渡可能な排出権制度も，政策目標は，環境基準または排出総量といった数量である．排出権制度では，目標である排出総量が，規制当局が直接操作できる政策変数になっている．それに対して，目標-税アプローチでは，直接操作できるのは税率という価格変数であって，数量が目標を満たすかどうかはやってみなければわからない．だから，目標達成の確実性という点では，目標-税アプローチよりも排出権制度の方が優れている．

課税政策は，本来，税率自体が意味を持ち，ある税率で税をかけた結果，排出量がどうなろうと関知しないと言える場合に有効な政策手法である．ピグー本来の課税政策はそうであった．税率は限界排出削減便益に等しくなければならなかったから，税率自体に意味があり，その結果としての排出量は自然と最適になるのである．オランダ排水課徴金も課徴金料率という価格自体に意味があった．それは下水処理費用をまかなうという根拠をもった．排出量について目標はなく，ある課徴金料率の結果，排出量がどうなってもかまわなかったが，結果として排出量は減った．課徴金によって調整される排出量がどうでもよかったのは，環境へ出る排出量自体は規制と計画とによって公共的に管理されていたからである．

外部負経済を内部化することによって最適な汚染水準を実現しようとか，そのために価格信号のメカニズムを用いようという，本来の新古典派環境経済学の考えは，現実の汚染に対処しようとしたこの段階で姿を消したと言ってよいだろう．環境の質をどの水準に維持するかは，市場メカニズムとも効率性とも関係ない公共的意思決定に委ねる他ない．その意味では，閾値に基づいた環境基準の設定を主張し，それを達成するための規制と計画とを重視した制度派およびマルクス派環境経済学の基本的認識に，新古典派も近づかざるを得なかったのである．

第6章　化学物質の健康リスクと費用便益分析

6.1　はじめに

大気や水の汚染による被害の中で最も重大なものは，人の健康への被害であった．効率的な資源配分という観点から環境問題を捉える新古典派経済学にとっての困難がここにあった．最適汚染水準を決めるためには，汚染の費用(汚染削減の便益)を計測しなければならないが，健康被害の費用を計測することは困難だったからである．第4章で見たように，制度派経済学やマルクス経済学は，この点で新古典派の考え方を批判した．

しかし，新古典派経済学は，人の健康にかかわる環境汚染の費用を貨幣額で評価するための考え方と方法とを発達させた．考え方の転換は，被害ではなくリスクを評価の対象とするということに集約される．転換の背景には，汚染が，明白な被害を引き起こすものから，被害の不確実なものへと変わっていったということがある．

この章では，健康の貨幣価値計測の考え方について述べ，リスク評価を基礎にした，化学物質汚染管理政策評価の諸方法の意義と限界を考える．

6.2　健康の貨幣価値

6.2.1　確率的生命

第4.2節で見たように，環境汚染の健康への影響の内，医療費の増加分や労働時間損失による所得の減少分などは何とか貨幣価値で計測できるが，それらは被害のごく一部であって，そこに含まれない無形の損失が多くあり，中でも，重大な障害や死亡は絶対的損失であって計測不可能であると，カップや華山は考えた．

重大な障害や死亡そのものにかかわる費用を定量化する考え方を最初に提出したのはシェリングである(Schelling 1968)．後にミシャンが，費用便益分析の前提と整合的な生命評価の考え方はシェリングのものしかないということを説得的に論じて，それに厚生経済学的基礎付けを与えた(Mishan 1971b)．ここでは，従来のやり方との対比をよく描いているミシャンの議論を中心に見ていこう．彼はまず，人の死の費用，同じことだが，人命の経済的価値を測る従来の考え方を4つ取り上げ，それらがすべて，費用便益分析が拠って立つ理論に反すると述べる．

4つの考え方とは次のものである．第1は，個人が生涯の間に稼ぐと期待される所得をもって個人の生命の価値とするというものである(Ridker 1967)．第2は，それと同種の考えであるが，所得からその人自身が消費する分を差し引いた純所得の期待値をもって，その人の生命の価値とするというものである(*ibid.* p.36)．第3は，人の死につながる事象の発生を減らそうとして採られる公共的事業にかかる費用の中に暗黙に示された社会の意志を金額で表現しようという考え方である．第4は，生命保険に加入する人の行動から生命の価値を割り出そうという考え方である．

これらのうち，第1と第2の方法が，倫理上の問題をはらんでいることはすぐにわかる．所得の多寡によって人の生命を差別することになるからである．特に第2の純所得の方法では，華山(1978)が指摘したように，稼ぐ所得よりも消費の多い人(老人や生活保護を受ける人など)の生命の価値は負であり，その死がむしろ社会に正の便益をもたらすという結果になりかねない．しかし，ミシャンは，こうした倫理上の問題よりも，むしろ，これらの方法が費用便益分析の前提と整合的でないことを問題視した．

第1章で述べたように，費用便益分析は補償原理に基づいている．その論理は，変化によって利益を得る人がその利益と引き替えにすすんで手放してもよいと思う貨幣額が，損失を被る人にその損失を喜んで受け入れさせるに十分な補償金額を上回れば，補償を前提にすれば，すべての人が効用を高めることができるから，その変化を効率的と見なしてよいという考え方であった．そして，利益と引き替えにすすんで手放してもよいと思う金額はWTPであり，損失をすすんで受け入れさせるに必要な補償金額はWTAであった．

有害な化学物質を新たに使用し，それを環境中に出すという行為を考えると，この行為によって利益を得る一群の人々がいる一方で，その物質によって健康上の害を被る人々がいるであろう．この行為の効率性を判定する費用便益分析では，利益を得る人のWTPと，損失を被る人のWTAとを測って比較しなければならない．健康上の害の費用とは，潜在的被害者にその害を喜んで受け入れさせる補償金額でなければならない．そのような金額だけが費用便益分析に使用できる費用なのである．死亡の費用(人命の価値)を測るために従来使われてきた，上で挙げた4つの考え方は，どれも，そのような補償金額と何の関係も持たない．生涯期待所得と同じ金額を補償されれば，生命を手放してもよいと思うとは考えられない．人の死につながる事象の発生を減らそうとして採られる公共的事業に社会がかけている費用と，個人が生命の喪失と引き替えに要求する補償金額との間には何の関係もない．また，生命保険に加入する人が払う金額は，自分の生命が失われたときに，家族等が被る所得損失を回復するためにすすんで払ってもよいと思う金額を示しているのであって，それは，自分の生命の救済のためにすすんで払う金額とも，自分の生命の喪失と引き替えに要求したい金額とも何の関係もないのである．

明日の正午に確実に死亡するということを人にすすんで受け入れさせるのに十分な補償金額というものを考えることができるだろうか．それは無限大であろう．つまり，死亡の費用がWTAでなければならないとすれば，その死亡が特定個人の確定した死亡である限り，その大きさは通常無限大であり，いかなる有限な便益もそれを補償し得ない．したがって，確定的な死亡を伴ういかなる事業も，費用便益分析によって効率的とは見なされないのである．まさに絶対的損失に他ならない．

しかし，分析の対象とすべき事業——新たな開発とか新規化学物質の許可とか——では，特定個人の確定的な死亡を考える必要はない．そうした事業のもたらす害悪は，社会のある集団の中での事故の発生率とか，疾病の罹患率とか，死亡率とかがいくらか上昇するという形で捉えられるのみであろう．このことに初めて着目したのがシェリングであった．彼は，死亡率の上昇によって犠牲になるものを，確定的な生命と区別して「確率的生命(a statistical life)」と呼んだ(Schelling 1968, p.129)．

こうした事前の誰に当たるかわからない害悪の発生確率が「リスク(risk)」である．リスクの微小な増加を補償する貨幣額というものは，意味のある有限の大きさとして考えることができる．逆にそうした発生確率の微小な減少に対して，人はある有限の金額をすすんで払おうとするであろう．なぜなら，日常のどのような活動にも，幾分かの健康・安全上のリスクがあり，行動の仕方を変えればその大きさは増減するが，人は，そうした異なった大きさのリスクの間で選択をしており，その際，リスクの増加と，その引き替えに得られる金銭的および物的な利得とを比較しているに違いないからである．

生命の喪失は確かに絶対的損失であるが，それは，誰に起きるかが確定している時の話である．絶対的損失が発生する前の，誰に起きるかわからない状態での，発生率の増加そのものは，絶対的損失ではなく，金銭評価の対象となる．つまり，健康・生命への有害影響の場合，不確実性が金銭評価を可能にするのである(Mishan 1971 in 1981, p.92)．

6.2.2 確率的生命の価値

例えば，年死亡率が1000分の1(10^{-3})だけ減少することに対して，人が10万円のWTPをもっている(あるいは，年死亡率が1000分の1だけ上昇することに対して10万円のWTAをもっている)としよう．この10万円を死亡率変化分(10^{-3})で割ると，1億円という値が得られる．これは「確率的生命の価値(VSL: value of a statistical life)」と呼ばれる．

どれだけの金額の補償と引き替えに，人が，死亡率の上昇を受け入れているかに関する情報を与える場として，労働市場が注目された．リスクの高い職業や産業で，それを補償する賃金の上昇が観察されるならば，それは，労働者のリスク増加に対するWTA，および，リスク減少へのWTPを示していると考えられたのである．この計測手法を「賃金リスク法」と言う．

賃金リスク法によってリスク増加のWTAを推定し，そこからVSLを求める研究が，米国とイギリスを中心として盛んに行われた．テーラーとローゼン(Thaler and Rosen 1975)は，1967年の米国の「経済機会調査(Survey of Economic Opportunity)」からの労働者の個票によって，労働者の個人属性，職種，賃金などのデータを得，それを保険数理士協会が出した職種別死亡率のデータと組み合わせ，67年物価で13万6000～26万ドルというVSLを得た．ビスクシ(Viscusi 1978)は，米国労働統計局(BLS: Bureau of Labor Statistics)の労働リスク(労働災害発生率)のデータを使い，賃金決定へのリスク変数の係数を求めた．VSLの結果は，69年物価で60万～176万9500ドルとかなり大きい値になった．マリンとプサチャロプロス(Marin and Psacharopoulos 1982)は，75年のイギリスの国勢調査の個票からリスクデータを得て，賃金決定へのリスク要因の係数を推定した．推定されたVSLは，75年物価で，肉体労働者が65万ポンド，非肉体労働者が220万ポンド，全標本では，65万ポンドになった．

賃金リスク法で得られる確率的生命の価値を，環境汚染によるリスク削減の便益測定に利用することにはいくつかの問題があるが，最も重要なのは，そこから推定されるVSLは，職業リスクを負っていない一般の人のVSLよりも小さい可能性が高いということである．一般の人のVSLは労働市場では観察されない．それを計測する手法としてよく使われるのは質問法(questionnaire)である．これは，「仮想評価法(CVM: contingent valuation method)」とも呼ばれるが，リスクを減らす仮想的な状況を設定して，そのようなリスク削減を実現するのと引き替えに個人が払ってもよいと思う金額を，アンケートやインタビューによって直接聴き出すやり方である．

ジョーンズ-リーらは，交通事故死の確率を減らすいくつかのシナリオを提示し，それに対していくらなら支払う意思があるかを，インタビュアーが訪問して聞き出すという形で質問法による調査を行い，確率的生命の価値を推定した(Jones-Lee et al. 1985, Jones-Lee 1989)．結果として得られた確率的生命の価値は，50万～170万ポンドであり，これはイギリスの交通政策の評価に実際に使われている確率的生命の価値を決める有力な根拠となった[1)]．

1)　詳しくは，岡(1999)，110-116頁．

質問法の問題の1つは，死亡率削減にいくら払うかと問われても，回答者が答に困るということである．普段の購買行動でやらないことを求められるからである．その困難を回避するために質問の方法が工夫されてきた．1つは，いくつかの金額を書いた紙を提示しその中から選ばせるというやり方で，これは「支払カード(payment card)」と呼ばれる．別の方法では，質問者が1つの金額を提示し，それを支払うか否かを問い，答に応じて提示金額を上げ下げし，真のWTPに迫るというやり方で，これは「値付けゲーム(bidding game)」と言う．もっと日常の購買行動に近づけるやり方は，1つの金額を提示して，それで買うか買わないかだけを問うというものである．これは「二肢選択法(dichotomous choice)」と呼ばれる．例えば，死亡リスクを10万分の5だけ減らす商品の価格が5万円であるとき，これを買うか買わないかを問うのである．回答者は「はい」か「いいえ」かだけを答えればよい．その結果，「はい」と答えた人が10人中4人である(購買率40%)といったデータが得られる．しかし，これだけでは，平均的なWTPを推定することはできない．それを推定するためには，価格を変えて同じ質問をしてみればよい．例えば，価格を2万円に下げたら，「はい」と答えた人が10人中7人に上がったといった，別のデータが得られる．さらに価格を1万円に下げたら，「はい」が10人中8人になり，反対に価格を8万円に上げたら，「はい」が10人中1人に下がったといったデータが得られる．こうして，価格と購入率とからなる4組のデータが得られる．これで人々の平均的WTPは推定できる[2)]．

いろいろな属性をもつ諸商品の中から1つを選ぶという，実際の購買行動に，質問法をより近づけ，また，そのような諸属性の価値を同時に判定する手法として，コンジョイント分析がある．これは，市場調査の分野などで発達し

2) 価格 X と購入率 P との間に $P=[1+e^{-\alpha-\beta X}]^{-1}$ という関係(これを「ロジスティック関数」という)があるというモデルを仮定すると，$\ln[P/(1-P)]=\alpha+\beta X$ となるから，X と P との組から回帰分析によってパラメータ α, β を推定できる．ここでの4組の数値例からは，$\alpha=1.68$，$\beta=-3.98\times10^{-5}$ と推定される．得られたロジスティック関数を0から無限大まで積分すると平均WTPが得られる．$\beta<0$ であれば，$\int_0^\infty[1+e^{-\alpha-\beta X}]^{-1}=\left[(1/\beta)\ln(1+e^{\alpha+\beta X})\right]_0^\infty=-(1/\beta)\ln(1+e^{\alpha})$ となる．上のパラメータから平均WTPを求めると，4万1700円となる．購入率がちょうど50%になる価格はWTPの中央値である．中央値は，$P=[1+e^{-\alpha-\beta X}]^{-1}=1/2$ を満たさなければならない．これから，$X=-\alpha/\beta$ を得る．上の例では中央値は3万8800円である．

表 6.1　柘植・岸本・竹内による選択実験における選択肢の例

	プロファイル 1	プロファイル 2
価　格	80,000 円	850,000 円
リスク削減(10 年間)	1/10,000	10/10,000
リスクの種類	事故	病気(がん)
効果の出る時期	5 年後から	10 年後から

た手法である．パソコン用のプリンタを例にとれば，印刷の速さ，使用できる紙の大きさ，写真印刷のきれいさ，コピー機など他の機能の有無，価格といった様々な属性の違いがある．商品を開発して市場に出す立場からすれば，どの属性をどれだけ強化すれば，どれだけの利益に結びつくかを知ることは有益だろう．そのために，各属性への消費者の WTP がわかれば便利である．コンジョイント分析はそれを知るために，価格を含む諸属性の異なる仮想的商品を提示して回答者に選択させ，その結果を統計的に解析して属性の変化の CV (WTP または WTA)を求めるのである．

コンジョイント分析の質問のやり方には，回答者が自分で WTP を考えて答えなければならないようなものもあるが，上の二肢選択法のように，2 つの仮想的商品を提示して選択させる(どれも選択しないという答も可能)「選択実験(choice experiment)」と呼ばれる手法が主流である(栗山・庄子 2005，66-67 頁)．

柘植・岸本・竹内(Tsuge, Kishimoto and Takeuchi 2005)は，この手法を使って VSL を計測した．彼らの調査では，回答者は例えば表 6.1 のような，死亡リスクを減らす 2 つの商品(これを「プロファイル」と呼ぶ)を示され，どちらを選ぶか，または，どちらも選ばないかを答える．属性については，この表に示したものの他，「15 万円」と「58 万円」の価格，「5/10,000」のリスク削減，「病気(心臓病)」と「一般」というリスクの種類，「今すぐ」という効果の出る時期が用意され，それらが組み合わされて多様なプロファイルが作られた．

柘植らがコンジョイント分析を使ったのは，リスクの種類や効果の出る時期といった，表 6.1 に掲げた属性や，この表には掲げていない回答者個人の属性が，VSL に与える影響を調べるためであった．リスクの種類は確かに影響を与えたが，その大きさは大したことはなく，結局，3億5000万円というVSLが得られた．

環境政策に使うVSLとしてどの値を採用すればよいかを探るために，様々な推定方法によって推定されたVSLをレビューしたフィッシャーらは，1986年価格で160万～850万ドルがVSLの妥当な値であるという結論を出した(Fisher et al. 1989)．また，米国の大気浄化法の規制の事後的評価では，VSLの値として480万ドルが採用された(U.S. Environmental Protection Agency 1997)[3]．イギリスでは，ジョーンズ-リーらの結果を基に，道路政策については，90万ポンドというVSLが採用されている．日本での最近の調査による3億5000万円という値は上に見たとおりである．こうしてみると，工業国でのVSLは1億～10億円の範囲にあると見てよさそうである．

VSLとは，リスク1単位を削減することによる便益に他ならない．後は，リスクが何単位削減されるかということと，それにいくらの費用がかかるかがわかれば，リスクを減らす対策の費用と便益が比較できることになる．

6.3 リスク評価

6.3.1 発がんリスクの評価

こうした，経済学の側での理論と計測手法の確立に歩調を合わせるように，リスク評価が発達した．それは化学物質の発がん影響をめぐってであった．職業などを通じて化学物質に曝露した人々に関する疫学研究や，動物実験を使った研究によって，化学物質ががんを起こすことが，徐々に明らかになった．前章で見たように，健康に有害な環境汚染物質については，被害が出ない安全な摂取量または曝露量を決めて，それが守れるように，食品や水や環境の基準値を決めて，それが達成されるように規制をするという方法が採られる．被害が出ない安全な摂取量または曝露量を「閾値」と言うのであった．ところが，発がん物質の場合，その作用のメカニズムの中に，遺伝子を損傷することが含ま

3） 賃金リスク法を中心とした26の推定値にワイブル分布を仮定して得られた平均値(標準偏差324万ドル)．

れているため，ごく微量でも被害につながる，つまり，閾値を設定できない可能性がある．その場合，ある程度曝露量を下げると安全であるとは言えなくなり，曝露量を下げるとがんが発生する確率が低下するだけだということになる．そうすると，発がん物質の規制に関する政策は，どれだけの発生確率なら我慢できるかという基準に基づくほかなくなり，だから，危険度の定量化，つまり，リスク評価が必要になるのである．

化学物質の発がん性について閾値が想定できないという考え方は，1970年代の米国で支持されるようになった(中西ら 2003，12頁)が，米国環境保護庁が80年代に，実験動物での発がん試験の結果から，ヒトへのごく低量の摂取による発がん確率を，閾値を仮定しないモデル(線形多段階モデルという)で計算する方法を確立し，それによって得られる，摂取量と発がん確率との関係——これを用量反応関係と言う——を化学物質規制の根拠として採用するようになった．用量反応関係は，ヒトがある物質を生涯にわたって，体重1 kg当たり，1日当たり1 mg摂取し続けた場合に[4)]，それによって引き起こされる発がん確率の増分という数値に集約的に表現される．これはスロープ・ファクターと呼ばれ，例えば，3.5×10^{-2}/[mg/kg/日]などと表現される．これはベンゼンのスロープ・ファクターの中央値であり(同25頁)，毎日体重1 kg当たり1 mgのベンゼンを摂取した場合，生涯の発がん率が100分の3.5だけ増加することを意味している．スロープ・ファクターは，動物実験から，上で述べたようなモデルを使って計算されることもあれば，人についての疫学的証拠から計算されることもある．ベンゼンのスロープ・ファクターは疫学的証拠に基づいたものである．

次に，個人の摂取量または曝露量がわかったとすると，曝露量にスロープ・ファクターをかければ，個人のリスクが，超過発がん確率という形で得られる．がんによる死亡のスロープ・ファクターを使えば，超過がん死亡率という形のリスクも得られる．同じような曝露量をもった集団の人口に，その超過発がん確率または死亡率をかければ，集団のリスクが超過がん件数または死亡数という形で得られる．さらに，曝露量の異なった集団に属する人口がわかれ

4)　物質によって1 μg (マイクロ(10^{-6})グラム)であったり，1 pg (ピコ(10^{-12})グラム)であったりする．

ば，ある地域全体でのリスクが，超過がん件数または死亡数の形で得られる．

6.3.2 石綿リスクのスロープ・ファクター

例として石綿(アスベスト)のリスクを計算してみよう．石綿は，現に被害が出たという意味では，公害の性格を持つが，現在の汚染水準でどれくらい危険かという観点からは，リスク論の対象となる．石綿のスロープ・ファクターを計算するための根拠となるモデルは，石綿に曝露した労働者についての疫学研究に基づいて作られた．米国労働安全衛生局(OSHA: Occupational Safety and Health Administration)のモデルと言われているものは，死亡にかかわる石綿の影響として肺がんと中皮腫とを取り上げ，肺がんについては，自然肺がん死亡率を石綿曝露が押し上げるという「相対リスクモデル」，中皮腫については，石綿曝露が曝露量に応じて新たに中皮腫死亡を発生させるという「絶対リスクモデル」を採用したものである．

具体的には，自然肺がん死亡率を I_E，環境中の石綿濃度を f，曝露開始後年数を t とするとき，石綿曝露によって余分に生じる肺がん死亡率 I_L が

$$I_L = I_E K_L f(t-10)$$

となるというモデルである．ここで K_L は定数であって，疫学的証拠から推定される．米国環境保護庁が1989年に石綿の規制を考えた際に採用された値は K_L=0.01 であった．ただし，濃度 f は空気の体積当たりの石綿繊維の本数であって，「f(繊維本)/mℓ」を単位として測られる．例えば，生まれたときから 0.001 f/mℓ (1 f/ℓ)の石綿濃度の空気の中で過ごして60歳になった時点では，t=60, f=0.001 で，60〜64歳の自然肺がん死亡率が 5.34×10^{-4} であるから，石綿曝露による超過肺がん死亡率は 2.7×10^{-7} になる．

中皮腫についてはその死亡率 I_M が

$$I_M = \begin{cases} 0 & (t < 10) \\ K_M f(t-10)^3 & (10 \leqq t < 10+d) \\ K_M f\{(t-10)^3 - (t-10-d)^3\} & (10+d \leqq t) \end{cases} \tag{6.1}$$

で与えられる．f, t は，肺がんの場合と同じく，それぞれ石綿濃度，曝露開始後年数を表す．d は曝露期間である．K_M は定数であって，1989年に環境保護庁が採用した値は K_M=1×10^{-8} である．曝露開始10年後から，曝露期間

表 6.2 年齢別死亡率および肺がん死亡率

	死亡率(×10^{-5})	
	総死因	肺がん
0- 4歳	78.7	0.0
5- 9	11.2	0.0
10-14	10.9	0.0
15-19	30.8	0.0
20-24	42.9	0.1
25-29	51.4	0.2
30-34	63.4	0.7
35-39	86.7	1.7
40-44	134.3	4.3
45-49	211.5	8.9
50-54	347.4	18.6
55-59	497.3	33.2
60-64	719.7	53.4
65-69	1140.6	91.5
70-74	1875.0	163.1
75-79	3021.1	236.1
80-84	5122.3	292.4
85-89	9242.5	340.2
90歳-	16988.1	323.0

と曝露量に応じて影響が出ることを表現している．これも，生まれたときから 0.001 f/mℓ の石綿濃度の空気の中で過ごして 60 歳になった時点では(この場合 $t = d$)，中皮腫死亡率は，1.3×10^{-8} になる．

その他の年齢の肺がんおよび中皮腫の石綿曝露による超過死亡率もすべて同様に計算できる．その際必要なデータは，年齢ごとの肺がん死亡率だけである．表 6.2 に 2003 年の人口動態統計からのそれらの数値を示した．なお，「気管，気管支及び肺の悪性新生物」を肺がんと見なしている．

表 6.2 には，総死因の死亡率も掲げたが，これを使えば，0 歳から生涯の間の石綿への曝露によって生涯の間に生じる超過がん死亡率を計算することができる．まず，上のやり方で各年齢の肺がんと中皮腫の超過死亡率を計算する．次に，総死因の死亡率にこの超過死亡率を加えたものを，新たに曝露の影響

を考慮した死亡率とする．それを使って年齢ごとの生存率を計算する．まず，0～4歳の死亡率に5を乗じたものを1から差し引くと，5歳時の生存率が得られる．次に，5～9歳の死亡率に5を乗じたものを1から差し引いたものを，5歳時の生存率に乗じれば，10歳時の生存率が得られる．以下，この作業を繰り返せば，5歳ごとの各年齢の生存率が得られる．それに，対応する年齢の，石綿曝露による肺がんおよび中皮腫の超過死亡率をかけたものを5倍して，それを5歳刻みのすべての年齢にわたって足し合わせると，生涯の超過死亡率が得られる．0.001 f/mℓの濃度だと，生涯超過死亡率は1.1×10^{-4}(肺がんが3.2×10^{-5}，中皮腫が8.0×10^{-5})になる．生涯超過死亡率は曝露量に関して線形であって，スロープ・ファクターは，1.1×10^{-1}/[f/mℓ]または1.1×10^{-4}/[f/ℓ]と表現できる．

この値は，0歳から生涯曝露する場合の男女平均のスロープ・ファクターである．他の条件，例えば，男が15歳から64歳までの50年間職業に従事している間石綿に曝露したという場合には，曝露年数が短いことと，労働時間だけしか曝露しないことによって，上の場合よりもリスクは低くなる．しかし，男の自然肺がん死亡率が男女平均よりも高いから，その分は高くなる．これらのことを考慮すると，男子労働曝露での生涯肺がん超過死亡率についてのスロープ・ファクターは，1.4×10^{-5}/[f/ℓ]となる．また，現実に高濃度の石綿に労働者が曝された期間はせいぜい15年程度である場合が多い．そのような場合に適用すべきスロープ・ファクターはまた別の値をとる．実際に，15～64歳の間のいずれか15年間石綿に曝露した場合に，曝露終了後30年間にわたっての超過がん死亡率についてのスロープ・ファクターは2.5×10^{-6}/[f/ℓ]と計算される．

また，ここでの計算方法を使えば，リスクを，超過がん死亡確率の代わりに，平均余命の損失の形でも表すことができる．この指標を「損失余命(LLE: loss of life expectancy)」と言う．損失余命もまた，曝露期間，曝露時間や死亡の発生する期間の違いや男女の違いなどを反映した様々な条件の下で計算できる(詳しくは岡 1999，31-34頁)が，後で使用する必要から，全年齢男女が1年間曝露した場合と，労働年齢男が1年間労働時間だけ曝露した場合の損失余命についてのスロープ・ファクターを示すと，前者は，1.9×10^{-5}年(10分)

/[f/ℓ]，後者は，3.3×10^{-6} 年(1.7分)/[f/ℓ] となる．

6.3.3 石綿曝露濃度とリスク

これらのスロープ・ファクターに曝露濃度をかければ超過死亡率や損失余命が計算できるが，環境中の石綿濃度は条件によって異なり，また，規制によって低下してきたから，時期によって異なる．石綿の規制は労働安全上の規制を中心に行われてきたが，それが一般環境中の石綿濃度を下げることにもつながった．

1971年に特定化学物質障害予防規則(特化則)が制定されたのが規制の始まりである．この中で，石綿を扱う作業場での局所排気装置設置が義務付けられ，その性能要件について，フードの外側における石綿粉塵濃度が2 mg/m^3 (33 f/mℓに相当)を超えないものとするという基準が72年に制定された(抑制濃度)．75年には，特化則の改正により，石綿吹付け作業が原則禁止され(石綿を重量で5%以上含有するものが規制対象)，局所排気装置の性能要件である抑制濃度が5 f/mℓに強化された．吹き付けに多く使われていた青石綿(クロシドライト)は，80年代半ばには，他の用途にもほとんど使用されなくなった．局所排気装置による抑制濃度の基準とは別に，作業場内のほとんどすべての場所で石綿粉塵濃度を一定の値以下とする規則(管理濃度による規制)が，84年通達によって導入され，その値が2 f/mℓ(許容濃度に換算すると0.8 f/mℓ相当)とされた．この基準は，88年に労働安全衛生法による基準になった．89年には，大気汚染防止法による一般環境の規制が導入され，敷地境界基準0.01 f/mℓが決められた．95年には，青石綿と茶石綿(アモサイト)の製造，輸入，譲渡，提供または使用が禁止されるとともに，規制対象が石綿を1%以上含むものに拡大された．2001年に世界保健機関(WHO)の国際がん研究機構(IARC: International Agency for Research on Cancer)が，石綿の主要な代替品であるグラスウール，ロックウール等を，人に対する発がん性の証拠が不十分な「グループ3」に入れたのを受けて，2004年10月から，白石綿(クリソタイル)を使った石綿製品の製造もほとんどすべて禁止された．と同時に，作業環境評価基準における管理濃度が0.15 f/mℓ (許容濃度に換算すると0.06 f/mℓ)に強化された．

1977年と78年に環境庁によって測定された「14の事業場の排出口濃度及

表 6.3 環境庁アスベスト・モニタリング結果(f/ℓ)——幾何平均と最小・最大

<table>
<tr><th>年</th><th>石綿製品生産事業所周辺</th><th>蛇紋岩地帯</th><th>住宅地域</th><th>商工業地域</th><th>農業地域</th></tr>
<tr><td>1985</td><td>5.35
(0.60〜44.23)</td><td>2.53
(0.49〜34.37)</td><td>1.16
(0.26〜6.22)</td><td>1.15
(0.30〜6.12)</td><td>0.52
(0〜1.67)</td></tr>
<tr><td>1987</td><td>2.89
(0.08〜23.9)</td><td>2.16
(0.23〜19.84)</td><td>0.78
(0.15〜1.69)</td><td>1.10
(0.26〜2.69)</td><td>0.46
(0.03〜1.64)</td></tr>
<tr><td>1989</td><td colspan="2">2.07
(0.23〜35.4)</td><td colspan="3">0.47
(0.06〜2.13)</td></tr>
<tr><td>1991</td><td colspan="2">1.32
(0.17〜29.0)</td><td colspan="3">0.49
(0.05〜2.91)</td></tr>
<tr><td>1993</td><td colspan="2">0.62
(ND〜8.43)</td><td colspan="3">0.18
(ND〜1.34)</td></tr>
<tr><td>1995</td><td colspan="2">0.88
(0.09〜13.47)</td><td colspan="3">0.23
(ND〜1.76)</td></tr>
</table>

び敷地境界濃度」によると，事業内容別では排出口濃度の幾何平均が 1.53〜7,670 f/ℓ で，その幾何平均は 84 f/ℓ，作業工程別排出口濃度の幾何平均が 0.548〜30,176 f/ℓ で，その幾何平均が 120 f/ℓ であった．敷地境界濃度は，0.98〜12.4 f/ℓ で，その幾何平均は 4.1 f/ℓ であった．

1987 年の環境庁の「発生源精密調査」では，事業内容別では排出口濃度が 0.09〜21,900 f/ℓ，その事業場ごとの幾何平均が 1.04〜588 f/ℓ で，さらにそれらの幾何平均は 53 f/ℓ，敷地境界濃度は 0.34〜378 f/ℓ で，事業場ごとの幾何平均は 1.41〜39.3 f/ℓ，さらにそれらの幾何平均は 3.6 f/ℓ であった．88 年の「発生源精密調査」からは，敷地境界濃度が報告されており，45 工場での測定値は，0.04〜32.4 f/ℓ，工場ごとの幾何平均は 0.19〜4.39 f/ℓ，それらの幾何平均は 1.2 f/ℓ であった．89 年は 11 工場の敷地境界濃度が 0.14〜44.0 f/ℓ，工場ごとの幾何平均は 0.58〜7.62 f/ℓ，それらの幾何平均は 2.9 f/ℓ であった．

環境庁のアスベスト・モニタリングから，石綿製品生産事業所周辺と一般環境(住宅地域・商業地域・農業地域)の濃度をまとめると，表 6.3 のようになる．

以上の報告をまとめると，工場の排出口の濃度は，幾何平均で，1977 年〜78 年は 100 f/ℓ 程度であったが，87 年には 53 f/ℓ に下がり，敷地境界濃度は，70 年代後半と 80 年代後半とでは，それほど差がない．工場周辺の濃度は，敷地境界と同程度か少し下くらいであるが，90 年代半ばには，1 f/ℓ を下回るようになった．住宅地の濃度は80年代半ばが1 f/ℓ程度で90年代半ばは0.2 f/ℓ程度である．

工場の作業環境の石綿濃度については，日本石綿協会が，会員企業から報告された結果を雑誌『せきめん』に掲載してきた．その内容は表6.4のとおりである．1983年には，平均濃度が2000 f/ℓを超える工場が7%あったが，89年にはすべての工場の平均濃度が2000 f/ℓを下回った．1990年には，1000 f/ℓを超える工場が0.8%あったが，2000年には，すべての工場の平均濃度が1000 f/ℓを下回った．98年以降の一番下の濃度区分の最小値を0.01 f/mℓ(10 f/ℓ)とし，各区分の下限と上限の幾何平均を代表値として全体の幾何平均を推定すると，98年では，51 f/ℓとなる．

これらの石綿濃度の中で，1990年代半ばの住宅地の濃度0.2 f/ℓを例にとれば，$1.1 \times 10^{-4}/[f/\ell]$というスロープ・ファクターをこれにかけて，生涯超過死亡リスクは，2×10^{-5}と計算される．同じく90年代半ばの工場周辺の濃度0.88 f/ℓでは，生涯超過死亡リスクは1×10^{-4}である．98年の作業環境の濃度51 f/ℓでは，労働年齢男子のスロープ・ファクターを使って，生涯超過死亡リスクは7×10^{-4}となる．

非常に高濃度の汚染があったと思われる1970年代半ば以前の環境中濃度についてはよくわからないが，被害の大きさから，スロープ・ファクターを使って大雑把な濃度の推計ができる．尼崎のクボタ旧神崎工場では，57年から75年の，青石綿を大量に使用していた期間に10年以上石綿を扱う作業に従事した労働者290名のうち，125名が石綿関連疾患で死亡しているという(森永編著 2005，180頁)．死亡率は2.2×10^{-1}である．労働年齢男子の15年間曝露後30年間の超過がん死亡率についてのスロープ・ファクター1.8×10^{-6}から逆算すると，これだけのリスクを生じる石綿濃度は13万 f/ℓと推定される．

車谷・熊谷(2006)によれば，クボタ旧神崎工場の半径300 m以内に1957年〜75年に住んだり勤務したりした人の2000年から2005年の中皮腫の「標準化死亡比(SMR: standardized mortality ratio)」[5]は，男性で17.8，女性で23.1であったという．2003年の中皮腫死亡率は，男で1.1×10^{-5}，女で3.4×10^{-6}

5)　全国の性別・年齢別中皮腫死亡率からその地域で期待される中皮腫死亡率に対する実際の中皮腫死亡率の比．

表 6.4　石綿取扱工場の作業環境の石綿濃度

	1983	1984	1985	1986	1987	1988	1989
平均値が 2 f/mℓ 未満の事業所の割合(%)	93	90	95	96	96	96	100
最大値が 2 f/mℓ 未満の事業所の割合(%)	79	77	85	85	85	92	97

濃度区分 (f/mℓ)	平均濃度の区分ごとの事業所数					最大濃度の区分ごとの事業所数				
	～0.1	0.1～0.5	0.5～1	1～2	2～	～0.1	0.1～0.5	0.5～1	1～2	2～
1990	469			4		425			48	
1991	445			4		425			24	
1992	427			3		421			9	
1993	440			2		394			16	
1994	409			1		—			—	
1998	290	81	6	1	0	—	—	—	—	—
1999	271	77	3	1	0	155	159	28	9	1
2000	319		0	0	0	283		36	0	0
2001	204	45	2	0	0	139	93	16	1	2
2002	126	22	0	0	0	79	62	6	1	0
2003	93	8	0	0	0	62	39	0	0	0

出所）『せきめん』各号からまとめた．

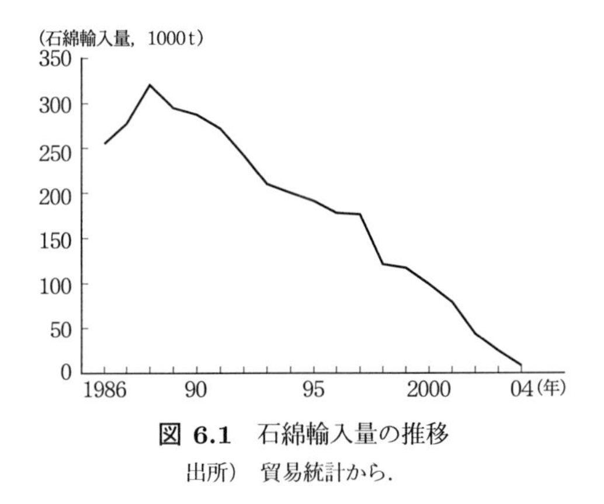

図 6.1　石綿輸入量の推移

出所）　貿易統計から．

であったから，全国と同じ年齢構成なら，この地域の死亡率は，男 1.9×10^{-4}，女 7.9×10^{-5} であったことになる．中皮腫死亡率が，式(6.1)のモデルに従うとすると，例えば，工場の半径 300 m 以内で 15 年間曝露したとして，その 30 年後にこれだけの中皮腫死亡率をもたらすような曝露濃度は，男で 540 f/ℓ，女で 230 f/ℓ と逆算できる．これらの濃度に 15 年間曝露することによる肺がんも含めた生涯死亡リスクは，それぞれ 2.9×10^{-3}，1.2×10^{-3} である．車谷・熊谷(同)はまた，半径 1500 m 以内の 2000 年〜2005 年の SMR を男 2.7，女 8.3 と報告しているが，これから上と同じ考え方で逆算される曝露濃度は男女とも 81 f/ℓ である(肺がんも含めた生涯死亡リスクは 4.3×10^{-4})．

6.4　リスク削減とリスク削減費用

6.4.1　石綿使用の削減

先に書いたように，白石綿を含めた石綿の製造等が全面的に禁止されたのは 2004 年である．しかし，石綿の使用はそれ以前にかなり減っていた．図 6.1 はそれを示している．石綿はすべて輸入されているから，輸入量の減少は使用量の減少を意味する．輸入量は 1988 年が最大で，それ以降ほぼ直線的に減ったのである．

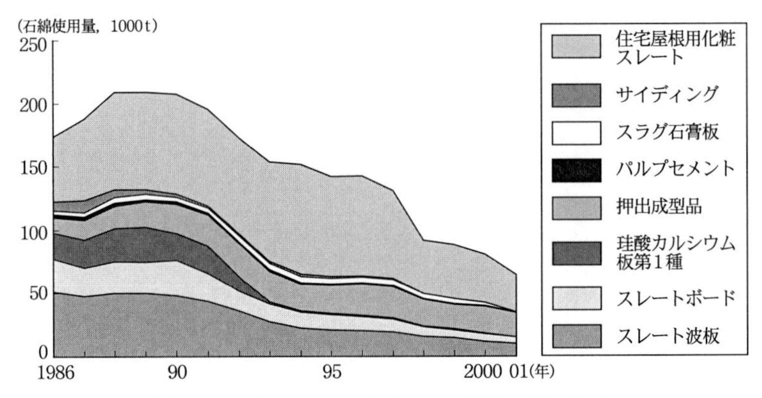

図 6.2　石綿セメント製品への石綿使用量の推移

出所）　日本石綿協会(2003)から作成．

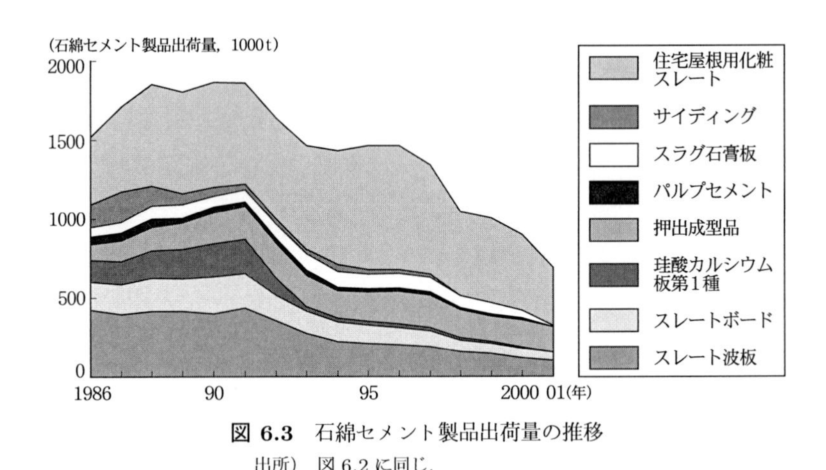

図 6.3　石綿セメント製品出荷量の推移

出所）　図 6.2 に同じ．

石綿の用途は大きく石綿セメント製品と石綿製品とに分かれる．石綿セメント製品は建材である．石綿製品には，自動車ブレーキなどに使用する摩擦材，管の継ぎ目などに使うジョイントシートやシール材，紡織品などがある．図 6.2 に，石綿セメント製品への石綿使用量の推移を示す．この値のカバー率を 86％ として，石綿輸入量に占める石綿セメント製品への使用の占める割合を計算すると，1986 年で 79％ だが，徐々に上昇して，2001 年では 94％ になっ

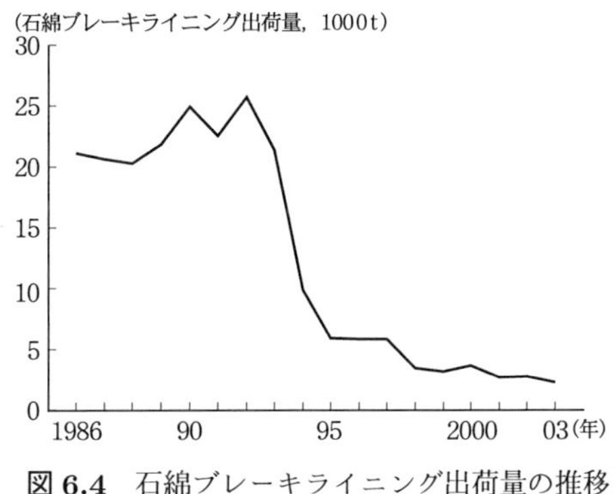

図 **6.4**　石綿ブレーキライニング出荷量の推移

出所）　工業統計から作成.

ている．石綿セメント製品の生産量は 91 年まではむしろ増えている(図 6.3)から，88 年から 91 年までの石綿使用の減少は石綿含有率の減少に負っている．91 年以降は製品の生産が減っていくが，その中で，90 年代半ばにも生産が増えたのは住宅屋根用化粧スレートと押出成型品である．石綿製品の中では摩擦材への使用が多かったが，自動車業界が石綿を使用したブレーキの使用をやめた後に，その生産が急速に減少した(図 6.4.2).

6.4.2　石綿代替による費用と削減リスク

こうした石綿使用の減少は代替品への切替によって起こった．石綿セメント製品については石綿の代わりに，パルプ，ガラス長繊維，有機繊維などを使った製品が開発された．ブレーキライニングなどの摩擦材には，アラミド繊維，ガラス長繊維などが使われた.

しかし，代替材料は，セメントとの親和性，水との親和性，分散性，製品としての耐久性，耐熱性，耐腐食性などの点で，石綿に劣る場合が多く，価格が高い場合が多い．特に，ジョイントシート，シール材については，高温の流体，腐食性の流体，ハロゲン化合物等のガス系流体が存在する環境下で使用されるものや，内部の物質が漏洩すると火災・爆発・健康障害等の発生の危険性があるような箇所に使用されるものについては，石綿を他の材料に代えるのは困難であり，2004 年の時点でも，それだけは例外的に石綿の使用が許されて

表 6.5 石綿代替化による費用の増加

	価格上昇率		1990 年の出荷額 (100 万円)	費用増分(億円)	
	移行期	安定期		移行期	安定期
摩擦材	100% (50% ~ 200%)	10%	26,267	260 (130~530)	26
その他の石綿製品	45% (20% ~ 100%)	34%	46,065	210 (92~460)	160
石綿セメント製品	22% (10% ~ 50%)	0%	137,648	310 (140~690)	0
計			209,980	780 (360~1700)	180

出所） 出荷額は工業統計による．

いる．それ以外の代替が進んだ分野でも，非石綿化によって費用が増加したと思われる．

1989 年当時，内装材についての石綿代替原料は，石綿と比較してセメントとの親和性が低い，分散性が劣るなどの理由により製造効率が低下することから，代替品の価格は石綿含有製品と比べて，おおむね 20~50% 高くなっているという情報があった(環境庁大気保全局企画課 1989，18 頁)．外装材についても，パルプ繊維等の代替品で水との親和性が劣ることにより同様の製造効率の低下があったと言われている．海外での外装材の代替品の価格プレミアムが 10% 程度と報告されていた(同 21 頁)．摩擦材については，セミメタリック系のディスクパッドは石綿系と比べて費用が 1.5 倍と報告されている(同 22 頁)．ブレーキライニングについては，ガラス繊維，アラミド繊維等を組み合わせた代替品の価格が従来品の 2~3 倍であったという(同 22 頁)．ジョイントシートについては，代替品の価格が石綿製品の 1.2~2 倍，また，海外ではアラミド繊維使用品が 2~3 倍で売られていたと報告されている(同 25-26 頁)．

これらの情報から，石綿製品及び石綿セメント製品の代替化による価格上昇率を設定し，代替化が始まったと思われる 1990 年の出荷額を基に費用増分を計算してみると，表 6.5 のようになる．上記の価格上昇は代替化のための「移行期」に当てはまると想定する．数年を経て，価格は徐々に下がったと思われる．その後の安定期の価格上昇分を，摩擦材については 10%，その他の石綿製品については，ジョイントシートなどの代替が完全に進んでいないことを考慮して，90 年から年率 1% ずつ価格が低下したとした場合の 2004 年価格での上昇率，石綿セメント製品については対応が完了したとして上昇率 0% を仮定した．結果として，移行期の費用増加は 360 億〜1700 億円，平均 780 億円，安定期のそれは 180 億円と計算された．

1990 年以降のリスク削減量を推定してみよう．作業環境については，90 年には 3607 人の労働者が 52 f/ℓ の濃度に曝露したという状態から，石綿取扱い作業が基本的になくなるという想定，工場周辺住民については，125 工場の半径 500 m 以内に住む 98 万人の人が，1.7 f/ℓ の濃度に曝露したという状態から，一般住宅地と同等の濃度 0.2 f/ℓ の曝露に下がったという想定，一般住宅地に住む 1 億 2500 万人が，90 年の 0.48 f/ℓ から 0.2 f/ℓ の曝露になったという想定で，リスク削減を計算すると，表 6.6 に示したように，生涯超過がん死件数で 4100 件，1 年の曝露による損失余命で 710 年のリスク削減になる．

6.5　費用便益分析

6.5.1　リスク削減の費用便益分析

この石綿のリスク削減の例に費用便益分析を適用するとどうなるだろうか．リスク削減量は，4100 件の生涯超過がん死件数ないし 710 年の損失余命であった．費用は移行期で 360 億〜1700 億円，安定期で 180 億円であった．これは年々の費用である．2 つのリスク指標の内，1 年当たりの費用と対比するのに問題がないのは，1 年曝露による損失余命の方である．損失余命は，死亡年齢の異なる異種のリスクを比較するのにも役立つ．そこで，損失余命指標で表されたリスク削減の値を採用するとして，その便益はいくらになるか．

第 6.2 節で 1 億〜10 億円という VSL を得た．賃金リスク法にしろ質問法にしろ，年死亡率の削減に対する WTP を推定しているのがほとんどである．年死亡率は，生涯超過死亡率とは異なる概念であり，同じ値なら当然年死亡率の方が重いリスクに対応する．年死亡率を損失余命に対応づけることは容易である．平均余命 85.33 年(2003 年簡易生命表)の 0 歳女子が 10^{-5} の死亡率上昇

表 6.6 石綿のリスク削減

		1990	2005	リスク削減
(作業環境)				
濃　度	f/ℓ	52[1]	52	
曝露人口		3607[2]	0	
1人当たりリスク	超過がん死亡率	7.0×10^{-4}	7.0×10^{-4}	
1人当たりリスク	年-LLE	1.7×10^{-4}	1.7×10^{-4}	
集団リスク	がん死件数	2.5	0	2.5
集団リスク	年-LLE	0.62	0	0.62
(工場周辺)				
濃　度	f/ℓ	1.7[3]	0.2[4]	
工場数		125[5]	125[5]	
曝露人口		980,000[6]	980,000[6]	
1人当たりリスク	超過がん死亡率	1.9×10^{-4}	2.3×10^{-5}	
1人当たりリスク	年-LLE	3.3×10^{-5}	3.9×10^{-6}	
集団リスク	がん死件数	190	22	170
集団リスク	年-LLE	32	3.8	29
(住宅地)				
濃　度	f/ℓ	0.48[3]	0.2[4]	
曝露人口		125,000,000	125,000,000	
1人当たりリスク	超過がん死亡率	5.4×10^{-5}	2.3×10^{-5}	
1人当たりリスク	年-LLE	9.3×10^{-6}	3.9×10^{-6}	
集団リスク	がん死件数	6800	2800	3900
集団リスク	年-LLE	1200	490	680
集団リスク計	がん死件数			4100
集団リスク計	年-LLE			710

注 1) 1987年の排出口濃度の幾何平均が53 f/ℓであり，98年の作業環境の推定幾何平均が51 f/ℓであったことから．
2) 工業統計の「石綿製品製造業従業者数」．日本石綿協会『作業環境石綿粉じん濃度，敷地境界石綿粉じん濃度測定結果』(2004年2月)によれば，1990年の石綿取扱労働者数は2500人程度である．2002年はそれが541人になっている．2005年はこれが0になると仮定している．
3) 1989年と91年の平均．
4) 工場周辺，住宅地ともに0.2 f/ℓになると仮定．
5) 工業統計の「石綿製品製造業事業所数」．
6) 半径500 m以内の人口．人口密度1万人/km^2を仮定．

を被れば，損失余命は 8.533×10^{-4} 年である．平均余命 39.67 年の 40 歳男子が 10^{-5} の死亡率上昇を被れば，損失余命は 3.967×10^{-4} 年である．労働年齢男子に起こる1件の死亡は約 40 年の損失余命をもたらすと見てよい．全年齢男女平均の死亡1件当たり損失余命のそれとほぼ同じなので，年死亡率上昇はそれの 40 倍の損失余命をもたらすと見なしてよい．他方，生涯曝露した場合に 10^{-5} の生涯超過死亡率を与えるリスクに1年だけ曝されることによる損失余命は 0.83 分である(岡 1999，33 頁)から，生涯曝露によって1件の生涯超過死亡を生む曝露の1年当たりの損失余命は 0.16 年となる．したがって，年死亡率のある上昇は，それの 250 倍の生涯超過死亡率をもたらす生涯曝露に1年だけ曝されるのに等しい．

いずれにしても，リスク指標を損失余命に統一するのが便利である．1件の年間死亡が 40 年の損失余命に相当するから，1億～10 億円という VSL は，250 万～2500 万円の「1生存年の価値(value of a life-year)」を意味する．これが余命1年延長の便益である．

上の石綿のリスク削減は1年当たり 710 年の余命延長をもたらすから，その便益は，18 億～180 億円である．便益を最大限に見積もってかろうじて安定期の費用を上回る．もちろんこの分析の不確実性は大きい．費用はもっと安かったかもしれない．建物の解体などに伴う曝露の減少を考慮していない．しかし，建物の解体に伴う曝露を減らすための費用もまた考慮していないので，その考慮は費用を増加させるかもしれない．ここでは，石綿使用を止めるという行為によるリスク削減とその費用に注目して分析したのである．

費用便益分析によって石綿使用の中止を正当化しようとすれば，費用はもっと小さくなければならないし，便益はもっと大きくなければならない．しかし，逆に，費用便益分析によって正当化しなければならないのかという問いを立てることも可能である．実は，規制や対策の費用が便益を上回るというのは，他の環境汚染物質についてもよく見られる事実なのである．

様々な物質の規制の費用と便益とを互いに比較するためには，費用をリスク削減量で割った値を求めておくのが便利である．上の石綿の例では，費用が，360 億～1700 億円ないし 180 億円で，リスク削減が 710 年-LLE だから，リスク削減1年-LLE 当たりの費用は，5100 万～2億 4000 万円ないし 2600

表 6.7　環境化学物質対策の余命 1 年延長費用(CPLYS)

事　例	余命 1 年延長費用 (万円/年-LLE)	出　典
シロアリ防除剤クロルデンの禁止	4500	Oka et al. 1997
苛性ソーダ製造での水銀法の禁止	57000	Nakanishi et al. 1998
乾電池の無水銀化	2200	中西 1995
ガソリン中のベンゼン含有率の規制	23000	Kajihara et al. 1999
ごみ焼却施設でのダイオキシンの規制		
(緊急対策)	790	Kishimoto et al. 2001
(恒久対策)	15000	Kishimoto et al. 2001

万円となる．これは余命 1 年延長の費用であって，CPLYS(cost per life-year saved)とも呼ばれる．これを直接 1 生存年の価値と比較しても費用便益分析になるわけである．

これまでに日本で行われた化学物質環境汚染削減政策での CPLYS を表 6.7 に示している．これらの結果は，化学物質の曝露による損失余命を 1 年減らす，つまり，対策によって平均余命を 1 年延ばすのに，我々の社会が 790 万円から 5 億 7000 万円程度の費用を現にかけていることを示している．これらの内，1 生存年の価値を下回るのは，1 生存年の価値の上限をとったとしても，乾電池の無水銀化とダイオキシン緊急対策だけである．ダイオキシン対策は，現に大規模に恒久対策がとられたのであるから，対策全体としては，1 生存年の価値を上回る CPLYS をかけたと言ってよい．乾電池の無水銀化も，1 生存年の価値の上限でなくもっと穏健な値を採用すれば，CPLYS がそれを上回る．

1 生存年の価値を CPLYS が上回るということは，費用が便益を上回るということである．つまり，環境化学物質政策の分野では，我々の社会は，費用が便益を上回る政策を数多く行ってきたのであり，便益が費用を上回る対策を探すのはむしろ難しいということを，これらの結果は示している．これをどう考えればよいだろうか．

6.5.2　費用便益分析の限界

2つの道がある．1つは費用便益分析に固執し，現実の政策を非効率的として差し止める道である．その立場をとれば，現在行われている化学物質規制政策は大半が単に非効率的であるということになる．それに対してもう1つの道がある．それは，現実を重視し，費用便益分析の適用をあきらめる道である．どちらの道を採るかを考えるために，費用便益分析の本質に戻ってみよう．

第1章で見たように，費用便益分析は補償原理に基づいて効率性を測る道具である．そして，第4.4節で見たように，効率性は衡平の諸観点と対立する．中でも，分配の観点について言えば，補償原理は現実に補償がなされることを要求しないから，効率的な変化の結果現に損失を被る人が出ることを排除しない．非常に大きなリスクが特定の集団に負わされ，他方，リスク発生と引き替えに生じる便益は別の集団が享受したり，被害集団にはわずかしか享受されなかったりするという場合に，リスクを発生させること，あるいはリスクを放置することが効率的と判定されることがあり得るが，それは分配の不平等を引き起こす．さらに，環境汚染の被害が比較的貧しい人々に集中しているという事実があるとしたら，元々の所得分配の不平等の上に，環境汚染の被害の不平等が重なるわけで，費用と便益の相対的な大きさに関わりなく，そうした不平等を解消する政策が正当化されうる．つまり，リスクと便益との分配が非常に偏っていれば，費用便益分析は適用できないということである．第5.2節で見た公害の問題はまさにそのような例であった．

石綿の問題でも，過去の高濃度汚染の被害はそのような性格を強く持っている．しかし，この章で分析の対象とした1990年代以降のリスク削減では，分配問題はそれほど強く現れない．また，表6.7に掲げた諸政策も，分配が重要になるものは少ないだろう．制御すべき環境リスクの水準がかつてよりもずっと下がっており，かつ，そのリスクを広く国民全体が負っているという状況では分配の問題は重要でない．10万人中1人の生涯超過がん死亡率を与えるリスクは，1時間程度の損失余命に相当するリスクであり，それは，日常生活ではほとんど知覚不可能なリスクと言ってよい．また，蓄積された汚染物質の場合，食品を通じて摂取することが多いが，食生活が似ていれば，被るリスクの大きさも同じようなものになるので，特定集団に偏ってリスクが分配されるということも少ないのである．

これらの問題でむしろ重要かもしれないのは，世代間の分配である．環境に長く残留する汚染物質について，今それを削減することは，将来世代のリスク増加を抑え，将来世代がそれを取り除くとしたらかかるであろう費用——そして将来は莫大になるかもしれない費用——を，現在世代が負担することを意味する．世代間のリスクと便益の分配の問題がここにある．ダイオキシンも石綿も現在の曝露は過去の汚染の結果である．それはまた，現在の汚染は将来の曝露をもたらすことを意味する．この世代間の分配の側面は費用便益分析では捉えようがないのだから，それ自体政策を正当化する根拠になるのである．

第2の本質的問題は，費用便益分析が対象とするものが公共財の性質をもつということに関わる．そもそも政策の効率性を費用便益分析で判定しなければならないのは，そうした政策が公共財を供給するから，あるいは逆に負の公共財(環境汚染のような)を抑制するからである．供給されるものが公共財でなく，私的に消費することが可能なものであれば，その消費から得る便益が，その供給にかかる費用を上回る人だけに，市場を通じてそれが供給されるようにすることが可能である．市場という効率性判定機構に頼ることができるのであれば，費用便益分析を適用する必要はない．公共財を供給する事業では，市場を利用できないからそれに代わる効率性判定の道具が必要なのである．

そして，費用便益分析は，その効率性の概念を市場から借用した．すべての人の効用を増す変化は効率的であるという効率性の定義は市場を通じた財の供給について常に成り立つことだからである．しかし，市場で供給され得ない公共財にその概念を適用するために，効率性の定義を少しゆるめた．つまり，すべての人の効用が現に高まらなくても，それが高まりうることをもって，効率的と見なそうというわけである．すなわち補償原理である．このことが，効用を実際に損なう人が出ることを排除しないという問題を起こすことは上で見たとおりである．

費用便益分析が公共財を相手にしているということに関わって生じるもっと重大な困難は別のところにある．米国の大気浄化法の事後評価では，480万ドルという VSL が用いられたことは先に述べたが，これを用いることの妥当性に関して論争があった．評価報告書にもいくつかの論点が書かれている．そのうち重要なのは，大気汚染のリスクが非自発的であるのに対して，VSL は，リスクを自発的に選択できる市場で観察された人々の WTA に基づくという点である[6]．

非自発的リスクの WTA は，自発的リスクの WTA よりも高くすべきではないかという議論があり，実際，前者が後者の 1.5 倍であるという推定もある(Jones-Lee and Loomes 1995)．しかし，「自発的に選択できないものを獲得するために進んで支払おうとする金額」なる概念は形容矛盾である．自発的に選択できるものへの WTP しか存在しない．一方，費用便益分析は本来，公共財供給や負の公共財抑制の効率性判定に用いられる手法である．そして，非自発性は負の公共財の属性の一部である．それは，排除不可能性が公共財の属性の 1 つであるのに対応している．費用便益分析は，元々，自発的に選択できない財の便益(および負の財の費用)を，自発的に選択できるものへの WTP(WTA)によって測る手法だったのである．したがって，非自発的リスクの WTP・WTA が，自発的リスクのそれと量的に乖離すると見なすことは，費用便益分析の基礎前提に反する[7]．

非自発的リスクと自発的リスクとの違いを重視するとしたら，その費用便益分析適用の妥当性に対する影響は，もっと根本的なものである．自発的選択における個人の WTP・WTA を，自発的に選択できない財の便益・費用のデータとして使用すること自体を問題視することをそれは意味しているのである．そして，その問題視には理由がある．

効率性基準は個人の選好に基礎を置いている．そして個人は，財の数量と貨幣とのあらゆる組について，他の組と比べて好ましいか，好ましくないか，あるいは同等に好ましいかを決めうる選好体系を予め持っていると仮定されている．選好の体系自体は，どの組を実際に獲得するかから独立に存在する．これ

---

6)　そのほかの問題点は，(1)リスクを負う人の年齢が VSL に与える影響，(2)所得の多寡が VSL に与える影響，(3)死亡の質の違いが VSL に与える影響である．

7)　ジョーンズ-リーとルーミス(Jones-Lee and Loomes 1995)が実は非自発的リスク削減の WTP を測ってはいなかったということについては，岡(1999，140-141 頁)を見よ．

は，財を獲得する時に，どれだけの貨幣を手放すと効用を不変に保てるかが，財の獲得に先立って決まっている，つまり，WTP や WTA は，取引に先立って人の心の中に存在すると仮定していることを意味する．

しかし，取引に先立って心の中に WTP や WTA をもっているというのはかなり強い仮定である．実際には，ある対価での取引を行う過程で WTP や WTA が形成され，そうした取引を繰り返すにつれて，WTP や WTA は安定した値として諸個人の心の中に定着していくものではなかろうか．つまり，個人は，自分の取引経験に基づいて，財に対してある価格が妥当という期待価値を持ち，それに照らして自分の WTP や WTA を形成している．

マルクスの価値論には，価値実体論と価値形態論とがあった．価値実体論は，価値の実体が労働であるということを突き止めていく．しかし，そもそも，商品が交換されなければ，価値は生じない．商品の交換とは，商品が他の商品と関係を結ぶということである．他の商品との関係の中でしか価値は生まれないという点に着目して貨幣の発生を説くのが価値形態論であった．これに倣って，交換に先立って WTP や WTA が存在するという立場を「補償変分実体説」と呼んでもよいであろう．それに対して，交換を通じて初めて WTP や WTA が形成されるという立場は「補償変分関係説」と呼んでもよいだろう．

補償変分関係説はそれなりに首尾一貫しており，現実に基礎をもつ．補償変分関係説が成り立つとすれば，これまで取引経験のある財については安定的な WTP・WTA を考えることができ，取引経験のない財についても，類似の財を思い描くことができれば，WTP・WTA が存在すると想定できるかもしれないが，経験もなく類似の財からの想像もできないような新規の財については，WTP や WTA を考えることができないということになる．

環境リスクの削減というのはそうした新規の財である可能性が強い．健康上のリスクの削減であれば，自発的に削減できる私的リスクという類似財を考えることもできるかもしれないが，生態系保全とか生物種の保全とか景観の保全といった財になると，ほとんど新規の財としか言いようがないであろう．そうした新規性が，それらの財の金銭評価を信頼できないものにしているのである．健康上のリスクの場合，類似の財を考えることはできるが，それを類似とは思わない人も多くいる．非自発的リスクのWTPやWTAを表明することを拒否するという態度はその表れである．費用便益分析をリスク管理政策に適用するたびに，WTPを適用されるリスクの非自発的性格が問題になるとすれば，その問題意識の底に，買ったことのないもののWTPに対する疑念が横たわっているのである．

次に，測定値の信頼性という実際的な問題がある．便益が費用を上回った場合にだけ規制や事業を実施し，そうでなければ実施しないという決定ができるほど，費用や便益の量的な大きさに信頼性があるかという問題である．特に問題になるのは，リスク削減そのものの便益の推定の信頼性である．その信頼性への懸念は2つの不確実性に由来する．1つはリスク削減の価値を貨幣額にする際の不確実性であり，もう1つはリスク評価そのものの不確実性である．

環境の分野によっては，貨幣評価の不確実性が重要である．例えば，景観とか自然生態系とか生物種の保全では，それに対するWTPの信頼性は非常に低い．それらの財の新規性が大きいからである．それらに比べると，人の健康リスクの貨幣価値の推定値は比較的安定している．VSLは先進国ではおおむね数億円であり，大体1桁程度の範囲に収まっている．

それに比べると，リスク評価の不確実性の方が大きい．発がん物質のリスクは，通常，動物実験で観察された投与量と発がん率のデータから，観察されていない低い投与量での発がん率を推定する．その推定は用量反応関係によるが，その形状についてはモデルを仮定する．その際仮定するモデルの種類によって，同じ動物実験のデータから得られる低用量での発がん率は100倍も1000倍も変わってくるのである．

リスクの推定値が1000倍も変わり，その貨幣価値が10倍変わるとしたら，リスク削減の便益は最大10000倍も変動することになる．そうすると，それはいくらでも費用を上回ったり下回ったりするであろう．そうであれば，便益が費用を上回るかどうかといった基準はほとんど意味をなさないのである．

6.6　費用効果分析

費用便益分析本来の限界からも，環境リスク削減対策が，費用便益分析では正当化できないほどの費用をかけて現に行われているという事実からも，政策分析の武器としての費用便益分析の可能性はかなり限られたものだと言わざるを得ないであろう．この分野の政策評価はいかにあるべきだろうか．その際，経済的要因の考慮はどのように入れるべきだろうか．

表 6.7 は，一方で，多くの政策の延長余命 1 年当たりの費用が，その便益と推定された金額を大きく上回ることを示したが，他方で，費用そのものがかなりばらついていることを示している．この単位リスク削減費用を，これらの政策相互間で比較するならば，その費用が小さい政策の方が比較的効率的であるということが言える．その場合の効率性は，費用便益分析の基礎をなす効率性とは意味が異なる．費用便益分析の場合の効率性は，便益が費用を上回り，したがって，誰もが効用を高めうるという意味の効率性である．それに対して，ここでの効率性は，同量のリスクを削減するのにかかる費用が小さい，逆に言えば，同じ費用をかければより多く余命を延ばせるという意味の効率性である．

この意味の効率性を判定するために，政策の費用と，リスク削減量で表されるような，定量的に測られた物的効果との比を求めることは，「費用効果分析(CEA: cost-effectiveness analysis)」と呼ばれている．費用効果分析もまた，費用や効果の推定における不確実性を免れないが，それによる結果の信頼性のなさは費用便益分析ほどではない．その理由の第 1 は，便益の貨幣表示を必要としないということだが，もっと大きな理由は，費用効果分析では政策間の相互比較しかしないというところにある．仮に便益の貨幣評価を含む分析であっても，便益と費用との比を政策間で比較するだけであれば，結果は，便益が費用を上回るかどうかの判定よりも頑健であろう．評価のいろいろの段階でバイアスがあるとしても，どの政策にも同じ方法を適用していれば，バイアスの方向は共通しており，したがって，比で表される相対的効率性は偏りを受けにくいからである．

費用効果分析では，政策の効果は物的単位で表される．当然，その効果の指標は，比較される政策の間で共通のものでなければならない．表 6.7 では，共通の効果の指標は余命延長であった．それはかなり野心的な指標である．がんや神経影響といった性質の異なるリスクを同一の指標で表そうとしているからである．もっと性質の近いリスク同士の間では効果指標はより簡単に設定でき，不確実性も少なくなる．例えば，発がん物質同士の間では効果指標は発がん件数でよい．さらに，同じ物質を削減する異なった政策の相互比較では，効果指標はその物質の削減量でもよい．そうなると，比較効率性指標の信頼性は非常に高まるが，反面，適用範囲が狭いという欠点を負う．

このように評価する対象の範囲に合わせて効果の指標を自由に変えることができるというのは，費用効果分析の利点である．費用便益分析のようにやみくもに便益の貨幣評価にもっていくという必要がないから，政策評価の労力を最小限にすることもできる．しかし，費用効果分析では，単一の政策の是非を判定することは不可能である．費用効果分析が生み出す指標は効果当たりの費用にすぎないからである．その指標は複数の代替的政策間の相対比較においてだけ意味を持つ．

したがって，複数の代替案の間の選択という局面で，費用効果分析は最も有効に用いられる．代替案がなければ基本的に費用効果分析からは何も提言できない．ただ，今対象になる政策の案が単一であるとしても，それを過去の政策と比較することは意味がある．過去の政策と比べて今とろうとしている政策が比較的効率的かどうかを費用効果分析で言うことができるのである．

適用範囲の広い効果の指標を開発することは研究上の課題であるが，それには限界がある．人の健康の保護と生態系保全との間の選択に資するような効果の指標を作るのは難しいだろう．さらに，景観の保護と健康の保護との間の選択ではもっと難しいだろう．さらに，環境保全と教育との間の選択ではほぼ不可能であろう．それらの大きな政策領域の間の選択は，まさに，カップが言った社会的評価の領域である．費用便益分析は，これも評価の対象にしようとする．それが費用便益分析の建て前である．費用効果分析はこれを評価の対象としない．

費用便益分析と費用効果分析との関係は，前章で紹介したデールズが述べた区別に対応している．川を捨て場としてどれだけ使い，アメニティのためにどれだけ使うかという選択と，捨て場として使う量が決まった後で，それをどの排出者がどれだけ使うかという選択とを彼は区別し，市場メカニズムに委ねることができるのは後者だけだと言ったのである．費用便益分析は前者の選択を決めるための道具であり，費用効果分析は後者の選択を決める道具である．

費用便益分析が立脚する効率性の基準が，衡平の諸観点と対立するということを上で述べた．費用効果分析も効率性を測るが，限られた効率性なので，衡平の諸観点を分析に取り入れることが可能である．将来世代の利益を考慮したり，持続可能性を重視したりする場合に，削減すべきリスクの大きさを多めに設定すればよいのである．そうすれば，自ずとかける費用は大きくなるが，それを便益と比較するわけではないので，費用の増加は許容できるのである．

6.7 リスク管理はいかにあるべきか

これまでの考察に基づき，石綿の例に戻って，健康へのリスクをどう管理すべきかを考えてみよう．費用便益分析ではその規制は正当化されないとして，この石綿の規制は妥当だっただろうか．

まず，政策の効率性を考える前に衡平を考えるべきである．その際，最も重要な要素はリスクの大きさである．実際，化学物質のリスクを管理する政策で，第1に考慮されているのはリスクの大きさである．どこまでのリスクを社会は我慢すればよいのかを決める際に，費用の大きさにかかわらず，許容できないリスクというものがあるであろう．逆に，その程度なら事実上安全だと見なすようなリスク水準があるであろう．

後者のリスクがどの水準かは，米国などで盛んに議論されてきたが，10^{-5}とか10^{-6}とかがその水準だと言われている．日本の水道水質の管理や有害大気汚染物質の管理の分野では，当面10^{-5}を事実上安全と見なす考え方に基づいて，環境基準等が決められている．許容できないリスクについては，労働安全では10^{-3}，一般公衆が被るリスクについては10^{-4}がそうだという議論がある(岡 1999，51-52頁)．

1990年頃の石綿のリスクは，工場周辺で10^{-4}を超えていたので，許容できない領域にかかっていた．しかも，人に対して発がん性があるという強力な証拠があるという点が考慮されるべきである．その意味では，費用を考慮する前に，衡平の観点からこれを減らそうとすることが正当であろう．石綿の使用を規制することがそのための最も有効な手段であれば，それが採用されるのも当然である．その際，比較的費用のかからない用途で代替を進め，かなりの程度リスクが下がったら，費用の大きい手段の採用を検討することになる．その際に，部分的な効率性を考慮する必要があり，そのために費用効果分析は有効である．その際にも，将来世代への影響が考慮されるべきであり，その点で，過去に採られた政策と比較すべきである．過去に規制された物質の内，クロルデンやダイオキシンは，環境に長く残る性質があるが，4500万円ないし1億5000万円のCPLYSでも規制されている．石綿規制のCPLYSがそれらと同等かそれよりも低いということは，その規制を正当化する根拠になりうる．

有害化学物質管理の分野で，規制の効率性分析はこのように使えるだろう．もちろん，リスク評価も費用の推定も多くの不確実性を抱えている．それを理由に，一切の分析抜きに，厳しい規制を要求するのがよいという議論がある．例えば，アッカーマンとハインツァーリンクは，化学物質の健康への影響についての完全な証明や科学者の間での合意に待つことはできないから，健康への重大なリスク(major risks)がありそうだと思える合理的根拠をもった段階ですぐに予防的なやり方で行動を起こすことが必須であると言う(Ackerman and Heinzerling 2004, p.117)．リスク規制で頼るべきは「予防原則(precautionary principle)」であり，それは，現実に死者が出る前に介入することであり，実際に何人の死者が出るかを数えることができるようになる前に介入することだと彼らは言う(*ibid.* p.121)．

しかし，予防原則に頼るというのは，あまりに一般的な言明であって，それによって，実際の規制を何も決めることはできない．いみじくも「重大なリスク」と表明されていることからもわかるように，いかに予防原則といえども，健康への取るに足りないリスクに対して行動を起こせと言えるはずはない．重大なリスクに対して行動を起こすのである．そして，リスクが重大かどうかを知るためには，量的分析が必要である．予防原則を実際の政策に適用する場合に，「起こりうる結果の範囲の中で極端な場合」を想定して政策を採るのが最善だと彼らは言う(*ibid.* p.225)．つまり安全側の想定に基づくべきだというわけだが，それはまさに，米国の環境保護庁が，定量的なリスク評価をして行ってきたことである．

彼らは，飲料水の砒素の規制を例として，「可能な限り最小の砒素レベルに抑えた水道水を万人に確保することが，年間１人当たり１〜２びんの水の価格に相当する費用をかけるに値するかどうか」だけがわかればいいと述べる(*ibid.* p.214)．しかし，「可能な限り最小のレベル」は単独では定義できない．どのレベルが「可能」かがかける費用に依存するからである．そうすると，予防原則を実行するのに費用の情報は必要だということになる．

要するに，予防原則に頼るとしても，リスクの大きさを量的に知ることは必要だし，あるリスク水準を確保するのにかかる費用を知ることも必要である．そして，それらの量的情報が，リスク削減便益ほど信頼性が低くないとしたら，費用効果分析を行うというのは，予防原則からの自然の帰結である．

何よりも，有害化学物質問題の現状がリスク評価と費用効果分析を要請している．過去の公害問題と違ってリスクは小さくなっている．その小さいリスクを減らそうとして他のリスクが増えては意味がない．またあまりに大きい費用をかけることは別のリスクを生む．この状況が量的な政策分析を必要とする理由である．

リスク評価と費用効果分析という政策分析の手法は，過去の何人かの環境経済学者の主張と整合的である．まず，それは，労働生産物以外に価値はないというマルクス経済学の立場を許容する．社会的評価の領域を科学的研究の対象にはできないといったカップの主張と整合的である．さらに，公共財をどの用途に配分するかは政府が決めるとした上で，特定用途の効率的配分を目指したデールズの主張にほぼ沿っている．さらに，ミシャンの重視した衡平の観点を自由に取り入れることもできるのである．

第7章　生物多様性の保護と環境評価

7.1　生物多様性問題

1980年代の終わりから90年代にかけて，新しい環境問題である「地球環境問題」に注目が集まるようになった．地球環境問題とは，影響が国を超えて地球規模に広がっている環境問題である．具体的には，地球温暖化，オゾン層の破壊，生物多様性の減少，海洋の広域的な汚染，酸性雨などが地球環境問題である．

この章では，生物多様性減少という問題に，環境経済学がどう切り込んでいけるかを考える．まず，生物多様性問題への新古典派的アプローチを紹介し，その課題を明らかにする．それを受けて，多様性の問題を生態リスクとして捉え，それを評価する指標を追求する．そして，それを保全対策の費用と結びつける手法の可能性を考えてみよう．

生物多様性とは「すべての生物の間の変異性」を指す．最もわかりやすいのは，多様な種が存在するという事実である．これを種(species)の多様性と言う．種の中に多様な亜種があるのも多様性だし，その中にさらに異なった地域個体群(population)がいることも多様性である．見かけは似ていても，遺伝子を調べると，地域ごとに非常に異なった特有のグループが存在するということがわかってきたが，これも個体群の多様性である．さらに，遺伝子(gene)そのものの多様性を捉えて言う場合もあり，また逆に，視点を広げて，多数の種からなる群集(community)または生態系(ecosystem)の多様性を問題にする場合もある．

こうした生物多様性は，非常に長い期間にわたる地球環境の変動に適応した進化を通じて獲得されたものである．この地球環境の歴史遺産とも言える生物多様性が人為によって破壊されているというのが，生物多様性減少問題である．

人類がその個体数を増やすにつれて，人類と出会った多くの生物種が絶滅に追い込まれてきたが，産業革命以降の人類の活動の爆発的な拡大によって，その動きが加速された．人間は，他の生物の生息場所を破壊し，遠く離れた土地の生物を導入することによって在来の生物を駆逐し，人間にとって有益な種を乱獲し，有害な化学物質によってある種の生物の生存する力を弱めてきた．

ある「控えめな」計算によると，雨林の破壊による影響だけ見ても，地球全体で，人為によって，1年当たり2万7000種の生物が絶滅しており，これは，人為が介入する以前の絶滅速度を1000倍から1万倍に増やしたことに相当するということである．そして，これは，地質時代を通じて過去五度の大絶滅を上回る6回目の大絶滅と言えるというのである(Wilson 1992, p.280, 邦訳II 433-434頁)．

日本でも，生息場所の物理的な改変や，外来種の侵入によって，多くの在来生物が絶滅の危機に瀕しており，1997年から99年にかけて公表された哺乳類・鳥類・両生類・爬虫類・汽水淡水魚類のレッドリストによると，245種の脊椎動物が「絶滅危惧」の状態にあるという．2000年に公刊された植物レッドデータブックでは，日本の野生の種子植物とシダ植物の約24%に当たる1665種が「絶滅危惧」の状態にあると報告された．

7.2 新古典派経済学の手法

7.2.1 非利用価値と質問法

生物多様性の減少についても，新古典派の正統的アプローチは，生物多様性保全の便益とその費用とを比較するという効率性視点のものであることは容易に想像できるだろう．環境の価値(つまり保全の便益)を測る手法の内，「質問法」または「仮想評価法」と呼ばれるものは，この分野で特に発達してきたと言ってもよいくらいである．

人の健康の価値と並んで，自然の価値も，金銭的計測が難しいとされてきたものであった．人の健康の価値が初期には人が生み出す所得によって測られたように，自然の価値も，初期には，自然の利用によって生み出される所得によって測られた．具体的には，森林の価値をそこから伐り出される木材の販売収益で測るというのがそれである．これには，人の健康の価値を所得で測る場合のような原理的な問題(つまり測られたものがWTPともWTAとも関係ないという問題)はなかったが，それが自然の価値のすべてではないということはすぐわかる．それは生産のための資源としての価値しか捉えないからである．

自然そのものを楽しむことの価値はそれでは捉えられない．そこで考えられたのが，自然のレクリエーション利用を，利用者の行動から割り出そうという方法である．ある自然公園を訪れる人がどこから訪れているかという情報から，そこに至るまでの旅行費用を計算し，そこから自然公園が存在することへのWTPを推定するという方法である．これは「旅行費用法(travel cost method)」と呼ばれる．クネーゼがこの方法を有望かもしれないと言っていたことは第5章で紹介した．

しかし，この方法でも自然の価値のすべてを捉えていないと指摘したのはワイスブロートである(Weisbrod 1964)．旅行費用法では，現にある土地を訪れている人のWTPしか捉えられない．今訪れていなくても，将来訪れるかもしれない人にとって，その自然が存在していることは価値を持つだろうと彼は考えて，これを「オプション価値」と呼んだ[1]．さらに，将来も訪れることがないとしても，自然が存在してくれることそのものに，人はいくらかの金額を支払おうという意思をもつだろうと考えられた．この価値をオプション価値と区別して「存在価値(existence value)」と呼ぶ．

旅行費用法や，第6章で紹介した賃金リスク法は，個人の行動に顕れた選好からWTP・WTAを推定する方法であり，「顕示選好法(revealed preference method)」と呼ばれる．それに対して，質問法は，個人の選好を表明させることによってWTP・WTAを推定するから「表明選好法(stated preference

1)　オプション価値をめぐる混乱については岡(1997a，133-141頁)を見よ．

method)」と呼ばれる．オプション価値と存在価値をまとめて「非利用価値(non-use value)」と言う[2]が，非利用価値の推定には顕示選好法は使えない．観察可能な利用の場面が存在しないからである．そこで，質問法が唯一の価値計測の方法となる．

それゆえに，自然の価値計測の分野で質問法は発達した．値付けゲーム，支払カード，二肢選択法，選択実験といった様々な質問方法が開発され，適用された．数多くの自然保護地域や特定の生態系や生物種の保全へのWTPが計測されてきた．しかし，その結果が費用便益分析に用いられて，政策の決定に影響を与えたという例を聞かない．人の健康リスクの低減へのWTPであれば，第6章で見たように，VSLが大体1億～10億円といった，大まかに合意された値の範囲が存在する．自然の価値については，この類の自然であれば大体この値といった相場のようなものが得られたという話も聞かない．自然の価値は，実用性の点からは健康の価値に比べてひどく劣っているように見える．これはなぜだろうか．

7.2.2 質問法におけるバイアスとスコープ無反応性

自然の価値計測では，健康の価値評価でも指摘した，質問法にまつわる問題が，より強く現れている．質問法の問題点というのは，通常質問調査という方法にまつわる様々なバイアス(偏り)だと言われる．ここでバイアスというのは，本当の値とは違った値が調査によって引き出されることである．回答者の戦略的行動によるバイアスがあるのではないかと言われてきた．これは，高い金額を回答すると，実際に環境を保護する政策が導入されたときに，高い金額の負担を求められるのではないかと心配して，本当のWTPよりも低い値を回答する傾向があるのではないかというものである．しかし，実際にはそのような傾向が観察されたことはない(Bohm 1972; Smith 1977; Brookshire, Ives and Schulze 1976; Rowe, d'Arge and Brookshire 1980)．それは，「仮想評価法」とも呼ばれるこの調査方法の仮想的本質から，実際の費用負担を求められることはないと回答者が思うからであろう．

2) オプション価値は，将来の利用可能性の価値だから利用価値に含めるという分類法もある．

質問そのものが回答を歪める可能性も指摘されてきた．例えば値付けゲームでは最初に提示される価格に引きずられることがある．これを初期値バイアスと呼ぶ．支払カードでは見せられた価格の中間あたりを答えてしまう傾向がある．二肢選択法でも，提示価格による誘導がありうる．これらによる偏りは観察されたりされなかったりする(Rowe, d'Arge and Brookshire 1980; Desvousges, Smith and Fisher 1987; Brookshire, Randall and Stoll 1980)．こうした偏りは質問の工夫によって回避できる．

この他に，支払手段による偏りとか仮想性による偏りが指摘されてきた．支払手段による偏りとは，質問法の中で想定される支払方法が税であるか寄付であるか何らかの料金であるかなどによってWTPの値が変わってしまうという問題である．仮想性による偏りとは，評価対象となる財の供給も支払も仮想のものであることから，真のWTPが聞き出せないということである．しかし，これらは，偏りというよりも，もっと根本的な問題と関係している．それは，質問法調査がそもそもWTPやWTAを聞き出しているのか，そもそもWTPやWTAは存在するのかといった問題である．

そうした問題は，観察されたいくつかの証拠とともに提起されてきた．第1に，スコープ無反応性という問題がある．これは「評価対象となっている財の数量が大きく変わったにもかかわらず評価額が統計的に有意なほど変化しない」という現象(竹内1999，81頁)である．自然保護政策で言えば，保護される生物の個体数が小さくても大きくても，あるいは保護される土地の面積が狭くても広くても，そうした保全策への，仮想評価法で引き出されるWTPが変わらないということが観察されたのである(Kahneman and Knetsch 1992; Diamond et al. 1993; Desvousges et al. 1993)．カーネマンとクネッチは，回答者が答えているのは，対象とされている財(自然環境の保全)へのWTPではなく，社会的に良いとされていることに貢献することから満足感(倫理的満足感)を得ることへのWTPだと，この現象を解釈した．そうであれば，WTPが財の供給量と無関係になってもおかしくない．

これに対してカーソンらは，WTPが供給量に反応しなくなっているのは，供給される財が不明確だったり，量の変化が回答者に知覚できにくいような提示の仕方をしているからであって，財の性質や数量を適切に説明すれば，スコープ無反応性はなくなるし，実際，多くの調査ではWTPが財の数量に反応していると反論している(Carson et al. 2001, pp.182-183).

確かに，保全されるべきものの描き方を丁寧にし，数量の違いを回答者に十分意識させれば，WTPが量に反応するように設計できるだろう．しかしそうなったとしても，回答者が答えているのが倫理的満足感へのWTPではないかという疑いは消えない．寄付行為を想定して支払意思額を問うていることが多いからである．それについてカーソンらは，倫理的満足感が表明されてもかまわないと述べている(*ibid.* p.177)．利己的満足感だけを効用の構成要素と見るのは，効用についての狭い見方であって，倫理的満足感のような利他的な効用も経済的価値をもつというのがその根拠である．

しかし，WTP計測の目的が何であったかを考えれば，カーソンらのこの主張は受け入れられない．WTPは費用便益分析に使うために計測するのである．寄付行為そのものの便益を認めると，特定の公共財供給の費用を広く税でまかなうか，諸個人からの寄付でまかなうかによって，同じ財を供給しても便益が変わることになる．それを認めるのであれば，誰に負担させるかによって便益が変わりうる．これでは，せっかく分配の問題を避けて効率性の基準を作った補償原理が台無しになるではないか．

さらに，財を供給するために，寄付ではなく増税が行われるとすれば，増税による満足の低下分を費用として計上しなければならなくなる．また，自分ではなく他人が寄付することによって倫理的満足感が傷つけられるとそれも費用になる．さらに，環境の悪化といった負の財を供給する変化について見れば，誰かがそれによって害を被ることから他の人が感じる心の痛みへの補償金額も費用に含めるべきだということになる．

このような効果は一種の外部性である．それは，消費者と消費者との間ではごく普通に見られる外部性である，共感や妬みと同じ現象である．そうした消費者間の外部性を評価に入れると，評価の範囲が限りなく拡大して，費用便益分析が完結しなくなる．そういう理由と，そうした外部性を評価に入れることが倫理的合意を得ないであろうという根拠から，費用便益分析では通常そのような外部性は考慮しない．カーソンの主張はこの原則に反するのである．

7.2.3　WTP と WTA との乖離

次の重要な問題は WTP と WTA との乖離である．ある A という状態から，環境の状態が改善された状態 B への変化に対する WTP よりも，B から A への悪化に対する WTA の方が大きくなる可能性については，第 4.4 節で述べた．A から B への変化の補償変分を $CV(A{\to}B)$，B から A への変化の補償変分を $CV(B{\to}A)$ と書くとき，所得効果によって $CV(A{\to}B) < -CV(B{\to}A)$ となるのであった．しかし，この，消費者選択理論から当然予想される乖離よりもはるかに大きい乖離が，質問法による価値付けで観察されてきた[3)]．

例えば，ビショップとヘバライン(Bishop and Heberlein 1979)は，米国ウィスコンシン州東中部のガチョウの狩猟権の価値を質問法で計測した．狩猟権 1 単位獲得することへの平均 WTP は 21 ドルであったが，狩猟権を 1 単位失うことの WTA は 101 ドルもあった．WTP の 4.8 倍の WTA である．ブルックシャーとランドールとストール(Brookshire, Randall and Stoll 1980)が，オオシカの狩猟者を対象に，猟でオオシカに出会える回数の増加への WTP，減少の WTA を計測した結果によると，0.1 回から 1 回に増えることへの WTP が平均 43.64 ドルであったのに対して，1 回から 0.1 回への減少の WTA は 68.52 ドル，1 回から 5 回の間では，WTP が 54.06 ドルであったのに対して WTA は 142.60 ドル，5 回から 10 回の間では，WTP は 32 ドルであったのに対して WTA は 207.07 ドルであった．WTA は WTP の 1.6 倍から 6 倍もあったのである．

上で述べたように，WTP と WTA との乖離は所得効果によって起こりうるが，理論上どの程度の乖離が起こりうるかについては，ランドールとストール(Randall and Stoll 1980)の式が明らかにしている．それによれば，WTP と WTA との乖離率は

3)　健康の価値の計測でも，WTP と WTA との乖離はあり得るが，そこでは賃金リスク法が使え，賃金リスク線の傾きとして限界 WTP および限界 WTA が計測され，それは必ず同じ大きさをとるので，WTP と WTA との乖離は問題にならなかった．自然の価値では，ほとんどの場合質問法しか使えないので，WTP を聞き出すか WTA を聞き出すかを決めなければそもそも調査ができず，それゆえ乖離の問題が顕在化したのである．

$$1 - \frac{\mathrm{WTP}}{\mathrm{WTA}} < \zeta \frac{\mathrm{WTA}}{Y} \tag{7.1}$$

という関係を満たす．ここで，Y は個人の所得であり，ζ は限界 WTP(限界WTA と言っても同じことだが)の所得弾力性である．限界 WTP の所得弾力性とは，所得が変化するときの限界 WTP の上昇率と所得の増加率との比であり，所得が 1% 増えるときに限界 WTA が何 % 増えるかを示す．

(7.1)式は，WTP と WTA との乖離率が大きくなるためには，右辺の ζ かまたは WTA の所得に対する割合が大きくなければならないことを示している．上で挙げた例の 1 つのように，WTA が WTP の 1.6 倍になるということは乖離率が 0.375 であることを意味する．その例での WTA の所得に対する割合はどう見ても 1% をはるかに下回るから，0.375 の乖離率を実現するためには，ζ は 40 以上でなければならない．40 の ζ とは，所得が 1% 上昇すると，限界 WTP が 40% 上昇するということである．所得が 50% 上昇すると，限界 WTP が 2000% 上昇するということである．上の WTA が WTP の 6 倍になる例では，乖離率は 83% である．WTA が所得の 1% としても，この乖離率を実現するには，ζ は 83 以上なければならない．

ζ が大きいことが何を意味するかを，第 4.4.1 項で導入した無差別曲線の図を使って考えてみよう．所得効果とは，所得の上昇が財の需要に与える影響を指し，所得効果が正であるとは所得が高まる時に需要が増えることを意味した．それは，縦軸に貨幣，横軸に対象とする財(ここでは自然環境の質)をとった平面の無差別曲線図で言えば，無差別曲線上の傾きを等しくする点が，より上方の無差別曲線ほど右方に位置するということに対応した(図 7.1(a)の点 $A \to B \to C$ のように)．無差別曲線上の傾きを等しくする点の間の関係がこのようになることは，また，平面上を真上に移動するとき(図 7.1(a)の点 $D \to E \to F$ のように)，無差別曲線の傾きがだんだんと急になることを意味する．限界 WTP とは無差別曲線の傾きであるから，ζ とは，この図では，まさにこの，真上に移動することが傾きに与える効果に他ならない．だから，ζ は所得効果の強さを表す．他方，所得効果の強さは通常，需要の所得弾力性によって表される．需要の所得弾力性とは消費者が選ぶ財の需要の増加率と所得の上昇率との比である．つまり，所得が 1% 上昇したとき需要が何 % 増えるかを表す．

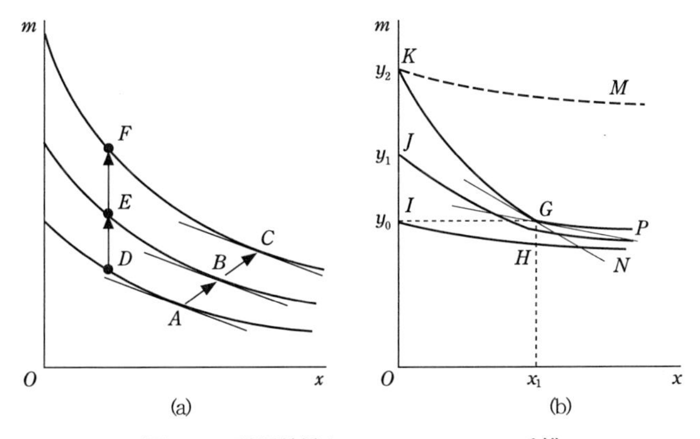

図 7.1 所得効果と WTP・WTA の乖離

需要の所得弾力性が 10 も 20 もあるとは通常考えられないから，同じく所得効果の強さに対応する ζ も，40 も 80 もあるとは考えられなかった．

ところが，ハネマンは，需要の所得弾力性が小さくても，ζ は大きくなりうると主張した(Haneman 1991)．

$$\zeta = \frac{\text{限界 WTP の上昇率}}{\text{所得の上昇率}} = \frac{\text{需要の増加率}}{\text{所得の上昇率}} \frac{\text{限界 WTP の上昇率}}{\text{需要の増加率}}$$

と書けるが，最右辺の需要の増加率と所得の上昇率との比は需要の所得弾力性であり，限界 WTP の上昇率と需要の増加率との比は代替の弾力性と呼ばれるものの逆数であるから，前者を η，後者を σ とすれば，

$$\zeta = \frac{\eta}{\sigma}$$

となる．代替の弾力性とは，効用の水準を一定にとったときに，価格の変化が需要量に与える影響の強さを表す．効用水準を一定にとるとは，同じ無差別曲線上にあるということだから，代替の弾力性とは，1 つの無差別曲線上で傾きの変化が選ばれる需要量の変化に与える影響を表す．ハネマンが主張したのは，需要の所得弾力性が小さくても，代替の弾力性が十分小さければ，限界 WTP の所得弾力性は大きくなりうるということである．

代替の弾力性が小さいとは，傾きが大きく変化しても選ばれる需要量が変化しないということであるから，図 7.1(b)の点 G のように無差別曲線が比較的

尖った状態に対応する．このとき確かに，点 H から真上に上がっていくと急速に傾きが大きくなるから，限界 WTP の所得弾力性は大きい値をとりうる．同時に，所得 y_0 で自然環境を x_1 だけ新たに獲得することへの WTP は GH であるのに対して，同じ所得水準の下で保有していた自然環境 x_1 を手放すことの WTA は IK であり，WTP よりもはるかに大きい．

しかし，点 G のように無差別曲線が尖って代替の弾力性が小さくなるのは，通常，対象となる財の必需性が高い場合である．しかも，x_1 という量に意味があって，是非とも x_1 を確保したいが，それ以上は欲しくないという場合にこの量で代替の弾力性が小さくなるのである．評価の対象になっている自然や生物についてそのようなことが言えるとは考えられない．実際，必要性から x_1 という数量に意味があるのなら，点 H でも無差別曲線が尖っていないとおかしい．そしてそうなら，所得水準 y_0 での x_1 獲得への WTP はもっと大きくならないとおかしい．実際，所得が y_1 に上がると，同じ数量に対する WTP は大きくなり，さらに，当初所得が y_2 にまで上がると，WTP はまさに，元の所得での WTA に等しい IK の大きさまで増加するのである．そうすると，今度は，実際に所得が y_2 に上がったときに，元の所得の WTA に等しい WTP が本当に表明されるのかどうかという疑問が生じる．実際それは大変疑わしい．

ゴードンとクネッチは，このことに疑いを持ち，実際は所得が y_2 に上がったら，無差別曲線は破線 KM のようになっていて，x_1 獲得への WTP は，所得が低かったときの GH とあまり変わらないのではないかと考え (Gordon and Knetsch 1980)，これを「不可逆な無差別曲線」と呼んだ．そして，クネッチとシンデンはこのことを実験で確かめたのである (Knetsch and Sinden 1984)．

これは何を意味するか．無差別曲線というのは，図 7.1(a)のようになめらかでおとなしい形をしているのではなく，常に今いる点から見て財が増える方向には小さな傾きを持ち，財が減る方向には大きな傾きを持つという形をしているのではないか．今いる点が I であれば，無差別曲線は IH だが，今いる点が G になると，無差別曲線は KGP のようになり，今いる点が K なら，無差別曲線は KGP ではなく，KM のようになるのである．1 人の個人は，平面を埋め尽くす，互いに交わらない無数の無差別曲線群を持つのではなく，現状を表す1点を通るただ1本の無差別曲線を持ち，それは現状の点のところで折れ曲がっている．そうすると，現状が変われば，その下での無差別曲線は，以前の無差別曲線と交わる．

互いに交わる無差別曲線は消費者選択理論では許されていない．それは選好体系が整合的でないことを意味するからである．WTPとWTAとの乖離は，選好体系の整合性を崩す問題だったのである．これは費用便益分析にとっては致命的である．個人の整合的な選好体系に依存した効率性評価の基礎を掘り崩すからである．

WTPとWTAとの乖離の問題は仮想評価法の研究者からはそれほど重要視されていない．無差別曲線がシフトしていることを強調したクネッチは，ある環境基準点を決めて，そこよりも環境の良い領域では，環境の悪化か改善かにかかわらず，環境価値をWTPで測り，基準点よりも悪い領域では，悪化か改善かにかかわらず，環境価値をWTAで測るのがよいと述べた(Knetsch 1990)．カーソンらも，これを受けて権利の分配が重要だと述べるにとどまっている．しかし，そうした基準点を個人が現に享受している環境の水準と無関係に設定するのは費用便益分析の原則に反する．もっと安易な対応は，単にWTAでは価値が高く出過ぎるからWTPにするというものである．これは，仮想評価法が非利用価値を測定する信頼できる評価法であるかどうかに関する，米国国家海洋大気管理局(NOAA: National Oceanic and Atmospheric Administration)の諮問に答えて，経済学者からなる委員会が出した報告書で，控えめな値を出すためにWTPを使うべきだと書かれていた(Arrow et al. 1993)ことが影響している．しかし，WTPとWTAとの乖離は，選好体系の不整合という根本的な問題を提起しているのである．

7.2.4　支払手段とWTP

3つ目の，質問法による自然の価値計測にまつわる重要な問題は，支払手段の問題と言われているものである．一般に質問法では，ある架空の商品を買うという状況を設定してそれにいくら払うかを問う．健康リスクの削減では，ジョーンズ-リーの車の安全装置のように，死亡率を減らすのに寄与する商品の購入意思を問うた．自然の保護の場合，個人が購入する商品でそれに寄与するものを想定するのが困難である．そこで，自然を保護する政策を設定して，その費用を税金でまかなうと想定し，いくらの税金を払うかを聞いたり，保護のための基金を創設することを想定し，その基金にいくら寄付するかを問うたりするやり方が一般的である．

このやり方は費用便益分析の通例から大きく外れている．健康リスク削減へのWTPを測るのに，個人が自力で自分のリスクを減らすことへのWTPを計測したことは上で述べた．政策によって削減する健康リスクそのものは，万人が享受する公共財であることも前の章で述べた．公共財としてのリスク削減の便益を測るのに，個人が自力で減らすリスクへの個人のWTPを以てするというのが費用便益分析の基本構造であった．これは他の公共財にも当てはまる．例えば，道路という公共財の便益を測るのに，個人が自力で目的地への到着時間を減らすことにいくら進んで払うかという値を使うのである．

これに倣って言えば，自然の保護の便益を測るのに，個人が自力で自然を保護する場合にいくら払うかを計測すべきである．WTPとは本来そういうものである．しかし，自然の価値計測の調査ではそうなっていない．それは，自力で自然を守るという事態を現実感を保って描くのが難しく，質問法のシナリオをそのような想定で作るのが難しいからである．

自然保護政策の費用をまかなう税金をいくらまでなら負担してもよいと思うかという聞かれ方で引き出せるのは，自分を含めてみんなが平等にある金額を負担して実施されるであろう政策への賛否である．この賛否の意見には，公共政策に関与する市民としての公共の意思が混じっている．ある意味で，政策決定者としての意見が混じっている．みんなこれくらいは負担すべきだといった規範意識が混じっている．これくらいの金額ならみんな賛成するだろうという市民としての戦略的意図が混じっている．逆に，みんなが負担するのなら，自分はこれくらいでいいだろうという，私人としての戦略的意図が混じっている．基金への寄付も同様である．寄付への意思には明らかに公共心が混じっている．私心はもちろん含まれているが，上で見た倫理的満足感とか名誉心とか恥といった，WTPとして聞き出したいものとは別の邪心が混入している．このような状況で聞き出せるものはWTPではない．純粋に私的な利害だけを反映したものでなければ，WTP・WTAではない．WTP・WTAは利己的な概念である．

公共政策の意思決定に公共心が必要なのは当然である．しかし，それは費用便益分析の領分ではない．費用便益分析は，公共政策の決定にも私的利害を反映させようという思想を反映したものである．厚生経済学は，私的利害だけをデータとする効率性概念を打ち立てた．効率性に関する分析の結果を公共的意思決定の資料として提供することが費用便益分析者の役割である．費用負担計画まで含んだ公共政策の賛否に関するデータを提供することは費用便益分析の役割ではない．それが必要なら，実際に賛否の投票をやればすむことである．間接民主主義であれば，議会の議決がそれを行うだろう．直接民主主義であれば，住民投票がそれを行うだろう．費用便益分析がこれを行っても余分な過程を１つ加えるだけである．

7.2.5　保全の指標の必要性

４つ目の問題は，健康リスク評価のVSLのような，大体の合意された値というものが存在しないことと関わる．そうした値が存在しない原因の１つは，自然生態系保護の様々な問題に統一的に適用できる保全の指標が存在しないことである．人の健康リスクでは，発がん率や死亡率や損失余命といった指標が開発され，色々な物質の評価に適用することができた．汎用性のある指標だからこそ，そうした指標で表される環境の質を１単位改善することの便益を測れば，それも汎用性があり，したがってVSLが追求された．使えるVSLの大体の値は何なのかについての関心も高かったのである．

自然の価値については，保全すべきものを客観的に表す指標がない．そこで，保全便益の評価は，特定の土地や特定の生物を対象にした評価にならざるを得ないのである．例えば，屋久島の保全の価値が2483億円であるという結果が得られたとして(栗山ら2000，199頁)，それは屋久島にしか使えない．吉野川下流域の自然環境の価値が2650億円であるという結果が得られたとして(鷲田・栗山1999)，それは吉野川にしか使えない．その際，屋久島や吉野川の自然の特徴は説明されるが，どの要素がどの程度評価されてその結果になったのかはわからない．全く異なる自然条件や生態系をもつ他の土地の評価にその結果を適用するわけにはいかない．全く異なる自然なのに似たような価値をもつとしたら，自然の価値以外のものが測られている可能性があるので，その方が気持ちが悪い．

7.3 生態系リスク評価

7.3.1 絶滅確率

以上のような根本的問題が観察されるのみならず，自然の価値の評価結果が保全のための費用と比較されて，自然生態系保全に関わる政策の是非が議論されたという例が皆無に近いということからしても，この分野の政策の評価を，費用便益分析の効率性基準に委ねることは有望な戦略とは思えない．一方で，自然保護に携わる政策担当者や市民からは，保全か開発かという問題に答を出す説得的な評価法を望む声が強い．

そうした期待に応える方法として，私は以前に，人の健康へのリスクを評価する方法が発達したのに倣って，まず生態系リスクを測る客観的な指標を作ることが必要だと述べた(岡 1999，197-198 頁)．そうした指標ができれば，それを，可能ならば費用効果分析にも費用便益分析にも結びつけてもよい．そのような指標として，中西(1995，199-205 頁)の，絶滅確率を基本にするという考えを採用し，種の絶滅確率の変化分に，多様性への種の寄与分を組み合わせた指標を提案し，それの湿地開発事例への適用を示した(岡 1999，198-214 頁; Oka et al. 2001)．

ここでは，そのようなリスク評価の考え方と適用を紹介し，侵入生物問題へのその方法の適用に関する試論を記述しよう．

第 6.2.1 項では，「リスク」を「害悪の発生確率」と定義したが，このことから，どのような害悪かを特定することが重要であることはすぐわかる．人の健康リスクでは，そのような害悪として死亡や発がんをとった．この，確率を当てはめるべき対象を「エンドポイント(end point)」と言う．中西(1995，4, 9 頁)は，エンドポイントを「どうしても避けたいこと」と表現している．

生態系リスクを定量化するためには，エンドポイントを確定しなければならない．中西(1995)は生態系リスクのエンドポイントとして絶滅を選ぶことを提唱した．生態系リスク管理で「どうしても避けたいこと」は絶滅だというのがその根拠である．なぜ絶滅が避けたいことかといえば，絶滅は生物多様性の減少を意味し，それは，進化の歴史遺産の消失に他ならないからである．

岡・松田・角野(Oka et al. 2001)は，福井県敦賀市の中池見湿地開発計画の事例を取り上げて，湿地開発による生態系リスクを，植物の絶滅確率の増加分で表現する指標を提出した．この絶滅確率の計算は，1997年に環境庁が発表した植物レッドリストで採用された方法に基づいている．このレッドリストは，IUCN(国際自然保護連合)の94年のレッドリスト範疇とその分類基準とに基づいて，絶滅危惧種(threatened species)を，

- 絶滅危惧I類：絶滅の危機に瀕している種
  絶滅危惧IA類(CR: critically endangered)：ごく近い将来における絶滅の危険性が極めて高い種
  絶滅危惧IB類(EN: endangered)：IA類ほどではないが，近い将来における絶滅の危険性が高い種
- 絶滅危惧II類(VU: vulnerable)：絶滅の危険が増大している種

に分類した(環境庁2000a)．この他に，「現時点では絶滅危険度は小さいが，生息条件の変化によっては「絶滅危惧」に移行する可能性のある種」として「準絶滅危惧(NT: nearly threatened)」の範疇が立てられた．従来の定性的な基準と並んで，定量的な判定基準が範疇分けのために導入された．定量的基準はA～Eの5種類からなり，このうちE基準が，絶滅確率による基準である．E基準は，

- CR：10年間もしくは3世代のどちらか長い期間における絶滅の可能性が50%以上と予測される場合
- EN：20年間もしくは5世代のどちらか長い期間における絶滅の可能性が20%以上と予測される場合
- VU：100年間における絶滅の可能性が10%以上と予測される場合

表 7.1　中池見湿地が消失した場合の

種	上位グループ	レッドリスト範疇	生育地数	中池見の個体数	絶滅までの年数 T	
					消失前（年）	消失後（年）
ミズニラ	Isoetaceae	VU	149	10–100	89.96	89.89
デンジソウ	Marsiliaceae	VU	51	10–100	32.32	32.26
サンショウモ	Salviniaceae	VU	104	10–100	54.57	54.56
オオアカウキクサ	Azollaceae	VU	80	100–1000	52.76	52.65
ヤナギヌカボ	Polygonaceae	VU	33	1–10	54.00	53.87
ヒメビシ	Trapaceae	VU	50	100–1000	85.08	84.06
ミズトラノオ	Lamiaceae +Verbenaceae	VU	17	100–1000	35.99	35.54
オオニガナ	Asteraceae	VU	98	100–1000	119.59	118.87
アギナシ	Alismatales	NT	128	10–100	162.02	161.91
イトトリゲモ	Najadales	EN	29	10–100	37.73	37.51
ミズアオイ	Pontedariaceae	VU	52	10–100	56.44	56.23
カキツバタ	Iridaceae	VU	81	10–100	102.22	102.15
ミクリ	Sparganiaceae	NT	148	10–100	185.15	185.08
ナガエミクリ	Sparganiaceae	NT	114	100–1000	202.22	201.77
ミズトンボ	Orchids	VU	121	1–10	81.80	81.79
合　計						

注 1)　多様性への種の寄与 B は，維管束植物の系統樹の根から当該種までの枝分かれの逆数の数が n であるとき，$B=(1/f(n))\sum_{k=1}^{n-1} f_k(n)/(m+k)$ となる．ただし，$f_k(n)$ は，グループ内ある場合の数であり，$f(n)$ は n 種からなるグループの系統樹の総数．$f_1(n)=f(n-1)$，$f_k(n)$ 近似式 $B=1/(m+1/E_n[1/k])$，$E_n[1/k]=E_{n-1}[1/k](2n-4)/(2n-3)$ で計算．

2)　Y は，維管束植物の最初の枝分かれが 4 億年前に起こったとして計算した，種の固有の枝

出所)　Oka, Matsuda and Kadono (2001)．

というものである[4]．植物レッドリストでは，E 基準と A～D 基準の厳しい方に基づいて範疇分けが行われた．E 基準で判定するためには，絶滅確率を計算しなければならないが，そのために，全国の生育地の数および生育地での個体

4)　A 基準は個体群の減少に関する基準であり，例えば CR では，「最近 10 年間もしくは 3 世代のどちらか長い期間を通じて，80% 以上の減少があったと推定される．または，今後 10 年間もしくは 3 世代のどちらか長い期間を通じて，80% 以上の減少があると予測される．」と定義されている．B 基準は，生息地の面積やその分断状況などに関する基準である．C 基準と D 基準は個体数とその減少に関する基準である．

植物の期待多様性損失

絶滅確率増分 $\Delta(1/T)$	枝分かれの数	グループ内種数	多様性への種の寄与		ELB $\Delta(1/T)Y$ (年)
			B [1]	Y [2] (年)	
8.9×10^{-6}	3	68	0.073	2.9×10^{7}	260
6.4×10^{-5}	9	67	0.049	2.0×10^{7}	1300
5.7×10^{-6}	10	10	0.071	2.8×10^{7}	160
4.1×10^{-5}	10	6	0.077	3.1×10^{7}	1300
4.3×10^{-5}	20–21	1000	0.018	7.1×10^{6}	300
1.4×10^{-4}	25–29	15	0.031	1.2×10^{7}	1800
3.6×10^{-4}	29–33	580	0.0085	3.4×10^{6}	1200
5.1×10^{-5}	28–29	20000	0.0053	2.1×10^{6}	110
4.4×10^{-6}	17–19	249	0.028	1.1×10^{7}	49
1.5×10^{-4}	17–19	205	0.029	1.2×10^{7}	1800
6.7×10^{-5}	22–26	34	0.030	1.2×10^{7}	800
6.3×10^{-6}	18–18	1400	0.016	6.3×10^{6}	40
1.9×10^{-6}	22–27	20	0.031	1.3×10^{7}	24
1.1×10^{-5}	22–27	20	0.031	1.2×10^{7}	140
1.5×10^{-6}	17–21	20115	0.0056	2.2×10^{6}	3.3
					9200

期待値．根から上位グループまでの枝分かれの数が m で上位グループ内の種
種数が n であるときにそのグループの根からある種までに k 個の枝分かれが
$=\sum_{i=1}^{n-k} C_i f(i) f_{k-1}(n-i)$ $(k=2,\cdots,n-1)$，$f(n)=\sum_{i=1}^{n-1} f_i(n)$．$n>100$ のときは

の長さの期待値．$Y=4\times10^{8}B$.

数とその減少率に基づくシミュレーションが行われた(環境庁 2000a)．

そのシミュレーションからは，各々の種について，絶滅までの平均年数が得られる．各年の絶滅が独立事象だとすれば，平均年数の逆数が年々の絶滅確率になる．評価対象とする生育地を取り除いてシミュレーションを実行すれば，その生育地が失われた場合の絶滅確率が得られる．それと元の絶滅確率との差が，その生育地の消失による絶滅確率の増加分である．

対象とした中池見湿地の絶滅危惧種および準絶滅危惧種での，湿地消失によ

る絶滅確率増加分を計算した結果を表 7.1 に示す．

7.3.2 生物多様性への寄与の指標

複数の種についてこのような絶滅確率の増分が得られた後に必要なことは，それらを集計して 1 つの指標にまとめることである．ここで，どのような重みづけによって集計するかという問題が起こるが，種の絶滅がなぜ避けたいことだったかという根拠と整合的な重みづけを採用するのがよい．その根拠とは，種の存在は種分化の歴史の遺産として価値があるということだった．そのような歴史的価値は，種が近縁の種から分かれてから経過した時間の長さによって測られるだろう．それはまた，生物の進化系統樹を描いたときに，ある種がすぐ隣の種から分かれてからその種に至る「枝」の長さに対応している．

そこで，系統樹における種につながる固有の枝の長さを重みとして，絶滅確率を集計すればよいということになる[5)]．ただ，系統樹における種固有の枝の長さ，つまり近接の種からの遺伝的距離が，遺伝子解析や化石での証拠によってわかっている場合もあるが，多くの種についてはわかっていない．系統関係もすべての種の間について解かれているわけではない．そこで，枝の長さについては，系統樹の根からの枝分かれの数の逆数によって代用し，系統関係がわかっていないグループについては，そのグループに属する種の数から計算される枝分かれの数の逆数の期待値によって代用して，種の重みを計算した[6)]．そうして計算した，維管束植物の系統樹の根から，対象とする種までの枝分かれの逆数が表 7.1 の B であり，維管束植物の最初の分化が起こったのを 4 億年前として，B に 4 億をかけて「年」単位とする数値に変えたのが Y である．

---

5) 他の考え方としては，まず，人間にとっての種の有用性の大きさを反映した重みづけの可能性がある．例えば，薬剤の原料になるとか，有用な植物を見つけるための遺伝子資源としての重要性とかである．しかし，将来の役立ちの可能性を含めて，それを誰もが納得できる大きさの数値にすることは不可能だろう．それに，そうした重みが計算できるのなら，それを便益として貨幣額で表して直接費用便益分析に持っていけばよい．それが難しいからリスク指標を作ろうとしているのである．次に生態系の中での種の重要性に応じた重みというのが考えられる．しかし，食う食われる，あるいは餌資源をめぐって競争する，あるいは共生するといった複雑な種間関係の中でどの種が重要かということはわかっていないし，多くの種がいる方が生態系が安定的であるということも証明されていない(伊藤ら 1992，355-363 頁)．重みづけの係数を与えるほどの知見は生態学からは得られていない．

6) 詳しくは Oka, Matsuda and Kadono (2001)を見よ．

表 7.2　海上の森を開発した場合の ELB

No.	種	$\Delta(1/T)$	多様性への種の寄与（年）	ELB（年）
1	Salvia isensis	5×10^{-5}	3400000	170
2	Siphonostegia laeta	2×10^{-6}	3900000	7.7
3	Eularia speciosa	2×10^{-6}	3100000	6.2
4	Najas japonica	3×10^{-6}	12000000	35
5	Magnolia tomentosa	3×10^{-7}	12000000	3.5
6	Agrostis valvata	2×10^{-7}	3100000	0.62
7	Najas indica	7×10^{-7}	12000000	8.1
8	Bletilla striata	1×10^{-7}	2200000	0.22
9	Alnus trabeculosa	9×10^{-8}	9500000	0.86
10	Gastrodia pubilabiata	9×10^{-8}	2200000	0.20
11	Cephalanthera falcata	3×10^{-8}	2200000	0.07
12	Ajuga makinoi	1×10^{-8}	3400000	0.03
				230

出所）Oka, Matsuda and Kadono (2001). $\Delta(1/T)$ は Matsuda et al. (2003) による．

この Y によって絶滅確率を重みづけて集計したものを「期待多様性損失（ELB: expected loss of biodiversity）」と呼んだ．中池見湿地についての ELB は 9200 年になる．これは，この湿地が 9200 年の進化の歴史を担っていることを表している（ただし維管束植物だけについて）．

同じ方法で，愛知万博のために開発の対象となった海上の森の開発リスクを評価した例を表 7.2 に示す．海上の森の ELB は 230 年である．25 ha の中池見を開発した場合の生物多様性に関するリスクが，540 ha の海上の森の 40 倍あるといった比較ができるだろう．

このように，ELB を使えば，異なる土地の開発リスクを比較することができる．それはその土地の生物多様性への貢献度を比較しているのに等しい．この指標で測られる生物多様性への貢献度は，

(1) その土地に，日本で絶滅の危険度の大きい生物が生息・生育していれば，大きくなり，

(2) その土地に生息・生育している，日本での絶滅の危険度の大きい生物の

個体数が多ければ多いほど，大きくなり，

(3) その土地以外の生息・生育地が少なければ少ないほど，大きくなり，

(4) その土地以外の生息・生育地での個体数が少なければ少ないほど，大きくなり，

(5) その生物が系統的に孤立していればしているほど大きくなる．

7.4 生態系リスク削減の費用効果分析

7.4.1 外来生物問題

上で述べた生態系リスク指標 ELB を費用効果分析に結びつけることは，考え方としては容易である．土地の開発の場合には，開発抑制の費用を，抑制によって削減される ELB の値で割ればよい．中池見について我々はそのような評価を行った．そこに計画されていた液化天然ガス基地を他の場所に立地する場合の余分の費用を計算し，1 年-ELB 削減当たり 11 万～42 万円という結果を得た．もっとも，計算をした 1999 年時点では，中池見開発計画は延期状態であり，その後，開発計画は経済的理由によって中止された．中止された後になって振り返ってみれば，開発抑制の費用は零円だったことになるから，この計算は正しくなかったことになる．

生物多様性保全のために最近とられた侵入生物規制政策の費用を評価してみよう．

人為による生物の絶滅の原因は，乱獲，生息地の破壊，化学物質汚染，外来生物の移入等である．このうち外来生物の人為的移入は最近になって注目され始めた問題である．外来生物が入ってくると，それが在来の生物を捕食したり，餌などの資源をめぐって在来生物と競争したりして，在来生物を圧迫し，これを絶滅に追い込む危険がある．また，近縁の外来種が侵入すると，在来種と交雑して遺伝的攪乱を起こしたりする．

外来生物が持ち込まれる原因は様々である．北米原産で，在来魚類の稚魚などを捕食することによって日本の淡水生態系に脅威を与えているオオクチバスは，スポーツ・フィッシングの対象として持ち込まれ，日本各地の湖沼に放流

されてきたと言われている．ペットとして輸入された外国産の生物が逃げ出して野外に定着することも多い．ミシシッピアカミミガメや，外国産のクワガタ類がそうである．タイワンザルはニホンザルとの交雑が問題になっている．植物では，物や人の移動に伴って種が非意図的に持ち込まれたものもある．緑化工事のために利用されている植物もある．

この問題に対処するために，外来生物の持込や利用，国内での移動などを規制する「特定外来生物による生態系等に係る被害の防止に関する法律(外来生物法)」が2005年6月に施行された．これは，人の生命・身体，農林水産業，生態系に被害を与える外来生物を特定外来生物として指定し，特定外来生物の輸入，飼養，保管，運搬，譲渡を原則禁止にする．また，野外に放ち，植え，まくことを禁止する．原則の例外は学術研究や生業に使用するなどの目的がある場合である．その場合も，生物の野外への逃亡を防ぐための措置を中心にした厳しい条件の下で使用が許可される．法施行時に37種類の生物が特定外来生物に指定された．2005年12月には，第2次指定として43種類が指定された．

特定外来生物に指定する要件は，基本的に被害または被害のおそれがあるということである．被害は，人の生命・身体，農林水産業，生態系と分かれているが，生物多様性保護という観点から最も重要なのは生態系被害である．これまでに特定外来生物に指定された生物のほとんどは生態系に影響があるとして指定された．ただし，上にも書いたように特定外来生物に指定されると厳しい規制がかかるので，その指定に際しては，社会的経済的影響を考慮するというのが基本方針になっている．

7.4.2　セイヨウオオマルハナバチの規制

指定が問題になった外来生物の中にセイヨウオオマルハナバチがある．これは，トマトやなすなどの，ビニルハウスやガラス温室を使った施設野菜生産で，受粉のために使用されるヨーロッパ産のマルハナバチである．日本には1991年に静岡農業試験場で試験導入された後，急速に普及した．2003年のセイヨウオオマルハナバチ販売量は6万9744箱(松永2004)，2002年〜2003年の利用面積は3624 ha，そのうちトマトは3117 haで，これはトマトの施設栽培面積 7255 ha の 43％である．このハチが利用されるようになる前は，ハウス栽培のトマトは，結実促進ホルモン剤を人の手で花に散布しなければならなかった．セイヨウオオマルハナバチはこの作業を不要にし，空洞果が減るなどの品質向上をもたらした．

このセイヨウオオマルハナバチが，野菜のハウスから逃げ出し，野外に定着していることが明らかになってきた．1996 年に北海道で野生巣が発見されて以来，野外での目撃・捕獲情報は着実に増え，分布も拡大した．この外来生物は次のような生態系への被害を及ぼす可能性があると懸念された．第 1 に，餌資源や営巣場所をめぐる競争で在来種が圧迫されること，第 2 に，在来種との交雑が起こること，第 3 に，外来寄生生物が持ち込まれ，在来種に病害が生じることである(五箇 2003)．さらに，盗蜜[7)]によるマルハナバチ媒花の繁殖阻害も懸念された．

野外での定着が確実であり，餌資源や営巣場所をめぐって在来種と競合関係にあることが強く懸念され，また，セイヨウオオマルハナバチの雄が在来のオオマルハナバチやクロマルハナバチの雌と交尾することが実験室で確認された(同)が，野外での被害に関する知見は十分でないとして，2005 年 6 月の第 1 次指定で特定外来生物とすることは見送られ，2005 年 1 月から 1 年を目途に，被害に関する科学的知見を充実しつつ指定を検討することとされた．この 1 年間の検討は，セイヨウオオマルハナバチの逃亡を防止しながら農業での使用を継続することができるようにするための準備期間という意味も持った．国立環境研究所の侵入生物研究チームとマルハナバチ普及会と北海道平取町のトマト生産者が取り組んだ，ハウスへのネット展張と使用済みコロニーの回収が，逃亡防止に有効であることがわかりつつあったからである．

2005 年の調査の結果次のことが明らかになった(特定外来生物等分類群専門家会合第 6 回セイヨウオオマルハナバチ小グループ会合資料，2005 年 11 月 18 日，および，特定外来生物等分類群専門家グループ会合第 6 回昆虫類等陸生節足動物グループ会合資料，2005 年 12 月 8 日)．第 1 に，毎年大量に野外に逸出する状態が続いており，野生化(定着)する地域が広がっている．越冬した春先の女王バチが見つ

---

7)　短舌のセイヨウオオマルハナバチが花を食い破って蜜や花粉を取り，受粉に寄与しないこと．

かることは定着の証拠である．第2に，セイヨウオオマルハナバチの占有率が増加している地域があり，その地域では，在来マルハナバチの占有率も観察個体数も減少している．それに対して，セイヨウオオマルハナバチが増えていない地域では在来マルハナバチの占有率は低下していない．これは餌などの資源をめぐる競合があることを示している．巣穴をめぐる競合があることを示す証拠も見つかった．第3に，野外で採集した在来種オオマルハナバチ257個体中4個体の受精嚢からセイヨウオオマルハナバチの精子DNAが検出された．これは，野外における種間交尾が起こっていることを示している．これによって生殖攪乱が起こっていることが明らかになった．第4に，セイヨウオオマルハナバチが訪花したエゾエンゴサクでは結果率も種子形成数も非常に少なく，セイヨウオオマルハナバチによる盗蜜がこの植物の繁殖に悪影響を与えていることが明らかになった．

これらの結果に基づいて，環境省に設置された特定外来生物等専門家会合は，2005年12月に，セイヨウオオマルハナバチを特定外来生物に指定すべきであるという結論を出し，指定されることが確実になった．上で書いたように，特定外来生物に指定されると，原則として輸入も飼養も譲渡もできなくなる．しかし，研究や生業のための利用は条件付きで許可されることがある．セイヨウオオマルハナバチは農業に広く使われており，野外に出さない措置をとることを条件に使用が許可される見込みである．

7.4.3　外来生物規制の費用と効果

この規制の費用と効果の評価を試みよう．

セイヨウオオマルハナバチは1つのコロニーを入れた段ボール箱で供給される．1つのコロニーは2か月ほどしかもたない．交尾した新しい女王蜂が飛び立ち，野外で冬眠に入り，春に飛び出して新しい巣穴を見つけると，定着する．そこで，野外での定着を防ぐには，交尾した新女王がハウスから飛び出すのを防ぐことが重要になる．したがって，使い終わった巣箱の処分と，ハウスからの逃亡を防ぐネットの展張が，使用許可の条件になると思われる．

この内，巣箱の適切な処分には大した費用はかからないと思われ，大きな費用がかかるのは，ハウスへのネット展張である．ネット展張の費用は，ハウス

表 7.3 2003年産トマトの反当たり粗収益 (万円)

大玉トマト			ミニトマト			トマト平均（推定）		
年産	冬春	夏秋	年産	冬春	夏秋	年産	冬春	夏秋
222.5	277.5	145.2	425.9	516.3	205.8	246.5	311.3	150.7

注 1) 『農業経営統計調査報告 平成15年産 野菜・果樹品目別統計』(2005年3月農林水産省統計部).
2) 「トマト平均」は，大玉トマトとミニトマトの加重平均であり，重みづけは全国の出荷量による．すなわち，ミニトマトの割合を，年産で 0.118，冬春で 0.141，夏秋で 0.090 とする．

表 7.4 2003年産トマトの農業労働1時間当たり純生産 (円)

大玉トマト			ミニトマト			トマト平均（推定）		
年産	冬春	夏秋	年産	冬春	夏秋	年産	冬春	夏秋
1145	1341	779	1379	1489	940	1173	1362	794

注) 表7.3に同じ.

の形状とか規模によって大きく異なる．比較的小規模のかまぼこ型のビニルハウスでは，農家が自力でネットを張ることができ，作業時間はかかるが，おおむね材料費だけを見ておけばよいと思われる．それに対して，ガラスや硬質プラスチックで被覆された大規模な屋根型ハウスでは，専門の業者がネット展張工事を行う必要がある場合があり，その作業費が費用の大半を占める．

かまぼこ型で，ハウスの側面と天窓に農家が自力でネットを張る場合，夏秋トマト産地での実績や見積りの例などから，1反当たり5万円程度の費用と推定される．ネットの償却年数が5年とすると，1年当たりの費用は1反当たり1万円となる．

『農業経営統計調査報告 平成15年産 野菜・果樹品目別統計』(平成17年3月農林水産省統計部)によると，トマトの1反当たり粗収益(出荷額)は表7.3のとおりである．夏秋トマトを想定すると，大玉トマトとミニトマトとの平均で粗収益は150万円/年である．よって，ネット展張費用は出荷額の0.7% 程度と思われる．

そもそもマルハナバチ利用には，省力化や品質向上や減農薬という効果があった．このうち，省力化については，夏秋トマトで40時間/反(3か月で)という例があり，夏秋トマトの農業労働 1 時間当たり純生産 794 円(表 7.4)をこれに乗じると，3 万 2000 円/反となる．マルハナバチの費用が 3 か月で 1 万 5000 円/反とすると，省力化の純便益は 1 万 7000 円/反である(薬剤費の節約分は小さいので無視)．ネット展張費用は，この純便益の範囲に収まる．よって，ネット展張の義務づけによってホルモン処理に戻るという対応は少ないと思われ，したがって，規制の費用としては，ホルモン処理に戻る場合の費用を考える必要はないだろう．

大規模な屋根型ハウスでは，天窓にネットを張るのに工事費が必要になる場合がある．冬春トマト及び通年の産地での実績からネット展張の費用が 1 反当たり 40～50 万円になる例がある．中間を取って 45 万円とすると，やはり 5 年償却として 1 年当たり約 9 万円の負担となり，冬春トマトの粗収益反当たり 310 万円の 3% になる．

冬春トマトでは，マルハナバチ導入による省力化について，150 時間/反という例があり，これに冬春トマトの農業労働 1 時間当たり純生産 1362 円をかけると，20 万円/反となる．マルハナバチの費用が 10 か月として反当たり 10 万円とすると，省力化の純便益は 10 万円/反である．ネット展張費用はそれとほぼ同じかそれを下回る．よって，ネット展張の義務づけによってホルモン処理に戻るという対応は少ないと考えられ，規制の費用としてホルモン処理に戻る費用を考える必要はないだろう．

全国的にはどれくらいの費用がかかるだろうか．2002 年 7 月から 2003 年 6 月までのマルハナバチ利用施設の延べ面積は 3623.7 ha だが，ここから利用施設の実面積を 2910 ha と推定し，そのうち，ネット展張のための工事費が必要になる施設の面積を，250～580 ha と推定した[8]．工事費が必要になる場合の年当たり単価を，上で見たように 9 万円/反，それが必要でない場合の年当たり単価を 1 万円/反とすると，全国のマルハナバチ利用施設でのネット展張費用は，年当たり 4.9 億～7.5 億円になる．

これは，トマトの年産反当たり粗収益 246.5 万円にマルハナバチ利用トマト作付面積 3 万 1172 反を乗じたもの(768 億円)の 0.6～1% である．また，2003 年の年産トマト出荷量 66 万 9000 トンに価格 266.25 円を乗じて得られる推定出荷額 1781 億円の 0.3～0.4% に当たる．

これまでの議論では，ネットを張ることによる病害虫や鳥の侵入の防止，さらに働きバチを外に出さないことによりハウス内での効率が上がるという利点を考慮していない．特にトマト黄化葉巻病を媒介するシルバーリーフコナジラミの侵入を防ぐために，天窓・側窓に網目 1 mm 以下の防虫ネットを張ることが有効とされており，黄化葉巻病が発生している九州，四国，中国，近畿，東海，関東の地域では，すでに側窓にネットを張っている施設も多い．黄化葉巻病が発生している府県のマルハナバチ利用面積は全国の利用面積の 6 割程度に上ると見られる．ネット展張によるそれらの便益を考慮すると，セイヨウオオマルハナバチの特定外来生物への指定による純費用は上で推定したものよりも小さくなるだろう．

ここで行ったのは，規制影響分析と言われるものの一部である．まとめると，セイヨウオオマルハナバチの規制によってかかる費用は，日本全体では，4.9 億～7.5 億円であって，これは，出荷額(粗収益)の 0.6～1% に当たる．しかし，一部には出荷額の 3% を占めるような費用がかかる農家もある．ただし，考慮されていないネット展張の便益がある．さらに言えば，ネット展張が必要だということが定着すれば，ハウスを建てる際に，初めからそれを見込ん

---

8) 推定の根拠は以下の通りである．『園芸用ガラス室・ハウス等の設置状況(平成 14 年 7 月～平成 15 年 6 月間実績)』(2005 年 10 月，農林水産省生産局野菜課)から得られる都道府県ごとの，「トマト」と「その他」のマルハナバチ利用延べ面積に，都道府県ごとのトマトのガラス室比率(これはトマト作付面積に対するガラス室作付面積の比)，および野菜のガラス室比率(野菜作付面積に対するガラス室作付面積の比)をかけて，都道府県ごとのマルハナバチ利用トマトのガラス室作付面積と，マルハナバチ利用その他のガラス室作付面積を算出する．これを，マルハナバチ利用延べ面積から差し引いたものを，トマトおよびその他の，マルハナバチ利用「ハウス」延べ面積とする．これらの延べ面積から，ガラス室およびハウスについての，都道府県ごとの実面積・作付面積比率をかけて，都道府県ごとの，マルハナバチ利用実面積を算出する．全国ではこれが，ガラス室について 130 ha，ハウスについて 2780 ha で，合計 2910 ha である．このうちネット展張の工事費が必要になる施設として，「構造材が鉄骨であるもの」，「自動天側窓開閉装置付きのもの」，「ガラスまたは硬質プラスチックによって被覆されているもの」の 3 種類を考えた．まず，ガラス室およびハウスそれぞれについて，都道府県ごとに，構造材が鉄骨である比率を算出し，これを上記の都道府県ごとのマルハナバチ利用実面積にかけたものを全国集計すると，ガラス室について 123 ha，ハウスについて 455 ha，合計 578 ha になった．都道府県ごとの自動天側窓開閉装置付きの施設の割合を，上記の都道府県ごとのマルハナバチ利用実面積にかけて全国集計すると，ガラス室について 93 ha，ハウスについて 264 ha で，合計 357 ha になった．都道府県ごとの硬質プラスチックで被覆されたハウスの率を，上記の都道府県ごとのマルハナバチ利用ハウスの実面積にかけて全国集計すると，121 ha であり，これにガラス室の実面積 130 ha を加えると，251 ha になる．これにより，工事費が必要になる施設の面積は 251～578 ha となる．

だ設計がなされ，費用はずっと小さくなるだろう．

さて，ここで推定した規制の費用を費用効果分析に結びつけるためには，規制の効果を定量化しなければならない．効果とは生態系リスク削減である．外来生物の規制による生態リスク削減を定量化する方法は全く確立していない．しかし，先に土地の開発について行った方法と同じ考え方を適用するとどうなるかを試論として考えてみよう．

セイヨウオオマルハナバチによる生態リスクの中心は，在来種の存続が脅かされるということである．東北大学横山潤らの調査によると，北海道鵡川町二宮地区では，セイヨウオオマルハナバチの占有率が，2003 年から 2005 年にかけて約 2 倍(1.85 倍)に増加したのに対して，在来のエゾオオマルハナバチの占有率が，2005 年は 2004 年の 10 分の 1 以下(1/12)に下がったという．また，エゾオオマルハナバチの観察率(捕獲努力当たりの捕獲個体数)も，2003 年から 2005 年にかけて 10 分の 1 以下(女王だけで見ると 100 分の 1 以下)に低下したという(Inoue et al. 2006，また，特定外来生物等分類群専門家会合第 6 回セイヨウオオマルハナバチ小グループ会合資料，2005 年 11 月 18 日)．

この在来マルハナバチの個体数の減少は，一部の地域にだけ起こっているのであるが，セイヨウオオマルハナバチが野外に自由に出るという状況であれば，どこでも起こりうる現象である．これがもし北海道全土で起これば，エゾオオマルハナバチは，絶滅危惧 II 類(VU)に相当する絶滅の危険にさらされることになろう．VU が 100 年間で 10% 以上の絶滅確率に相当する危険度だとすれば，1 年当たりの絶滅確率は 0.1% 程度になる．上の維管束植物と同じ方法で，エゾオオマルハナバチという亜種の，多様性への寄与を計算すると，260 万年となる[9)]．したがって，ELB は 3000 年である．これは過大評価のようにも見えるが，セイヨウオオマルハナバチの野外への逸出を放置した場合には，これくらいのリスクがあるかもしれない．

---

9)　マルハナバチ属に属する 38 亜属についての，英自然史博物館による系統関係によると，エゾオオマルハナバチが属するマルハナバチ類までの枝分かれの数は 15～20 となり，マルハナバチ類に 10 種が属し，エゾオオマルハナバチがオオマルハナバチという種の中の 1 つの亜種であることから，表 7.1 で示した方法に従って枝分かれの逆数の期待値を計算すると，0.044 となる．マルハナバチ属の起源が第三紀の比較的早い時期と言われている(伊藤 1991，266 頁)ことから，最初の枝分かれが 6000 万年前に起こったとすると，多様性への寄与は 260 万年となる．

このリスクを4.9億～7.5億円で減らしたとしたら，1 ELB当たり20万～30万円の費用となる．

7.5 まとめ

ここで行った評価はまだまだ不十分である．1つの土地を開発するリスクと，外来生物の影響によるリスクを比較するのは難しいかもしれない．しかし，1つの湿地を開発するリスクと比べて，広い地域に影響がある外来生物のリスクは非常に大きくなる可能性がある．そのことはこの方法でうまく表現できるかもしれない．

このような指標は，生態学的に見れば，かなり荒いものであろう．しかし，政策の観点からは，このような客観的なリスクの指標が必要とされている．レッドリストの作成自体そのような必要性の表れである．特定外来生物の指定については，「在来生物の種の存続又は我が国の生態系に関し，重大な被害を及ぼし，又は及ぼすおそれがある外来生物を選定する」というのが基本方針になっている(第1回特定外来生物等専門家会合資料，2004年10月16日)が，何が重大な被害またはそのおそれなのかは常に争点になる．客観的なリスクの指標は，このような問題の意思決定を大いに助けるだろう．

そのような指標に必要な条件は，生態学的厳密さよりも，むしろ，政策的整合性である．特定の問題や特定の生息地や特定の生物種や特定の生態系の，生物多様性保全という観点からの相対的な重要性を矛盾なく示す指標が求められる．そのような指標を開発しながら，どこまで保全すべきかについて，自然科学的および社会的な観点からの意思決定をすべきであろう．大枠の意思決定がなされた後で，全体の目的をできるだけ小さい費用で達成するという低次の課題について，経済性が考慮されるべきである．WTPは，その後のどこかで何らかの役割を持つかもしれない．

第8章　地球温暖化と政策手段

8.1　地球温暖化問題

地球環境問題の中で地球温暖化は最もやっかいな問題である．現在の温室効果気体の排出を続けた場合に，地球の気温がどれくらい上昇するのか，さらに，気温が上昇した場合に，人類の社会と生態系にどれほどの影響が出るのかについて，大きな不確実性がある．どれほど気温が上昇するかについては，気候変動に関する政府間パネルが2001年に出した第三次報告書(IPCC 2001)では，2100年に大気中の二酸化炭素濃度が，540～970 ppmに上昇した場合に，平均気温は1.4～5.8℃上昇すると言われている．そうした予測は，過去100年程度の間の気温上昇の原因が人為的な温室効果気体の排出であるということを前提にしている．しかし，これについても論争がある．つまり，本当に悪影響が出るかどうかについての不確実性の中で行動を決めなければならない．

しかし，不確実性の中で行動を決めなければならないというのは現在のあらゆる環境問題に共通の性質である．ダイオキシンも，今の汚染水準で本当に人に被害があるかどうかは不確実である中で，巨額の費用をかけて対策をとった．外来生物も，生態系に重大な被害があるかどうか不確実な中で，規制をしている．古くは，第三，第四水俣病が発生しているかどうかはっきりしなかったが，巨額の投資を要する，苛性ソーダ製造における水銀法の廃止に踏み切った例もある．

被害が不確実な中で対策をとるのは，被害が出てからでは遅いという認識があるからである．そうした認識の下で，巨額の費用がかかってもあえて予防的に規制をしてきた．これに対して地球温暖化問題では，被害が出るかどうかが不確実だから，対策を急ぐべきでないという意見が非常に強い．そして実際対策はとられておらず，世界を見ても日本を見ても温室効果気体の排出は増え続けている．他の問題と違う温暖化問題の困難の原因はどこにあるのだろうか．

本章では，まず，地球温暖化問題を効率性の観点から見る議論を検討し，それがいかに問題の的を外しているかを見る．次に，温暖化問題に対処するための現在の国際的枠組である京都議定書を前提として，その下での国内政策手段の選択問題を論じよう．温暖化問題の困難の源泉については次章に譲ろう．

8.2　地球温暖化をめぐる効率と衡平

8.2.1　京都議定書

京都議定書は，先進工業国からの温室効果気体の総排出量を，2008年から2012年の期間に，1990年の排出量から5%減らした量にするという目標を設定した．そして，これを，気候変動枠組条約の附属書I国(京都議定書では附属書B国)に個別に割り当てた．日本は90年排出量から6%削減した量に抑えなければならない．米国は7%，EUは8%等々である．この数量目標の設定と割り当てが，京都議定書の最も重要な部分である．京都議定書はまた，この割り当てられた目標を各国が達成する上での柔軟性を付与する措置を設けた．これを京都メカニズムと言う．その第1は「排出権取引(ET: emissions trading)」である．これは目標を過剰達成した国が余剰分を他国に売ってもよく，逆に，他国から購入した排出枠を使って自国の目標を満たしてもよいという制度である．これは，第5章で議論した排出権制度の国際版と言ってよい．第2の柔軟性措置は，ある国が，他の附属書I国で温室効果気体の排出を削減する事業に投資し，それによる削減分を自国の削減分と見なすというもので，「共同実施(JI: joint implementation)」と呼ばれる．本質は排出権取引と同じである．第3は，削減義務を負う附属書I国が，削減義務を負わない加盟国(途上国)で，温室効果気体の排出削減事業に投資し，それによる削減分を，自国の削減分に含めてもよいという制度であり，「クリーン開発メカニズム(CDM:

clean development mechanism)」と呼ばれている．以上のような数量目標の設定と京都メカニズムとが京都議定書の骨格である．

京都議定書は，附属書 I 国全体の 1990 年の CO_2 排出量の 55% 以上を占める附属書 I 国が加入し，かつ 55 か国以上が加入する，という発効の要件を満たし，2005 年 2 月に発効した．しかし，最大の排出国である米国は，この京都議定書には欠陥が多いとして批准を行わず，加盟しなかった．米国の京都議定書批判は次の 5 点からなる(White House Climate Change Review: Interim Report，2001 年 6 月)．

(1) 総量では先進国よりも排出量が多く，これから排出量を増やすと予想される発展途上国に削減義務を負わせていないから，気候変動対策として有効でない．
(2) 削減目標が政治交渉の産物であり，科学的基礎も長期の目的も欠いている．
(3) 目標が性急すぎる．
(4) 米国経済および世界経済に重大な悪影響を与える．
(5) 米国が目標を達成するには，排出枠の購入が不可欠だが，それは米国をロシア・東欧に過度に依存せしめ，米国を危険に陥れる．

最後の点などは，米国の主張によって取り入れられた排出権取引を自ら批判しているわけで，米国の一貫性のなさがよく表れている．その他の論点をちょうどそのまま支持するような議論が，経済学者ノードハウスとボイヤーによって行われている(Nordhaus and Boyer 2000)．彼らは，新古典派的な効率性の観点から，最適な温暖化政策は何かを追求し，京都議定書の枠組を非効率的だと批判した．

8.2.2　GDP と温暖化対策の費用・便益

ノードハウスとボイヤーの基本的な立場は，温暖化に対する政策の費用と便益とを計測し，便益マイナス費用，すなわち純便益が最大になるような政策をとるべきだというものである．京都議定書の下での政策は，彼らの基準から見ると，政策の効果も効率性も意識せずに作られた．その意味で大きな欠陥をもつものということになるが，彼らのモデルを使って分析すると，京都議定書の政策が，純便益という観点からいかに非効率的かがわかるというわけである．

彼らのモデルはRICE(the regional dynamic integrated model of climate and the economy)と呼ばれる，気候と経済とを統合したモデルである．これによれば，温暖化政策の費用と便益は次のように捉えられる．まず温暖化対策をとることはGDPを低くする．GDPの低下は，消費や投資に使える所得の減少を意味する．消費の減少はそれ自体費用である．投資の減少は将来消費の減少であるという意味で費用である．それに対して，温暖化対策によって将来の気温上昇が抑えられると，気温上昇によって起こると予想される将来の生産への悪影響が緩和される．これは将来のGDPを増やし，将来の消費と投資(投資はそのまた将来の消費増をもたらす)を増やす．これが温暖化対策の便益である．

費用と便益の発生時期の違いは割引によって考慮される．すなわち，1期後の貨幣額mは，割引率$\rho\,(\geqq 0)$を使って，$m/(1+\rho)$の現在価値をもつと見なされる．割引率が一定なら，t期後の貨幣額mは，$m/(1+\rho)^t$の現在価値をもつと言える．ノードハウスとボイヤーのモデルでは割引率自体が徐々に低下するという想定が置かれているから，t期後の貨幣額mの現在価値は，$m/[(1+\rho_1)(1+\rho_2)\cdots(1+\rho_t)]$と書かなければならない．ともかく，このようにして割り引かれた純便益の現在価値を最大にする政策が最適ということになる．

ノードハウスとボイヤーは，便益をGDPの増加で測り，費用をGDPの減少で測っている．これは，経済的福祉が国民分配分の増減とともに増減すると見なしたピグーと同じ考えである．便益，費用はWTP，WTAに基づいていない．これは理由のあることである．消費する商品全体の便益をWTPで測ることはできない．例えば，食料と衣料と住居とを消費して生活している消費者を考えよう．それら消費者の集団が図8.1に示すような，食料，衣料，住居に関する需要曲線を持っていて，それらの価格が，p, q, rであったとすると，これらの価格の下で，彼は，食料，衣料，住居をそれぞれx, y, zだけ消費しているだろう．x単位の食料がこの消費者にもたらす便益はそれへの総WTPで測られる．図では$\alpha+\beta$の領域の面積である．そして支払った対価がpx，すなわち，図のβの領域であれば，消費者余剰はαである．支払われた金額が供給の総費用に等しければ，社会的余剰すなわち純便益もαである．

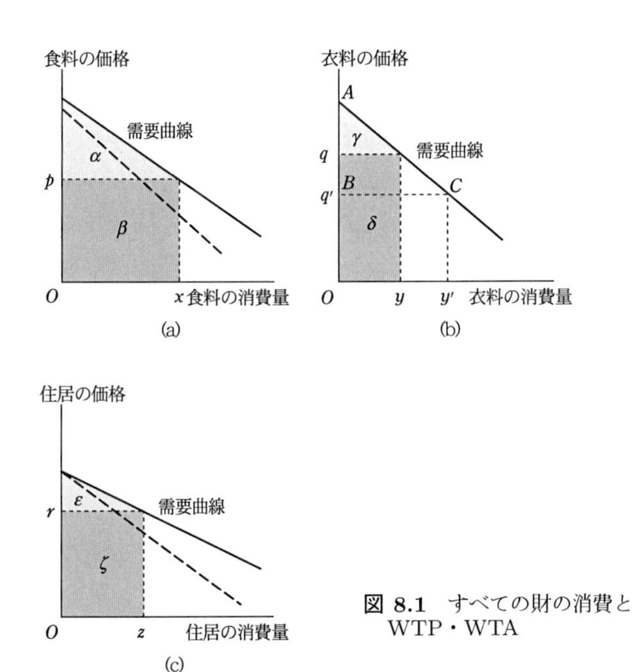

図 8.1 すべての財の消費と WTP・WTA

同様に，衣料の社会的余剰はγであり，住居の社会的余剰はεである．それでは，これら3つの財からの純便益の合計が$\alpha+\gamma+\varepsilon$に等しいかというとそれは違う．消費者が支出する対象がこの3つの財だけであるとすれば，将来消費のための貯蓄を捨象すれば，消費者は支出可能な予算の全額をこの3つの財への支払に充てているはずである．すなわち，$px+qy+rz=\beta+\delta+\zeta$が，消費者が支出できるすべてであり，したがって，$\alpha+\beta+\gamma+\delta+\varepsilon+\zeta$を支払う能力はない．支払能力に裏付けられていない支払意思額は支払意思額ではないから，$\alpha+\beta+\gamma+\delta+\varepsilon+\zeta$は支払意思額ではない．したがって，そこから支払額を差し引いた$\alpha+\gamma+\varepsilon$は消費者余剰ではあり得ず，よって純便益でもあり得ない．

消費者が現に支払う最大金額は$px+qy+rz$であり，それは上の想定の下では費用の総額に等しい．では，純便益は零かと言えば，それも違う．この3財の需給均衡状態の純便益は単に定義できないのである．なぜかと言えば，この3財の需給均衡は一般均衡であり，純便益は本質的に部分均衡的概念だからである．部分均衡の下でしか純便益は定義できない．それは以下の例を考えてみればよくわかる．

今，衣料生産の技術進歩によって費用が下がり，価格が q' に下がったとすると，需要曲線に沿って衣料の消費は y' に増えるだろう．そうすると，消費者余剰は γ の領域から ABC の領域に拡大するであろう．これは生産費低下による真の便益である．このとき，他の財，すなわち食料と住居とが衣料の代替財であれば(補完財とは思われない)，食料と住居の需要曲線は下にシフトするであろう[1)] (図 8.1(a)(c)の破線へ)．このとき，食料と住居の価格が変わらなければ，それらの消費量は減るであろう．需要曲線が下にシフトして同じ価格の下で消費量が減ったのだから，消費者余剰も減っている．この消費者余剰の減少分を，衣料の消費者余剰の増加分から差し引いたものを，衣料価格低下の純便益とすべきだろうか．それは間違いである．

そもそも衣料の需要曲線というものは，衣料価格の低下が他の財の需要量に与える影響を織り込んで引かれている．すなわち，価格が q' に下がった時の需要量 y' というのは，その価格低下に伴って代替財の需要が減り補完財の需要が増えるといった，消費構造の変化をすべて考慮に入れた需要量 y' なのである．そのような変化の全体に対して消費者が最大払ってよいと思う金額が $ABC-\gamma$ である．

だから，衣料の価格低下の純便益は衣料の需要曲線だけで測るべきである．だいたい，衣料の価格が低下して消費者の効用が増加しているときに，食料や住居の需要曲線が下にシフトしたからといって，それらから消費者が得る効用が低下しているはずはない．したがって，このとき減少する消費者余剰は，福祉の変化を何も反映していない．シフトする需要曲線の下で現れる消費者余剰の変化は何物も表さず，無意味な概念なのである．

今は，他の財の価格が変化するときに需要曲線がシフトするということを見

1)　代替財・補完財の厳密な定義は以下の通り．すなわち，消費者の効用を一定に保ちながら財 X の数量を増やして貨幣を減らすとき，財 Y の貨幣に対する限界代替率が減少するならば，Y は X に対する代替財である．また，X が増えて貨幣が減るとき，Y の貨幣に対する限界代替率が増加するならば，Y は X に対する補完財である(Hicks 1939b, 邦訳(上)94-95 頁)．所得効果が十分弱ければ，財 X の価格が低下してその需要量が増加したとき，財 Y の需要曲線が下にシフトするならば，Y は X の代替財，逆に上にシフトするならば，Y は X の補完財である．

たのであるが，需要曲線は，一般に，他の財の選択可能性が変化するときにシフトすると言ってよい．価格は選択可能性の一要素である．その他に無数の要素がある．環境の質などもそうである．良い環境の中に住んでいるときと，悪い環境の中に住んでいる時とで，財の需要曲線の位置が違うということは容易に想像できるだろう．大気汚染がひどければ，医療保健への需要曲線は上にシフトする．窓を閉める必要が高まると，エアコンに対する需要曲線が上にシフトする．水道水の水質が悪化すれば，浄水器の需要曲線が上にシフトする．公共交通が利用できなくなれば，自家用車への需要曲線が上にシフトする．これらはすべて生活水準の低下とともに起こっている．その時，上にシフトした需要曲線の下で現れる大きな便益は福祉変化を反映していない．

衣料の価格が低下したとき，本当は衣料の需要曲線はシフトする可能性がある．なぜなら，上で見たように衣料の価格低下は他の財の需要曲線をシフトさせる．上のように限界費用が変わらない，つまり供給曲線が水平で動かないという状況では，他の財の価格は変化しないが，供給曲線が右上がりであったり，衣料価格低下による供給曲線の条件の変化によってそれがシフトしたりすれば，他の財の価格も変わる．他の財の価格変化は当然衣料の需要曲線をシフトさせる．しかし，シフトする需要曲線の下では純便益は測れないのであった．これは問題である．だから，消費者余剰分析は 1 つの重要な仮定を置く．それは当該財以外の財の価格は変化しないという仮定である．この仮定を部分均衡分析の仮定と言う．純便益という概念はこの仮定の下でだけ意味を持つ．純便益が部分均衡的概念であると言ったのはこの意味においてである．

要するに，3 財の消費者余剰の和は無意味である．一般に，経済全体のすべての財の供給から人々が得る純便益を測るいかなる方法もない．

では，ピグーやノードハウスとボイヤーが採用した，国民分配分あるいは GDP は何を測っているのか．それは，図 8.1 で言えば，$px + qy + rz$ を測っている．これは消費者が最終消費に支出した総額である．図 8.1 では投資(＝貯蓄)が捨象されているから，正しくは，$px + qy + rz$ に投資支出を加えたものを，GDP は測っている．この金額は定義により費用に等しい．つまり，消費財，投資財に支出された金額は，それらの財を作るのにかかった費用に等しい．したがって，これらの金額から「純便益」と言えるような量を得ることはできない．

GDP が福祉指標として使えるのは，それが，x, y, z という消費財の物的数量を代表している限りにおいてである．どの財の消費量も減らず，少なくとも 1 つの財の消費量が増えた場合，消費者の経済的福祉が向上していると見ることは大方の合意を得られるだろう．その時 GDP は上昇する．$(x, y, z) \leqq (x', y', z')$ であれば，$px + qy + rz < px' + qy' + rz'$ である．問題は，ある財は増えるが別の財は減るという場合である．$x > x'$, $y < y'$, $z = z'$ としてみよう．つまり，衣料は増えるが食料は減るという場合，福祉が増加したかどうかは一概に言えない．このとき，GDP で福祉を測るということは，価格による重みづけによって集計された消費を福祉の指標とするということである．価格とは限界 WTP に他ならなかった．GDP というのは，追加 1 単位に対して人々がいくら払うかということを重みとして消費財の数量を集計したものなのである．GDP と WTP との結びつきはここにある．

このことから，福祉の指標として GDP を使うことに意味があるのは，ある財の生産を微小量増やし，別の財の生産を微小量減らす場合の福祉変化を問題にする場合だけであることがわかる．それはまさにピグーが取り組んだ問題である．大きな数量が変化すると，限界 WTP が変わってしまうので，数量を集計するための重みが変わり，集計された消費の増減が福祉の増減に対応すると言えなくなるのである．また，限界 WTP はもちろん，他の財の選択可能性によって変わるから，消費者の選好に影響する広範な財の選択可能性の大きく異なった 2 つの経済の GDP を比較しても，それによって両経済の福祉を比較することはできない．

このことから，ノードハウスとボイヤーの手法の 1 つの根本的な問題点が浮かび上がる．彼らは，世界を 13 の地域に分け，それらの GDP の合計で便益を測り，それを今後 300 年間にわたって予測し，その高低によって政策の効率性を測っている．国が異なれば，自然条件も文化条件も異なり，無償の公共財を含めた財の利用可能性は全く異なる．そのような異なった経済の福祉を GDP で比較することを根拠づける理論はない．また，300 年後の経済における財の利用可能性は現在と大きく異なるだろう．その間の福祉の変化を計測する指標はない．

しかし，通常世界の国の間の富裕の度合はGDPによって比較され，一国の経済発展はGDPの成長によって示される．そうした慣行には何の理論的基礎もないのだろうか．一国経済のGDPが増加するとき，それが福祉増加の指標と見なされるのは，おそらく，ほとんどの財について消費数量が減少せず，多くの財についてそれが増加し，また，新しい種類の消費財が登場しているという現実があるからであろう．それならば，GDPの増加が福祉の向上と同時に起こっていると見なしても問題がない．もっとも，GDP成長の過程で消費の選択肢から奪われてしまった公共財は数多くあるのだが，それらは元々GDPを構成する財の中に入っていなかった．しかしながら，300年の時を隔てた2つの経済の福祉をGDPで比較することの正当性を，上のような経験的事実に求めるのは無理があるだろう．

異なった国の富裕をGDPで比較することは，異なる時点の一国経済を比較することよりも問題が多い．日本の都市での有り余る工業製品に囲まれた生活と，ゲルに住むモンゴルの遊牧民の生活と，どちらが豊かかについて，1人当たりGDPの比較で答が出ると自信を持って言える人はいないだろう．GDPの違いが示しているのは，日本の一定量の労働が生み出す生産物が，モンゴルの何倍もの労働が生み出す生産物を支配するということだけである．現に両方の土地で営まれている生活の福祉の差をそれは計測しない．

このように問題の大きい指標ではあるが，GDPですべてを測るということを貫けば，論理的にはまだ一貫性があると言える．ところが，ノードハウスとボイヤーは，その一貫性を捨てて，WTPで測られる便益，WTAで測られる費用を分析に混入させた．別の世界の量であるGDPとWTP・WTAとを混ぜて使ったために，彼らの分析は何を測っているかわからなくなった．このことは後で詳しく見る．

8.2.3　ノードハウス–ボイヤー・モデルの分析

ノードハウスとボイヤーのモデルの経済の部分の骨格は次のようなものである．まず，各地域のGDPが，資本と労働とエネルギーとを投入して生産される関係が生産関数として

$$Q_j(t) = \Omega_j(t)[A_j(t)K_j(t)^{\gamma}L_j(t)^{1-\beta_j-\gamma}S_j(t)^{\beta_j} - \eta_j(t)S_j(t)] \tag{8.1}$$

と表現される(Nordhaus and Boyer 2000, p.17)．すべての変数について添字 j は地域 j を表す．また括弧の中の t は第 t 期を表す．K, L, S はそれぞれ資本，労働，エネルギー・サービスの投入量である．資本と労働とエネルギー・サービスとが，規模に関して収穫一定のコブ-ダグラス型生産関数を通じて生産物を生み出すという形になっている[2)]．

A は全要素生産性であり，この係数の成長が技術進歩を表現する．η はエネルギー・サービスの価格である．エネルギー・サービスは

$$S_j(t) = \zeta_j E_j(t) \tag{8.2}$$

という形でエネルギー投入 E と結びつけられる．ζ はエネルギー利用効率である．E は二酸化炭素の排出と一義的に結びついている．地球全体で排出された CO_2 は，大気と海洋上層と生物体と深海とに分配されて，大気中の CO_2 濃度を決める．大気中 CO_2 濃度は気温を決め，気温が気候変動の被害に結びつく．(8.1)式の Ω が気候変動の被害を表している．温暖化の被害額を $D_j(t)$ として，$\Omega_j(t) = 1/[1 + D_j(t)]$ と定義され，温暖化すると Ω が低下するという形で，温暖化の被害がモデルに入るのである．

(8.1), (8.2)式の時間を通じて変化する変数の内，A, L, ζ の成長率は外生的に与えられる．$\gamma = 0.3$ と想定され，生産のエネルギー弾力性 β は地域ごとに一定値を与えられる．エネルギー・サービスの価格 η は地域ごとに異なった値をとるが，エネルギー資源の枯渇とともに，ある時期から急激に上昇すると仮定される．

資本 K は，第 1 期については現実の資本ストックのデータが入り，その後は，投資が減耗分を上回る額だけ増加していく．各期の生産 $Q_j(t)$ から $C_j(t)$ が消費され，残りが投資される．生産の内どれだけ消費されるかは，各地域が，時間を通じた 1 人当たり消費と人口とから定義される「効用」の現在価値を最大にするように決められる．現在価値を計算する際の割引率は当初 3% でその後徐々に低下すると仮定され，「効用」は $L_j(t)\log[C_j(t)/L_j(t)]$ と定義される．

---

2) こうした集計的生産関数を仮定することは新古典派成長理論の常道であるが，資本論争で問われた問題がここに含まれていることは，第 1.1 節や第 4.2 節で触れた．ここではその点は問わない．

残る変数はエネルギー投入 E である．これが，政策シナリオによって変わりうる政策変数である．ノードハウスとボイヤーの分析は，どのような $E_j(t)$ を選択すれば効率的かということをテーマとするものである．効率性の基準は消費の現在価値の最大化である．温暖化対策はエネルギー消費 E の抑制によって表現される．E の削減は(8.1)の S の低下を通じて，生産 Q を低下させ，消費 C の低下に結びつく．これが温暖化対策の費用である．他方，E の抑制は，温暖化の抑止を通じて Ω を上昇させ，これが Q の上昇，C の上昇に結びつく．これが温暖化対策の便益である．

分析の主要な結果は次のようなものである．まず何も対策をとらない「ベース・ケース」と比べて，2335 年までの消費の現在価値を最大にする「最適ケース」では，世界の消費の現在価値が 1980 億ドル増える．その内訳は，温暖化対策による消費の減少分(すなわち費用)が 980 億ドルであるのに対して，温暖化防止による消費の増加分(すなわち便益)が 2960 億ドルである(*ibid.* p.130)．それに対して，京都議定書の削減義務を永久に続ける「京都議定書ケース」では，費用である消費の減少分が 2170 億ドルであるのに対して，便益である消費の増加分が 960 億ドルであり，差引 1200 億ドルの消費純減が生じる．よって，京都議定書の下での政策は非効率的であるというのが彼らの主張である．

ちなみに，京都議定書ケースよりも厳しく，CO_2 の大気中濃度を 560 ppm 以下に保つという条件を満たす政策では，純便益はマイナス 1 兆 3650 億ドルとなり，さらに，平均気温上昇を 1.5℃ 以下に抑えるという条件を満たすシナリオでは，純便益はマイナス 28 兆 9390 億ドルと巨額になる．

彼らはまた，京都議定書と同じ効果をもっと効率的に達成できるシナリオがないかを検討した．まず，上の京都議定書ケースでは，排出権取引は附属書 I 国の間でだけ行われると想定していたが，京都議定書と同じ排出量に抑制しながら排出権取引を世界中で行うと想定した，「京都議定書全球取引ケース」が検討された．さらに，京都議定書ケースで実現するであろう大気中 CO_2 濃度を最も効率的に実現する「京都議定書濃度制約ケース」と，京都議定書ケースで実現するであろう平均気温を最も効率的に実現する「京都議定書気温制約ケース」が検討された．これらのケースでは排出量も京都議定書の制約を離れて自由になる．その結果は，純便益は，全球取引ケースでプラス 490 億ドル，濃度制約ケースでプラス950億ドル，温度制約ケースでプラス770億ドルにそれぞれ上昇した.

ここから，ノードハウスとボイヤーは次のように結論する．——第1に，京都議定書の背後にある戦略は経済学的基礎も環境政策上の基礎も欠いている．先進国の排出量だけを特定の数量に縛り付けるという手法は，濃度や温度や被害についてのいかなる目標とも関係がなく，費用と便益との比較に基礎を置くいかなる経済的戦略とも関係がない．第2に，京都議定書の全球取引ケースや濃度制約ケースや気温制約ケースで効率性が向上した理由は，主として，排出抑制をする国・地域を自由にしたことにある．ロシア，中国，インドといった非OECD国で排出を削減することによって費用が非常に小さくなるのである．第3に，京都議定書は重大な分配上の問題を抱えている．費用を負担するのは附属書I国だけであり，特に米国は最大の純損失国であり，全球取引ケースでは唯一の純損失国である．——と(*ibid.* pp.167-168).

これらの結論が，先に紹介した米国政府の立場によく対応していることがわかるだろう．このような結論を導くに至ったモデルの諸前提は何か，そして，それが意味するところは何かを検討してみよう.

8.2.4　効率性と京都議定書

まず，彼らの京都議定書ケースというのは，京都議定書の枠組が永久に続く場合であることに注意しなければならない．そこでは，温室効果気体の排出削減義務を負うのは永久に附属書I国だけであると想定されている．これは非現実的である．現実の京都議定書が決めているのは2012年までの枠組だけであって，それ以降どうするかは決まっていない．京都議定書の考え方は，「共通だが差異のある責任」という原則に基づいて，とりあえず，これまでエネルギーを多く消費して豊かになり，結果として1人当たり排出量の比較的大きい先進工業国だけに排出削減の数量目標を課すというものである．どの国も共通の責任を有するということから，途上国も排出抑制の努力をしなければならないし，だからこそCDMのような制度も導入されたのであり，また，途上国も所得が上がっていけばやがて削減義務を負う国の仲間に入ると想定されていると考えるべきであろう.

永久に先進国だけが削減義務を負うというケースが非効率的だからといって，現在の京都議定書を否定するのは筋が違う．実際，彼らの計算の結果は，彼らが結論として明言しているのとは反対に，むしろ現在の京都議定書の枠組を支持しているとも解釈できる．2015 年までについて見ると，京都議定書ケースでの世界の排出量は 7.5 ギガトンであり，これは最適ケースの 7.45 ギガトンとほとんど変わらない．さらに，京都議定書ケースの変種である全球取引ケースでは効率性がかなり増すのであったが，京都議定書の下で導入された CDM はまさにその方向に近づこうとする政策である．こう見てくると，温暖化に取り組む最初の一歩として京都議定書の枠組は悪くないということを，彼らのモデルは示しているように見えるのである．

しかし，最初の一歩の後をどう描くかについては，彼らのモデルが示している世界は，京都議定書が一歩を踏み出した背景にあったであろう思想が描く世界と根本的に異なっている．京都議定書の背景にあったであろう思想，というよりも常識といった方がいいかもしれない認識とは次のようなものである．産業革命以来，人間の生産力の発達は，人間労働を，主として化石燃料のエネルギーによる動力によって代替していくことを主要な要素として実現してきた．だから，GDP の成長はほぼ間違いなくエネルギー消費の増加を伴っていたし，両者の量的な相関も大きい．1965 年から 95 年までの 30 年間に日本の実質 GDP はほぼ 4 倍になったが，その間エネルギー消費も 3 倍になったのである．近年も，不況で GDP 成長率がマイナスになった年以外は，ほぼ例外なくエネルギー消費は増えており，CO_2 の排出も増えているのである．他方，現在いまだ低所得状態にある国の人々には，先に豊かになった国を追って豊かになる権利がある．膨大な人口を抱える低所得国が，20 世紀後半の日本のような速度で経済成長するとすれば，そして，化石エネルギー消費の増加がそれに伴うとすれば，世界の CO_2 排出量は 21 世紀の間に 5〜6 倍にもなるだろう．そうすると，大気中の CO_2 濃度も 1000 ppm に迫るだろう．そうなる前に温室効果気体の排出を減らす必要がある．その際，すでに豊かになった国で排出を減らせないとしたら，これから豊かになる国で減らせるわけがない．だから，まず先進国が減らす必要がある．これが京都議定書の基礎をなす認識だと思われる．

ノードハウスとボイヤーのモデルは将来の世界をどう描いているだろうか．彼らの最適ケースでは，2105年の排出削減率は，米国が6%，ヨーロッパが5%，日本を含めた「他の高所得国」が4%であるのに対して，中国が12%，メキシコ，トルコ，タイなどを含む中低所得国が14%，インドやサブサハラ諸国などを含む低所得国が14%である．現在貧しい国々の削減率が高くなっているのは，それらの国が100年後には十分豊かになっているからかというとそうではない．2015年の削減率で見ても，米国，ヨーロッパ，他の高所得国の削減率がそれぞれ3%，2%，2%であるのに対して，中国，中低所得国，低所得国の削減率はそれぞれ10%，8%，6%と先進国よりも高くなっているのである．彼らのベース・ケースでの1人当たり所得を見ると，中国は，1995年には487ドルだが，2105年には5429ドルに上昇している．低所得国は1995年の434ドルから2105年には3132ドルに上昇している．しかし，この間，米国の1人当たり所得は2万2880ドルから5万3251ドルに上昇し，その他高所得国のそれは2万2569ドルから5万2934ドルに増えており，先進国と低所得国との所得の差は拡大しているのである．つまり，所得の低い国は，現在も100年後も先進国に比べて低所得のままである(当然1人当たりCO_2排出量も小さいままである)にもかかわらず，現在も100年後も一貫して先進国よりも大きい削減率で削減することが最適だというのがこのモデルの描く世界なのである．

なぜそうなるのか．それは効率性を基準に最適な政策を求めたことの当然の帰結である．所得の低い国で削減を行う方が，所得の高い国で行うよりも費用が小さいのである．費用を消費の減少分でとっており，消費は所得(GDP)の一定割合だから，GDPが小さい国ほど，同じ対策をとっても費用が小さくなるのである．

温暖化対策には痛みが伴う．その痛みを費用で測れば，貧しい国ほど痛みの大きさは小さく表現される．しかし，それは実質の痛みを反映しない．これから豊かになろうという国がCO_2の排出を減らすのと，すでに豊かである国がCO_2の排出を減らすのと，どちらが大きな痛みを伴うだろうか．常識は前者だと言うであろう．「効率性」という専門的概念を持った新古典派経済学は後者だという答を出した．しかし，厚生経済学は，所得の非常に異なる国の間で費用や便益を比較することの無意味を教えているのである．

8.2.5　被害の推計とWTP

ノードハウス-ボイヤー・モデルの分析結果の著しい特徴は，最適ケースが何もしないベース・ケースに近いということである．ベース・ケースの世界の炭素排出量は，1995年の6.2ギガトンから，100年後の2095年にはほぼ2倍の12.6ギガトンに増えると予測されている（Nordhaus and Boyer 2000, p.137）．最適ケースの炭素排出量は1995年が5.9ギガトンで，100年後の2095年は11.3ギガトンである（*ibid.*）．最適ケースでの排出削減によって増加する消費の現在価値は1980億ドルと計算されたが，これは，ベース・ケースの消費の現在価値をわずか0.01％上回るにすぎない．つまり，何もしなくても最適政策でも，純便益はほとんど変わらないのである．これはまた，何もしないという政策は良い政策だということを意味している．実際，何もしなくても，先進国の1人当たりGDPは着実に増え続け，2300年には10万ドルを超えるのである．それなら温暖化問題はないようなものである．

何もしなくても問題はないという結果は，温暖化の被害が大したことないという前提から出てきている．被害の推定はどのように行われているだろうか．例えば農業については，CO_2濃度が2倍になった場合（気温は2.8℃～5.2℃上昇）の，いくつかの地域の農業収入の減少率についてのダーウィンら（Darwin et al. 1995）の推定結果に，それら地域でのGDPに対する農業生産の比率を組み合わせて，温暖化影響指数の数値を得ている（Nordhaus and Boyer 2000, pp.74-75）．一般に地域jの部門iに関する温暖化影響指数は，平均気温上昇分Tと1人当たり所得y_jとの関数として$\theta_{ij}(T, y_j)$と表されている．例えば米国の農業についての1995年1人当たり所得での2.5℃上昇の場合のこの指数は0.07％という値となっている．中国は-0.51％，日本も-0.55％と負の値をとっている（*ibid.* p.76）．これは温暖化がむしろ農業に正の便益をもたらすことを示している．これは，GDPの1％程度しか占めない日本の農業の総生産が，温暖化によって50％も増えることを意味している．

農業以外に，海面上昇，その他の市場経済部門，健康，非市場アメニティ，居住地と生態系，カタストロフの分野で影響指数が推計された．このうち重要と思われる健康，居住地および生態系，カタストロフについては，被害回避への支払意思額の推定値に基づいて指数が作られている．例えば健康については，温暖化の影響による生存年の損失に，1 生存年延長に対する WTP が所得の 2 年分であるという想定を結びつけて指数が作られている（*ibid.* pp.80-82）．居住地および生態系については，気候変動に対して脆弱な資産および生態系が，地域の総生産の 5～25%（平均 10%）あると見なし，どの地域の人々も，2.5 度の気温上昇による影響を避けるために，その 1% を支払う意思を持っていると仮定して指数を算出している（*ibid.* pp.85-87）．海面の急激な上昇や季節風の変化や南極の氷の崩壊や海流の変動といったカタストロフについては，カタストロフが起きる確率を 2.5℃ の気温上昇で 1.2%，6℃ の気温上昇で 6.8% とし，カタストロフが起きた場合の世界の平均所得損失を GDP の 30% として，これを地域の脆弱性に応じて各地域に割り振り，相対的リスク回避度[3]を 4 として，ある確率で起こる所得損失を回避するために人々がいくら支払う意思をもつかが計算された．それによると，例えば米国では，2.5℃ の気温上昇の下で，22.1% の所得損失が 1.2% の確率で起こり，これを避けるための WTP は所得の 0.45% と計算される（*ibid.* p.90）．

以上の被害推定を合計すると，2.5℃ の平均気温上昇で，例えば米国では，GDP の 0.45% の損失があると推定されたが，その内の 98% にあたる 0.44% はカタストロフの被害である（*ibid.* p.91）．日本については，GDP の 0.50% の損失の内 9 割の 0.45% 分がカタストロフ分である．世界全体では，GDP の 1.50% の損失の内の 68% に当たる 1.02% がカタストロフによる（2100 年の GDP 予測値による重みづけで）．このように被害の大半をカタストロフ回避への支払意思額が占めるが，上で見たカタストロフの被害額の計算方法からわかるように，これはほとんどノードハウスとボイヤーが勝手に決めたと言った方がいいようなものであり，被害の項目の中で最も当てにならないものである．それが大半を占める被害の全体も，したがって，当てにならないと見た方がよい．

しかも，このカタストロフ被害と健康被害と居住地・生態系被害とは，上

3）所得 Y の効用を $U(Y)$ とするとき，相対的リスク回避度は $-YU''(Y)/U'(Y)$ と定義される．

で触れたように，それを回避することへの WTP で測られている．これらの WTP が，農業被害などの他の項目の GDP 損失で測られた被害額と足し合わされて，温暖化の総被害が計算されているのであるが，WTP と GDP とは全く別の概念であり，本来足し合わせることはできない．健康リスクがあることを人々が嫌だと思って，それを減らすためにならある金額を払ってもよいと思っているからと言って，その金額を実際に払っているわけでもなく，思ったことによって，人々の所得がそれだけ低下するということはあり得ない．ノードハウスとボイヤーは，1 生存年の延長に対して 2 年分の所得を支払う意思を人は持つと想定していたが，実際に 1 生存年が失われることに相当する死亡が生じたとしたら，それによってなくなる所得は 1 年分の所得であって，2 年分ではない．カタストロフについても同様であって，カタストロフのリスクを避けるために人が払ってもよいと思っている金額の存在は，実際 GDP を減らさない．

温暖化影響のこの部分について，WTP を GDP に足したり，GDP から WTP を引いたりするのであれば，GDP を構成するあらゆる財について同じことをしなければ整合的でない．食料に 10 億ドル支払っている国民がいたとして，彼らの食料への総 WTP は消費者余剰分だけ 10 億ドルを超えるはずである．これを GDP に足さなければならないだろう．それをすべての財について集計した値は GDP よりもはるかに大きい金額になるが，そんな所得はどこにもないのだから，それは支払意思額ではあり得ない．このことは先に見たとおりである．

ノードハウスとボイヤーは，地球全体のすべての財の消費についての費用便益分析という途方もないことを企て，そのような便益や費用は GDP の増減でしか測れないというところから出発しながら，非市場的効果の費用・便益は GDP で測れず，WTP に頼らざるを得ないという事実から，本来混ぜて使うことができない GDP と WTP を混在させた，わけのわからない指標を作ったのである．

以上をまとめると，地域によるきわめて大きな貧富の差の存在，被害額はほとんど当て推量であるという事実，地球全体のすべての財を対象にしなければならないということ，この 3 点によって，地球温暖化問題を，純便益最大化という意味での効率性の観点から論じることは無意味である．

8.2.6　温暖化問題のエンドポイント

効率性の観点から温暖化政策を論じるとしたら，温暖化が人間にどのような害を与えるかを知る必要がある．確かに人間にとって何の被害もないことがはっきりしているのなら，誰も温暖化を問題にしないであろう．しかし，効率性の観点を採用しないとしたら，被害をはっきりと特定化し，それを定量化するといったことが不可欠とは言えない．生物多様性の問題で，絶滅をエンドポイントに選んだとき，それは誰もが避けたいことだろうということを根拠にしたが，誰もが避けたいという判断はかなり直感的なものである．もちろん，遺伝子資源が人間の役に立つかもしれないとか，過去の環境変化をくぐり抜けて生き残った生物は今後の環境変化をも生き延びるだろうとか，環境の変化を生き延び現に多様な環境の中に棲んでいる多様な生物が存在することは，今後どんな環境変化が起こるかわからない状況の下で一種の保険の役割を果たすだろうといった，さらなる根拠をつけることができるだろう．しかし，それらの根拠には大きな不確実性があり，そうした影響を特定化し，さらに定量化して政策の根拠づけにできるだろうという見込みはきわめて薄い．だから，その根拠を問わず絶滅をエンドポイントとして選んだのである．さらなる根拠を問わずとも直感的に選べるというのがエンドポイントの１つの条件と言ってもよい．

１つ１つの生物種や個体群の絶滅が人間にどれくらいの被害を与えるかはわからないが，多様な環境に適応した多様な生物が存在していること自体に価値を見出すとすれば，歴史の結果としてある現在の多様な環境自体に価値があると見るのも無理のない見方である．その多様な環境の重要な構成要素が現在の気候であるとすれば，現在の気候そのものが，現在の生態系と同様に，保全する価値のあるものだと見ても無理はないと思われる．気候そのものを保全の対象と考えれば，気候変動は直ちに「避けたいもの」となる．つまり，気候変動自体をエンドポイントと見なしてもよいわけだ．もちろんそれが生じる確率を定量化することは意味がない．比較すべき対象がないからである．

気候変動をエンドポイントに選べば，気候変動が人間社会にどのような害を及ぼすかを予測したり定量化したりする必要はなくなる．もちろん予測できればそれに越したことはないが，それができなくても，政策をとる根拠は得られる．絶滅と気候変動とは，エンドポイントとして同じレベルにある．人類社会が今温暖化問題に関してとろうとしている行動は，こう考えて一番よく理解できるのではなかろうか．

気候変動を起こさないためには，温室効果気体の濃度の安定化が必要である．濃度が安定化するためには，排出量は減らさなければならない．しかも，世界経済は今後も成長するであろう．だから，すでに成長した国が排出量を減らせるかどうかやってみようというのが京都議定書である．まだやってみてもいない内に，途上国が削減義務を負っていないから参加しないというのは，途上国は先進国に追いついてはいけないと言っているか，または，気候変動は問題ではないと言っているかのどちらかである．ノードハウスとボイヤーのモデルはその両方をよく表現している．

途上国が先進国に追いつくことを必至と認識し，かつ，気候変動を問題と認識しながら，京都議定書を否定し，それに代わる枠組を提案するのは非常に難しい．澤・関・井上(2004)はそれを試みているが成功していない．彼らの提案は，第1段階として，各国政府が，それぞれの現状・政策・成果・見込について自己診断を行い，他国の質問に答える場を設け，産業界やNGOも同様の自己診断を行い，話し合う機会を設けるというものである(澤・関・井上2004, 317頁)．第2段階として，最善の取組み，最新の技術，最も効率的なエネルギー消費削減策などのなかから，各国政府，産業，NGOが好きなものを選んで，それをやると約束する．その上で，2013年以降の枠組について各国政府が交渉を行うと提案されている(同318頁)．枠組の中身については，「国別の目標の要素として，総量目標以外に，GDP原単位目標，1人当たり排出量目標，限界削減コスト平準化目標，エネルギー効率改善技術のトップランナー基準目標など」から「各国が自国のエネルギー事情や経済体制の特徴を踏まえながら，そのうち特定の指標を選択」すると提案されている(同218頁)．ある国が「限界削減コスト平準化目標」を選んだとしても，他の国が別の指標を選んだら，限界削減コストは平準化しないから，これは何を言っているのかわからないが，ともかく，各国が目標を自分で選ぶことが提案されているようである．これで排出削減が進むとすれば，どの国もよほど世界のために自己を犠牲にする精神に溢れているのであろう．主権国家が自らの国益を追求することを前提とする「レアルポリティーク(Realpolitik，現実主義的政治)」を強調することから始まった論考(同 iv 頁)の結末にしては，あまりに国家性善説に頼った提案である．

京都議定書の最大の意義は，数値目標を設定できたということにある．第 5.5.6 項で，難しいのは総量規制であり，総量規制ができたら，環境政策はほとんど成功していると述べたが，その難しい総量規制を京都議定書はやってしまったのである．ここに京都議定書最大の意義がある．この総量規制方式に対して，それこそ京都議定書の欠陥であり，それに代わって技術の視点を入れるべきだという意見がある．米国ブッシュ政権も技術の視点を盛んに強調している(White House Climate Change Review: Interim Report, 2001 年 6 月)．しかし，これは政策変数と政策の効果とを混同した議論である．総量規制をやれば，それを達成すべく技術開発が進む．というよりも，規制に対応するのに，新技術の開発を以てするか既存技術を以てするか，あるいは生産の縮小を以てするかという選択は，排出者に任せ，政策当局は技術の中身についてあれこれ言わずに，環境にとって望ましい規制を環境の立場から行うのが効率的だというのが政策論の主流だと思われる．実際，米国の大気汚染規制の経験はそれを教えている．技術基準の非効率性をさんざん経験して総量規制と排出権取引へとシフトしていった経緯は第 5.5 節で見たとおりである．本気で排出を減らすつもりなら，総量規制が効率的である．米国はなぜ自らの大気汚染規制の経験を活かさないのだろうか．

8.3　国内政策手段の選択

8.3.1　前　提

この節では，地球温暖化防止のための国内政策手段について論じる．1997 年に京都議定書が合意されて以来，その国別の約束をいかにして達成するかが大きな政策論争になってきた．日本は温室効果気体の排出量を，2008 年から 2012 年の間に，90 年の排出量である 12 億 3700 万トン(CO_2 換算)から 6%

減らした11億6300万トンにまで削減しなければならない．実際の排出量は2003年では13億3900万トンに増えているから，13%も減らさなければならない．これを達成するのにどのような政策手法がよいかが問題になっている．日本で特に論争の的になっているのは，温暖化防止のための環境税導入の是非である．温暖化政策としては，二酸化炭素の排出量または炭素排出量に比例した税になるので，炭素税とも呼ばれる．ヨーロッパには炭素税およびそれに類する税を採用している国が多い．また，イギリスやEUのように排出権取引制度を導入したところもある．一方で，規制的手法や助成金政策は，日本でも広範に取り入れられている．これらの政策手法のどれを採用するべきか，その利点と欠点は何か，いくつかの政策を組み合わせた効果はどうなるか，といったことは，まさに経済理論を使わなければ論じられないから，環境経済学の議論は，この問題をめぐって大いに活発になったのである．

初めに確認しておかなければならないことは，最適な汚染水準を求めるとか，純便益を最大にする政策を求めるといった，オーソドックスな新古典派経済学の課題設定は，地球温暖化国内政策とは何の関係もないということである．前節で見たように，地球レベルでも，そのような課題設定は温暖化問題の本質を外れており，政策的枠組はそれを離れたものになっている．京都議定書を前提にした国内政策の課題には，最適汚染水準の追求といったものは全く入る余地がない．

にもかかわらず，最適汚染水準を追求することを前提にした議論がしばしば論壇に登場する．そうした前提の下での議論が，新古典派経済学の最も得意とするところだからである．例えば，排出削減費用に不確実性がある場合に，数量規制と価格利用(税)とでどちらが，最適汚染からの損失の期待値が小さくなるかが，限界排出削減費用と限界排出削減便益の弾力性によって決まるとする，アダールとグリフィンの理論(Adar and Griffin 1976)とか，同じく排出削減費用に不確実性があるときに，ある数量で税率が切り替わる二段階税率の環境税が，純便益の損失を小さくしうるというロバーツとスペンスの理論(Roberts and Spence 1976)とかが，国内政策手段の選択の議論で引き合いに出されることがある．しかし，これらの理論はすべて，純便益最大化をねらうことを前提として，その効率性基準で政策の比較を行っており，京都議定書の下での国内政策の比較には何の関連も持たない.

京都議定書の下で，各国は明確な数量での削減目標を持っている．その水準が最適かどうかは問題にならない．それはまさに，第5章で取り上げた，目標-税アプローチや譲渡可能な排出権に関する議論が想定していた状況である．そこでは，与えられた目標を，誰がどこでどういう手段を用いてそれぞれどれだけ削減することによって達成するかだけが問題になる．

この，目標-税アプローチでの環境税および譲渡可能な排出権制度の，理念・特徴・利点・欠点に関する議論は第5章ですべて終わっている．ここでは，それを前提として，現実の政策を分析していこう．その際注意を要するのは，現実の政策には，純粋の環境税とか純粋の排出権取引といったものはないということである．たいていの政策はいくつかの政策手段が組み合わされたものである．その場合，複数の政策手段がいろいろな形で結びついている．結びつき方によって，どれかの手段が決定的になったり，あるいは無力になったりする．その結果，政策の効果も変わってくる．そうした事情を現実に即して分析しなければならない．その前に，純粋の炭素税と炭素排出権取引がどういうものであるかをまとめておこう．

8.3.2　純粋の炭素税または排出権取引

二酸化炭素は，化石燃料中の炭素が空気中の酸素と結合して発生するから，二酸化炭素の排出に課税するために排出を監視する必要はない．1トンの炭素を含む燃料を燃やせば，必ず3.6トンのCO_2が排出される．したがって，CO_2排出に関する税は，含まれている炭素の量に応じて燃料の消費に課税すればよいのである．燃料に含まれている炭素の量は，表8.1のような係数を使って計算すればよい．

例えば，炭素1トン当たり4万5000円の炭素税は，ガソリン1ℓ当たり28.5円の税に相当する．これは自動車の燃料費を上げるから，燃費効率のよい車を比較的有利にするであろう．

例えば，1ℓ当たり10 km走る自動車が，年間1万km走るのに消費するガソリンは1000ℓであるが，1ℓ当たり25 km走るハイブリッド車なら，年間1万km走るのにガソリン400ℓで済む．ガソリン価格が130円/ℓなら，従来

表 8.1 炭素排出係数

	排出係数		発熱量		CO_2 排出係数	
一般炭	0.0247	kg-C/MJ	26.6	MJ/kg	2.41	kg-CO_2/kg
ガソリン	0.0183	kg-C/MJ	34.6	MJ/ℓ	2.32	kg-CO_2/ℓ
ジェット燃料油	0.0183	kg-C/MJ	36.7	MJ/ℓ	2.46	kg-CO_2/ℓ
灯油	0.0185	kg-C/MJ	36.7	MJ/ℓ	2.49	kg-CO_2/ℓ
軽油	0.0187	kg-C/MJ	38.2	MJ/ℓ	2.62	kg-CO_2/ℓ
A 重油	0.0189	kg-C/MJ	39.1	MJ/ℓ	2.71	kg-CO_2/ℓ
B 重油	0.0192	kg-C/MJ	40.4	MJ/ℓ	2.84	kg-CO_2/ℓ
C 重油	0.0195	kg-C/MJ	41.7	MJ/ℓ	2.98	kg-CO_2/ℓ
液化石油ガス(LPG)	0.0163	kg-C/MJ	50.2	MJ/kg	3.00	kg-CO_2/kg
液化天然ガス(LNG)	0.0135	kg-C/MJ	54.5	MJ/kg	2.70	kg-CO_2/kg
都市ガス	0.0130	kg-C/MJ	41.1	MJ/m^3	1.96	kg-CO_2/m^3
電力(一般電気事業者)	0.378	kg-CO_2/kWh				
電力(その他)	0.602	kg-CO_2/kWh				
熱供給	0.067	kg-C/MJ				
一般廃棄物焼却	731	kg-C/t			2680	kg-CO_2/t
産業廃棄物焼却(廃油)	791	kg-C/t			2900	kg-CO_2/t
産業廃棄物焼却(廃プラ)	709	kg-C/t			2600	kg-CO_2/t

注) 「kg-C」は炭素キログラム,「kg-CO_2」は二酸化炭素キログラム,「MJ」はメガジュール(百万ジュール)を表す.
出所) 地球温暖化対策の推進に関する法律施行令第三条.

車には 13 万円の燃料費がかかるのに対して,ハイブリッド車の燃料費は 5 万 2000 円になる.しかし,従来車の価格が例えば 150 万円であるのに対して,ハイブリッド車の価格が 230 万円もするのであれば,仮にこの自動車に 10 年乗るとして,割引率を 3% とすると,購入額の年価値は,従来車が 17 万 6000 円,ハイブリッド車が 27 万円となり[4],燃料費との合計では,従来車 30 万 6000 円,ハイブリッド車 32 万 2000 円となって,ハイブリッド車は不利になる.燃料費の差 7 万 8000 円が,価格差の年価値 9 万 4000 円を埋められないのである.

ところが,4 万 5000 円/トン-C の課税をすれば,ガソリン価格が 158 円に上がる.これは,1 万 km 走行の燃料費を,従来車で 15 万 8000 円,ハイブリ

4) 償却年数を N,割引率を i とするとき,1 円の初期投資の年価値は $i[1-(1+i)^{-N}]^{-1}$ に等しい.

ッド車で6万3000円に引き上げ，その差を9万5000円に広げる．これなら，自動車価格の差を埋めて余りがある．つまり，ハイブリッド車の方が有利になるのである．

これによって，ハイブリッド車が選択されれば，1万kmの走行からのCO_2排出が1.4トン(炭素で0.38トン)削減される．つまり，炭素税はCO_2排出削減を促す．しかし，この税によって誰もが排出を減らすとは限らない．上では自動車を10年使うと仮定して費用を計算した．新車を買うとき，1年当たり1万kmは変わらないが，5年間の使用しか想定していなかった購入者なら，購入額の年価値は，従来車で32万8000円，ハイブリッド車で50万2000円となり，その差17万5000円を，炭素税を含んだ燃料費の差によっても埋めることができない．

炭素税の効果はこの点に表れている．つまり，税は，環境負荷の排出を減らす活動と減らさない活動とを選り分ける．その選別を排出者自身の選択の結果として行うのである．ここの例で，10年間で自動車を10万km走らせる人は，課税前のガソリン価格130円の下では，ハイブリッド車選択によって1年当たり1万6000円の費用増を被る．それと引き替えに0.38トンの炭素排出を削減するので，炭素1トン当たり4万2000円の削減費用をかけていることになる．これに対して，5万kmしか走らせない人は，9万7000円の費用増で0.38トンのCO_2を削減するので，炭素1トン当たりの削減費用が25万4000円になる．炭素1トン当たり4万5000円という炭素税は，1トン当たり4万5000円以下の費用でCO_2を削減できる方法を採用させ，それ以上の費用のかかる対策を採用させないという切り分けを行うのである．

一般の商品に価格がついて，その価格で買うことによって利益を得る人だけがそれを買うように，環境税率は環境負荷という負の財の価格であって，その価格で環境負荷を放出することによって利益を得る人だけが放出する．環境税はそうした意思決定の基準となる価格信号を作り出すのである．

こうして，比較的費用の小さい対策だけを選んで導入させる結果，社会全体として，CO_2削減費用の総和を最小にできる．税率を上げれば，もっと費用の高い方法も導入させることができる．炭素税の税率を30万円/トンに上げれば，5万kmしか走らせない人でもハイブリッド車を選ぶようになり，年間 0.38 トンの炭素に相当する CO_2 が新たに削減される．税率を上げれば多く削減できるし，下げれば少なく削減できる．税率を調整することによってどんな排出量でも実現でき，それを最小費用でできる．したがって，日本全体の CO_2 の排出量が 1990 年の 94% になるように税率を調整すればよいということになる．

排出権取引の場合は，二酸化炭素を排出する者は相当の排出権を保有していなければならないという規制をかけることになる．そして，日本全体の排出権の総量を 1990 年の 94% に相当するものに保てば，京都議定書の約束を守れることになる．この場合も燃料消費によって排出はわかるから，燃料購入の際に排出権を保有することを義務づけても同じことになる．そうであれば，燃料を最終消費者に販売する際に排出権付きで売ることを義務づけても同じことである．さらに，日本では化石燃料はほとんど全て輸入であるから，輸入時に排出権の保有を義務づけても同じことである．

上流から下流までのどの段階で排出権の保有を監視するにしても，最終消費者は必ず排出権付きの燃料を買うことになる．したがって，消費者がそれに支払う対価は，燃料価格に排出権価格が上乗せされたものとなる．消費者にとっては，炭素税が上乗せされた燃料を買うのと同じである．だから，消費者の行動は炭素税がかけられた場合と同じである．つまり，炭素の排出を 1 トン減らすのにかかる費用が，炭素 1 トンに相当する排出権の価格よりも小さければ，排出を減らして排出権の購入を減らす，あるいは排出権の売却を増やすであろう．逆に炭素 1 トンの排出を減らすのにかかる費用が排出権価格よりも大きければ，排出権の購入を増やして，あるいは売却を減らして，排出を増やすであろう．その結果は，炭素税の場合と同じく，とられている削減策は全て排出権価格よりも安い 1 トン当たりの削減費用をもつものばかりとなり，全体として最小の費用で目標とする排出削減を達成できることになる．CO_2 の排出を減らす方法の集合に変わりがなければ，費用の安い方法から順に採用してちょうど目標を達成する時の追加削減 1 単位の費用，つまり限界排出削減費用は 1 つ決まり，これが，目標達成時の排出権価格および炭素税率に等しくなっているはずであるから，理論上排出権価格は，目標達成に必要な炭素税率と等しくなる．

異なるのは，炭素税率は政府が決めるが，排出権価格は市場で決まるという点である．しかし，非常に大きな違いは分配にある．第５章で見たように，環境税では一般に，削減後の排出の総量に税がかかるから，排出者は排出削減費用に加えて税の支払をしなければならなくなる．したがって，排出量を規制される場合と比べて大きな負担になり，この点が税の実施上の困難になるのであった．このことは炭素税にも当然当てはまる．それに対して，排出権取引というのは，本質は規制であるから，規制された排出量，つまり与えられた排出権に相当する排出量まで減らすための費用以上の負担が生じることはない．

排出権取引制度は，これに加えて，排出削減の自由度を増すのであった．排出権を調達してくれば，排出を増やしてもよいし，逆に排出をもっと減らせば，排出権を譲渡してもよい．この柔軟性によって，上の最大費用負担——与えられた排出権に相当する排出量だけを出す場合の費用負担——を減らすことができる．排出をもっと減らして排出権を譲渡した場合には，排出権売却収入から追加排出削減費用を差し引いた分が利益になり，その分負担を減らすことができる．そのためには売却収入の方が追加排出削減費用よりも大きいことが必要だが，そうでなければ，そもそも追加排出削減をしようとはしないだろう．逆に排出権を購入して排出を増やす場合には，排出削減費用の節約分が，排出権購入費用を上回る分だけ，負担を減らすことができる．そのためには，排出削減費用の節約分が排出権購入額を上回らなければならないが，そうでなければ，排出権を購入しようとしないだろう．

排出権価格と限界排出削減費用との間に乖離がある限り，排出量を変更することによって利益を得ることができるから，排出量は変更されるだろう．各排出者が利益を最大にする状態では全ての限界排出削減費用が排出権価格に等しくなっているだろう．このとき排出者の費用負担は，初めにどれだけの排出権を分配されていたかによって変わる．初めに分配されていた排出権よりも少ない排出量に落ち着いた場合には，排出削減費用から排出権売却額を差し引いたものが排出者の負担となり，初めに分配されていた排出権よりも多い排出量に落ち着いた場合には，排出削減費用に排出権購入額を加えたものが排出者の負担になる．初めに１単位の排出権も与えられていなければ，排出者の負担は炭素税の場合と同じになる．

したがって，炭素税と比べた排出権取引制度の利点は次の２つである．第１に，それは本質的に総量規制を前提とするから，目標排出量の達成が確実である．そして，第２に，政策による分配の影響は調整可能である．すなわち，排出権の初期分配を通じて，排出者に過大な費用負担がかからないように調整することが可能である．この第２の利点を活かすためには，初期分配の方法はグランドファザリングでなければならない．すなわち，ある程度の排出権を無償で排出者に与えるのでなければならない．最初に全てを政府が保有して競売によって配分するオークションでは，分配上の効果は炭素税と同じになってしまうのである．

しかし，この点が，この制度の最大の困難の源泉である．初期分配を公平に行うというのは非常に難しい問題である．第５章で紹介した米国の酸性雨プログラムの排出権取引では，初期分配は，エネルギー消費量当たりの SO_2 排出量を一律に決めて，それを排出者の実際のエネルギー消費量に乗じた値を，排出権として分配するというやり方で行われた．それは公平に見えるが，この方法が可能だったのは，規制される排出者が全て発電所という同一種の財を作る工場だったからである．炭素排出権取引ではこうはいかない．全く別の財を作っている業種の異なる排出者の間，あるいは消費者と生産者の間で，排出権を公平に割り当てる原則は存在しない．

特に二酸化炭素の排出量というのは，どの業種をとってみても，生産量に代表される企業の活動量と密接な相関を持つ変数である．生産量当たりの二酸化炭素排出量を徐々に減らしながら生産を拡大することは可能だし，日本の多くの企業は現に行ってきた．しかし，二酸化炭素排出量の上限を固定されることは，企業成長への大きな障害になる．逆に余裕のある二酸化炭素排出権の量を受け取ることは大きな財産を持ったのと同じことになる．将来が不確実で，ある企業は生産量を増やし，別の企業は生産量を縮小しつつあるといった状況下で，どのような権利の分配が公平かを決める原則は存在しないのである．

以上が炭素税と炭素排出権取引についての理論上の整理である．次に，現実の制度がどうなっているかを見ていこう．

8.3.3　北欧の炭素税

ヨーロッパには，炭素税あるいは何らかの形で CO_2 排出にかけられる税を採用している国が多くある．フィンランド，ノルウェー，スウェーデン，デンマーク，オランダでは1990年代の初めに炭素税あるいは温暖化対策に関わる税が導入されている．その後，イギリス，ドイツでも温暖化対策に関わる税が導入された．このうちスウェーデンのものは，税率が比較的高く，CO_2 削減に効果を上げたと言われている．

スウェーデンでは，1991年に CO_2 1トン当たり250スウェーデン・クローナの税率で二酸化炭素税が導入された．税率は93年には320スウェーデン・クローナ，96年には370スウェーデン・クローナ，2001年に530スウェーデン・クローナ，2004年には910スウェーデン・クローナに引き上げられた．導入当初の税率の根拠は，CO_2 排出量を1988年水準で安定化させるのに十分だということであった．CO_2 1トン当たり910スウェーデン・クローナは炭素1トン当たり3337スウェーデン・クローナに相当する(約5万円)．

二酸化炭素税を単独で見ると，税率は相当高い(2004年と2005年に日本で提案された環境税の税率は炭素1トン当たり2400円である)．しかし，この新税の導入は，既存のエネルギー税の軽減を伴っていた．その結果，エネルギー税と二酸化炭素税との合計では，石炭や天然ガスの税はほぼ2倍になったが，ガソリン税は19%増にとどまっていた．しかも，産業用エネルギーについては，様々な軽減措置がある．製造業・農林漁業の燃料には65%軽減された税率が適用されている．また，これらの業種の企業が支払う二酸化炭素税が売上の0.8%を超えた場合には，超過分の76%が免除される．さらに，セメント，ガラス等の産業の二酸化炭素税とエネルギー税が売上の1.2%を超えた分は免税になる．エネルギー税は，石油・石炭等の燃料消費に課される．製造業と農林漁業の燃料は非課税である．電力は，燃料消費にではなく，電力の販売時に課税される．二酸化炭素税とエネルギー税の税収は1999年で504億スウェーデン・クローナであり，これはGDPの2.5%に当たる(ちなみに日本のエネルギー関連の税収はGDPの1%程度である)．このうち二酸化炭素税の税収は128億スウェーデン・クローナであり，CO_2 排出量が5600万トンなので，CO_2 1

トン当たりの実効税率は 230 スウェーデン・クローナであった．

二酸化炭素税およびエネルギー税と再生可能エネルギー利用拡大への努力とを合わせた効果として，2000 年で 500 万トンの CO_2 が削減されたと推定されている(Ministry of the Environment, Sweden 2001)．これは 1999 年の CO_2 排出量 5600 万トンの 9% である．スウェーデンの 99 年の CO_2 排出量は 90 年のそれとほぼ等しい．つまり，90 年代を通じて排出量は横ばいである．70 年の CO_2 排出量は 9000 万トンあったと推定されており，70〜80 年代を通じて排出量が 35% も減ったことになる．70 年から 99 年にかけてエネルギー消費は 150 TWh (テラ(10^{12})ワット時) も増えているから，CO_2 の削減は，エネルギー源の転換による．エネルギー消費に占める石油の割合は 70 年の 77% から 99 年では 33% に減り，原子力の割合が 0% から 37% に増え，バイオマスとピートの割合が 9% から 15% に増えている．バイオマスおよびピートの消費量は 95 TWh で，そのうちバイオマスが 85 TWh，そのうち 54 TWh は産業利用で，そのうち 34 TWh は紙パルプ産業での黒液の利用である．地域暖房に 26 TWh が消費され，発電で 3.6 TWh，家計の暖房で 10〜12 TWh である．

化石燃料への依存度が 40% に低下しているので，国民 1 人当たりの CO_2 排出量は，6.0 トンと，EU 平均の 8.6 トン，OECD 平均 11.1 トンに比べて少ない．1990 年代は減らす余地があまり無くなったので，排出量が減らなくなったが，二酸化炭素税がなければもっと増えていたであろうというわけである．

デンマークでは，税制改革の一環として 1992 年に炭素税が導入された(諸富 2000，237-254 頁)．税率は CO_2 1 トン当たり 100 デンマーク・クローナである(1 デンマーク・クローナが 18 円とすると，炭素 1 トン当たり 6600 円)．ただしこれは，家計部門に適用される税率であって(家計部門にはさらにエネルギー税が課される)，産業にはこれよりも低い税率が適用される．93 年に産業用は 50% の軽減税率としたが，96 年に，軽工程か重工程かによって異なる還付率での税の還付を導入した．2000 年の還付率は軽工程で 10%，重工程で 75% である．さらに，エネルギー効率化に関する協定を政府と締結した場合には，還付率が 22% 上乗せされる．

他の国の温暖化関連の税率はそれほど高くない．エネルギーには元々税がかけられている場合が多いから，エネルギー関連の税が高いかどうかは，炭素税だけからは一概に言えない．しかし，共通しているのは，産業のエネルギー消費，特にエネルギー多消費の産業の消費には軽減された税率が適用されるか，あるいは免税になっている場合が多いということである．また，税に協定や助成措置が組み合わされていることも多い．

8.3.4　イギリスにおける税と協定と排出権取引との結合

イギリスでは，2001年4月に気候変動税(CCL: climate change levy)が導入された．課税される対象は，産業・営業・公共部門のエネルギー消費である．対象となるエネルギーは，石炭(および石炭製品)・ガス・LPG・電力であり，石油・自動車燃料・航空燃料には課税されない．また，民生・運輸部門・発電には課税されない．熱電併給(コジェネレーション)によって発生した電力・蒸気も課税から除外された．

税率は表8.2のとおりである．電力の税率が高いのは，エネルギー変換時の損失を考慮したからである．課税ベースはエネルギーであって炭素ではない．炭素1トン当たりに換算すると，ガスで約31ポンド(6200円)，石炭で約17ポンド(3400円)である．2001年と2002年に見込まれた10億ポンドの税収は，企業の社会保険料軽減と，省エネルギーや自然エネルギー導入のための補助金に使われ，増税にならないとされた．

気候変動税で重要な要素はエネルギー集約的産業への税率軽減措置である．統合汚染管理(IPPC: integrated pollution prevention control)という規則の枠組にしたがっている産業部門で，政府が要求する省エネルギーまたはCO_2排出削減の基準を満たすという気候変動協定(Climate Change Agreement)を政府と結んだものに属する企業は，気候変動税の税率が80% 軽減されるのである．44の業界団体が気候変動協定を結んだ(そのうち2団体が消滅)．排出量・削減量の大きい3つの産業についての協定での削減目標を表8.3に示す．

セメント産業の目標は生産1kg当たりのエネルギー消費(kWh)で定義されていることがわかる．それに対して鉄鋼の目標は総エネルギー消費量(PJ)で定義されている．化学は多種多様の生産物からなるために，単位のない指数で

表 8.2 イギリス気候変動税の税率

エネルギーの形態	税率(2001–02)
ガ ス	0.15 ペンス/kWh
石 炭	1.17 ペンス/kg(0.15 ペンス/kWh に相当)
LPG	0.96 ペンス/kg(0.07 ペンス/kWh に相当)
電 力	0.43 ペンス/kWh

表 8.3 気候変動協定の例

産業団体	セメント	化 学	鉄 鋼
単位	kWh/kg	—	PJ
基準 1990	1.678	1	407.6
目標 2002	1.457	0.877	388.3
2004	1.408	0.850	376.6
2006	1.298	0.835	368.8
2008	1.282	0.822	365
2010	1.249	0.817	360.8
実績 2004	1.329	0.805	308

表 8.4 気候変動協定の下での CO_2 排出削減

産業団体	セメント	化 学	鉄 鋼
エネルギー削減(PJ)	15	68	98.8
CO_2削減(kt)	1136	3524	7553

目標が定義されている．鉄鋼はエネルギーの絶対量の削減を目標にしており，セメントや化学は相対量を目標にしているわけである．42 産業の内，絶対量で目標を定めているのは 4 つだけであり，ほとんどの目標は相対量で定められている．

表 8.3 には，2004 年の実績も示した．3 つの産業とも目標を達成しているが，それに対応して CO_2 の排出も，表 8.4 のように減っている．協定を結んだ産業界全体では，2004 年の CO_2 削減目標 550 万トン(1990 年の排出量から)のところ，1440 万トンを削減した(Wright 2005)．表 8.4 からわかるように，鉄鋼産業だけで 760 万トンを削減しているが，これは 2002 年までに鉄の生産

が大きく落ちたためである.

イギリスの制度のもう1つの著しい特徴は，この協定を排出権取引に結びつけていることである．イギリスの排出権取引制度は，イギリス産業連盟(CBI: Confederation of British Industry)と政府の委員会である，経営と環境に関する委員会(Advisory Committee on Business and Environment)との提案(CBI/ACBE 2000)に基づいて導入された.

制度に参加できるのは，イギリスで活動するすべての企業であり，参加は任意である．参加は任意であるから，参加して利益がある企業だけが参加するはずである．参加することによる利益は，排出削減義務を柔軟性をもって果たすことができるということだけだから，参加して利益のある企業というのは削減義務を負っている企業だけである．削減義務を負っている企業とは，気候変動協定を結んでいる企業である．したがって，気候変動協定を結んでいる企業が参加企業となる.

もちろん協定を結んでいない企業も参加できる．しかし，何も義務がなければ参加する利益がない．そこで，イギリス政府は参加を促す飴を用意した．排出権取引への参加に補助金を支給したのである．企業は，CO_2 排出削減量にある単価(ポンド/トン-CO_2)を乗じた額の補助金を受け取って削減義務を負い，排出権取引に参加できる．補助金単価は入札で決めた．イギリス政府は2002年の3月に，2億1500万ポンドの予算をもって入札を行った．価格100ポンド/トン-CO_2 から始めて，応札額が予算を下回るまで価格を下げていった結果，53.37ポンド/トン-CO_2 の価格が成立し，3100万トン-CO_2 の排出量をもつ31の企業が，5年間で400万トン-CO_2 を削減することが約束された．53.37ポンド/トン-CO_2 は5年間の削減に対する価格であり，1年当たりにして，法人税増加分を引くと，12.45ポンド/トン-CO_2 に相当する.

こうして，補助金を受け取って排出権取引に参加した企業を「直接参加者(DP: direct participant)」と言う．それに対して，協定によって義務を負った排出権取引参加企業は「協定参加者(CCAP: Climate Change Agreement participant)」と呼ばれる.

このように，イギリスの排出権取引制度では，一般にこの制度で最も困難な初期分配の問題を，気候変動税の税率軽減と組み合わせた協定の締結，および，補助金と引き替えにした削減義務の付与という方法によって解決した．これは巧妙な解決法のように見えるが，重要な問題点を孕んでいる．それは，相対量での目標設定という事実である．

絶対量で目標を定めている部門では，その目標値に対応する排出権が分配される．しかし，協定を結んでいる 42 部門の内，4 部門は相対量で目標を定めていた．この場合にも，排出権は二酸化炭素の絶対量で定義されなければならない．すなわち，実際に排出した CO_2 の量から購入した排出権の量を差し引き，それに売却した排出権の量を加えたものが「計算上の二酸化炭素等量」とされ，それを相対量のベースとなる生産量などで割ったものが，相対量で与えられた排出目標値を上回っていなければ，協定を守っていると見なされる．この場合，容易にわかるように，相対量のベースとなる生産量が増えれば，CO_2 排出の絶対量は増やすことができる．

DP は全体で，1 年目 80 万トンの CO_2 を削減する義務を負ったが，460 万トンを削減した．2 年目は 150 万トンの CO_2 を削減しなければならないが，520 万トンを削減した．CCAP も，最初の目標期間(2002 年)に全体で，600 万トンの CO_2 を削減する必要があったが，1580 万トンを削減した．第 2 目標期間(2004 年)でも，550 万トンの削減が必要だったが，1440 万トンを削減した．したがって，全体としては大幅に超過達成したが，個別には達成できなかった排出者があるので，取引が行われた．最初の 2 年間で，946 の参加者が取引を行い，取引量は，1 年目が 280 万トン-CO_2，2 年目が 170 万トン-CO_2 であった．DP は全体として売り超過，CCAP は全体として買い超過になった．すなわち，全体として，1 年目 70 万トン-CO_2 が，2 年目 30 万トン-CO_2 が，DP から CCAP に売られた．価格は，2002 年 9 月に最高 12 ポンド/トン-CO_2 を付けたが，その後下落して 2 ポンド/トン-CO_2 程度に落ち着いた．価格は低くなったが，CCAP が超過達成した余分の排出量は，ほとんどそのまま保有されている(Radov and Klevnäs 2004)．

8.3.5　混合政策の本質

イギリスの排出権取引制度は，地球温暖化問題で多くの企業が参加して行う取引としては世界で最初のものと評価されている(National Audit Office 2004, p.15)．また，伝統的な直接規制に代わる革新的政策手法であるとも言われている（*ibid.* p.14)．しかし，イギリスの現実の制度は，税と協定と補助金と取引との複雑な混合物である．そのような混合政策が排出権取引制度の理論上の利点を保持しているかどうかは，よく中身を検討してみなければわからない．北欧の炭素税も，免税部門や軽減税率が適用される部門を持っており，また，イギリスと同様，一定の基準を満たせば軽減税率が適用されるといった形で，規制的手法と結合されている．こうした複数政策の組合せは「ポリシー・ミックス」と呼ばれ，しばしば肯定的に評価されて，今日の日本の温暖化国内政策の選択をめぐる議論で，税と補助金とを組み合わせる政策などを評価する根拠になっている．ここでは，北欧とイギリスの制度を材料にして，現実の混合政策がどのような本質を持つかを明らかにしていこう．

まず，イギリスでもデンマークでも採用されている，ある基準を満たせば軽減税率が適用されるという形での税と規制または協定との結合についてだが，これの意味するところは，第5章の排水課徴金のところで既に論じた．ドイツ排水課徴金がまさにそのような制度だったからである．そこで述べたことは，ある排出量を基準として，排出量をそれ以下に抑えれば軽減税率を適用するということにすれば，基準排出量での限界排出削減費用が本来の税率と軽減税率との間にある排出者はもちろん，そこでの限界排出削減費用が本来の税率よりも高い排出者も，排出量を基準値に合わせる傾向があるということである．この場合，税は基準値の達成を補助する手段にすぎなくなる．誰がどこでどれだけどんな方法で排出を減らすかを決めるのは税率ではなく，基準値の方になっているからである．つまり，税と排出基準とを組み合わせると，支配的な政策は排出基準による規制になる[5]．税と排出基準とを組み合わせることには，効率性を向上させる効果は全くない．それは，税の役割を放棄して規制政策をとったことを意味するだけである．

イギリスの場合は，こうした税と排出基準との組合せの上に，さらに排出権取引制度を乗せた．このことの効果はどうなるだろうか．

5）排出削減費用に不確実性があるとき，ある排出基準で税率に差を設ける二段階課税が効率性を高めるとするロバーツとスペンス（Roberts and Spence 1976）の議論が，現実の温暖化国内政策と無関係であることについては先に述べた．

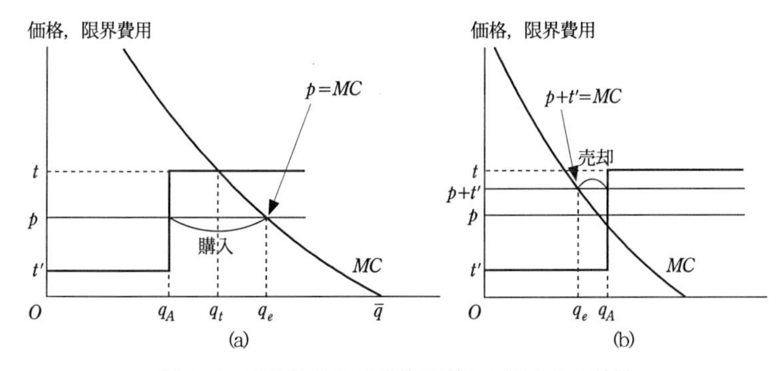

図 8.2　税と協定と排出権取引との組合せの効果

排出権取引が導入されると，購入した排出権を使って協定の目標値を満たしてもよいし，目標値以上に排出削減を進めて余った権利を売却してもよい．本来の税率(t と書こう)で税を払う覚悟で協定を破るという選択肢ももちろんある．このとき，排出権の価格を p とすると，どの排出者の限界費用も軽減税率(t' としよう)を下回ることはないから，$p \geqq t'$ になる．また，どの排出者の限界費用も協定目標値での限界費用を上回ることはない(協定を結んでいなければ限界費用が t に等しい排出量を選んでいるはずである)から，そのような限界費用の最大値を MC_{max} とすれば，$p \leqq MC_{max}$ である．

図 8.2 の(a)のように，協定目標値 q_A における限界費用が排出権価格 p を大きく超えている排出者は，排出権を購入して排出を増やすことによって利益を得る．限界費用が p に等しくなるまで排出量を増やすのが最も有利であろう．よって，限界費用は p に等しくなる．逆に図の(b)のように，協定目標値における限界排出削減費用が p よりも低い排出者は，もっと排出を減らして余った排出権を売ることが利益であろう．排出を減らす場合には，排出権売却収入だけでなく，軽減税率で払う税も節約されるから，1 単位排出を減らすたびに得られる利益は $p+t'$ である．したがって，限界費用が $p+t'$ に等しくなるまで排出を減らすであろう．協定目標値における限界費用が p よりも大きく $p+t'$ よりも小さい排出者は，排出を増やす場合の利益と減らす場合の利益とを比較して，増やすか減らすかを決めるであろう．

したがって，税プラス協定の下でばらついていた限界費用は，排出権取引の

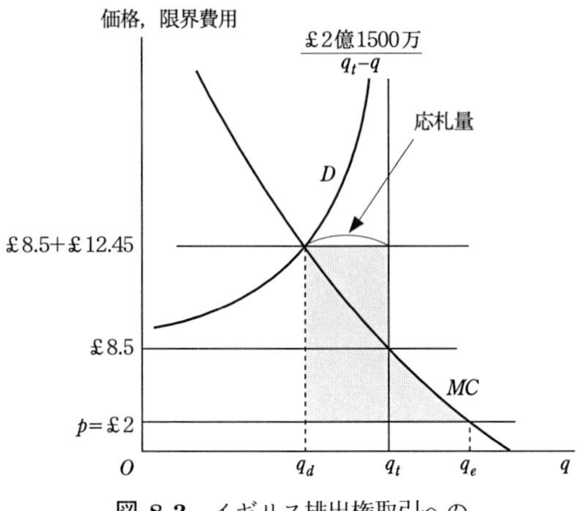

図 8.3　イギリス排出権取引への直接参加者の行動(1)

導入によって，p から $p+t'$ の間に収束していくと期待される．しかし，イギリスの制度では，ここに補助金による直接参加者が加えられる．直接参加者の排出権の総量は入札によって決められた．入札に参加する全排出者の現状の排出量を q_t とすると，彼らは協定に参加していないから，この排出量における限界費用は税率 t に等しくなっているであろう．落札後の排出総量，すなわち分配される排出権の総量を q とすると，q_t-q は排出削減量である．落札価格が v であれば，1 単位排出を減らすごとに $v+t$ だけの収入を得られるから，限界排出削減費用が $v+t$ に等しくなるまで彼らは排出を減らそうとするであろう．この関係は，排出削減の供給曲線と呼ぶべきものを与える．図 8.3 の曲線 MC がそれである．ただし，縦軸の価格には $v+t$ をとらなければならない．排出削減量 q_t-q を政府が買い取ることになる．予算が 2 億 1500 万ポンドと決まっているから，均衡価格は $(215\times10^8)/(q_t-q)$ ポンドに等しくならなければならない．この関係は，排出削減の需要曲線というべきものを与える．それが図 8.3 の曲線 D である．この曲線は $v+t$=$(215\times10^8)/(q_t-q)$ と書ける．

D と MC との交点で排出削減量と排出権価格プラス税率が決まる．実際の価格は 12.45 ポンド/トン-CO_2 である．気候変動税の税率が，例えばガスの

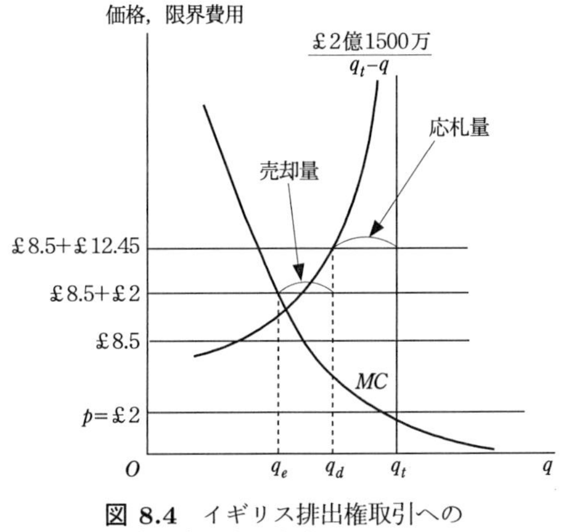

図 8.4 イギリス排出権取引への直接参加者の行動(2)

場合 8.5 ポンド/トン-CO_2 だから，20.95 ポンド/トン-CO_2 のところで D と MC とが交わり，排出権は q_d だけ分配されたであろう．

この状態から直接参加者は取引を行うが，その際，取引価格 p が限界費用を下回る限り排出権を購入するのが有利である．実際に排出権の価格は大きく下落して 2 ポンド程度になった．だとすれば，限界費用が 2 ポンドになるまで排出権を買い戻すであろう．その結果，排出量は q_e に増えたであろう．以上の一連の行動によって直接参加者のグループ全体としては，図 8.3 のアミを付した部分の面積で表される利益を得るであろう．これは，補助金と節税額と排出削減費用節約額から排出権購入額を差し引いたものである．

ところが，実際には，直接参加者グループは全体として，協定参加者グループに対して，排出権の売りが買いを超過しているという．これは，分配された排出権 q_d の内から一部を売却して，排出量をさらに減らしたことを意味する．落札価格プラス税率が q_d における限界費用に等しかったとしたら，これは，限界費用よりもはるかに低い価格でその後排出権を売却したことを意味する．これは利益最大化の仮定とは矛盾する．もしも，将来排出権価格が上昇すると予想すれば，こういう行動はあり得るが，現実がそうだとは言い難い．むしろ，逆に，q_d における限界費用が，落札価格プラス税率よりもはるかに低かった可能性が考えられる．その状況は図 8.4 によって表される．入札参加者が，価格受容者として自らの利益を最大にする行動をとっていなかったとすれば，その可能性がある．実際，限界費用が低いからといって，もっと排出量をたくさん減らせると言明すれば，補助金の単価が低下して，受け取れる補助金の総額は小さくなる可能性がある．それを考慮すれば，限界費用と等しいところまで入札価格を下げないのが得策になる．そうした行動は，自らの削減量が補助金単価に影響する可能性を考慮に入れており，価格受容者の仮定には反するが，現実には価格受容者などほとんどいないのだから，この方が現実的であろう．しかし，そうだとすれば，イギリス政府は，効率的排出削減ではなく，排出者にただ補助金を与えるために，直接参加者を引き入れたことになる．

ともかく，こうして，いくつもの価格が成立した．協定参加者の買い手の価格 p，売り手の価格 $p+t'$，直接参加者の価格 $p+t$ の 3 つである．この 3 つの価格の範囲に収束していくのであれば，排出権取引を導入したことは，協定による削減目標を効率的に達成する上で有効であるという評価になるだろう．しかし，上で触れた問題点，すなわち相対量での目標の存在のためにそうも言えなくなるのである．

目標削減量を相対量で定めている産業がほとんどであることは上で述べた．第 5 章で取り上げた米国酸性雨プログラムのように，生産量当たりの排出原単位を使って排出権の初期分配を行うというのは，企業に排出権を公平に割り当てる最も有力な方法である．しかし，酸性雨プログラムでは，当然ながら，割り当てられた SO_2 の排出権は，絶対量としてのみ意味を持った．つまり，割り当てられて後，生産量が増えたからといって，原単位に従って，排出してよい SO_2 の量が増えるわけではない．それに対して，イギリスの CO_2 排出権取引では，割り当てられた排出権も相対量で定義される．これは大きな問題である．排出権のインフレーションが生じるからである．企業が省エネルギーをしながら生産量を増やせば，排出権の総量が膨らんでいくのである．排出権の総量が膨らむということは，全体の排出量を減らすことができないということである．つまり，本来困難であったはずの初期分配の問題を，水増し可能な排出権を設けることによって回避したのである．

このような排出権の膨張によって排出権の価値が下がるのを防ぐために，取引制限が設けられた．相対量部門と絶対量部門との間の取引に「ゲート・ウェー」を設けて，相対量部門から絶対量部門への排出権の売却量が，絶対量部門から相対量部門への売却量を上回らないようにするという制限である．この制限によって絶対量部門の排出権の価値を維持し，国際排出権取引にも使えるものにしようというわけである．

しかし，相対量部門の中では排出権のインフレーションは生じるから，ゲート・ウェーの存在は排出権価格の二重化をもたらすだろう．したがって，相対量部門と絶対量部門との間の限界排出削減費用は均等にはならないだろう．さらに，相対量部門の中では限界排出削減費用はばらつくことになる．なぜなら，相対量部門では，CO_2 原単位を増やしたり減らしたりする変化だけによって生じる排出権への需要と供給とが一致するように価格が決まるからである．原単位を減らさずに，生産を減らしたり，生産物の種類を変えたりすることによる排出削減の方が限界費用が低いかもしれない．あるいは生産を増やすことの限界便益が小さいかもしれない．しかし，それらは排出量を調整する手段の中に入らない．限界費用とは本来，あらゆる対策を考えたときの最小費用を基にしなければならないが，相対量部門が採れる選択肢は限られている．したがって，排出権取引を行っても，真の費用最小化は実現しないのである．相対量で排出権が定義された上での取引であっても，取引がない場合と比べると，費用は低下しているかもしれない．それは効率性を増しているかもしれない．しかし，どの目的を達成するための費用かが問われなければならない．CO_2 の排出量を一定量に抑えるという目的のための費用を最小化してこそ，温暖化対策として意味がある．相対量での排出権の定義は，その目的の達成を確保しない．それは，各産業部門に与えられた原単位目標を最小費用で達成させる手段になっているのである．

8.3.6　日本での環境税提案

環境省(およびかつての環境庁)に設置されたいくつかの委員会が，温暖化対策のための新しい税を提唱してきた．1996 年に地球温暖化経済システム検討会は，比較的低税率の炭素税と，税収を財源とした補助金によって CO_2 排出を削減するという政策パッケージを提唱した(環境庁 1994, 1996; 岡 1997c)．

2000年には，環境政策における経済的手法活用検討会が，「温暖化対策税」と名付けた税率3000円/トン-Cの炭素税を，やはり補助金の財源として導入する政策を，「有力なポリシー・ミックス」として提唱した(環境庁2000b)．そして，2004年には，中央環境審議会・地球温暖化対策税制専門委員会の報告に基づき，「環境税」が環境省から11月に提案された．これは実現しなかったが，2005年に再び環境省から同様の環境税が提案された．

2004年，2005年の環境省による環境税の案は，10年来の検討を踏まえ，低税率の炭素税に助成措置を組み合わせるものである．中央環境審議会・地球温暖化対策税制専門委員会は，国立環境研究所が開発したAIMモデルを用いた推定結果に基づき，京都議定書の目標排出量を達成するためには，4万5000円/トン-Cの税率で炭素税をかける必要があるという結論を出していた．1996年以来AIMモデルを用いた推定結果は，一貫して3万円/トン-C以上の炭素税が必要だというものである．ところが，環境省が提案した「環境税」の税率は2400円/トン-Cである．これはガソリン1ℓ当たり1.6円というきわめて低率の税である．4万5000円の税が必要とされているのだから，2400円では京都議定書の目標は当然達成されない．

税率が低い上に，様々な減免措置が盛り込まれている．2004年の提案では，鉄鋼等製造用の石炭・コークス，および，農林漁業用A重油等は免税，エネルギー多消費型製造業で消費される石炭・重油・ガス・電気は2～5割軽減，軽油は税率2分の1，寒冷地の灯油も2分の1，中小企業など非課税といった措置が盛りこまれた．その結果，平均的な実効税率は炭素1トン当たり1400円程度になると予想された．2005年の提案では，「原油価格の高騰と既存税負担の状況にかんがみ」，ガソリン，軽油，ジェット燃料について「当分の間適用を停止する」とされた．一定の削減努力をした大口排出者が消費する石炭，天然ガス，重油，軽油，ジェット燃料について2分の1に軽減，一定の削減努力をしたエネルギー多消費産業に属する企業の場合は2分の1軽減に加え，さらに1割軽減という措置が盛りこまれた．鉄鋼等製造用の石炭，コークス等はやはり免税である．また，灯油の税率は2分の1とされた．

したがって，この税だけでは目標は達成できないのであって，実際，2004年提案でも600万トン程度の削減が期待されていたに過ぎない．必要な削減

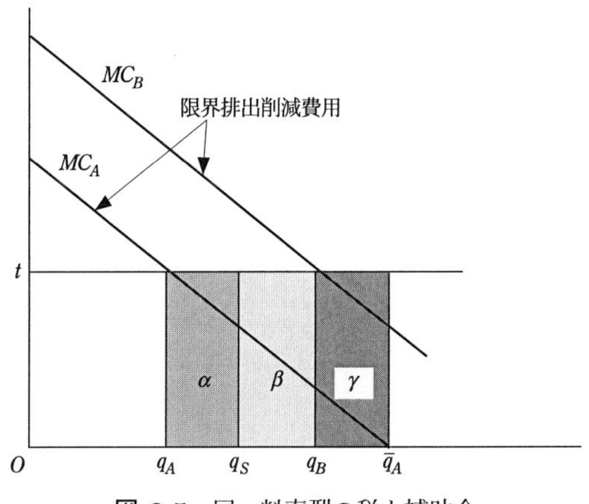

図 8.5　同一料率型の税と補助金

量1.7億トンと600万トンとの差をどうやって減らすかというと，まず4900億円と見込まれる環境税収のうち3400億円を，排出削減対策への助成に支出する．省エネ機器・設備，低燃費車，新エネルギーなどの導入や，環境負荷の低い交通手段の普及への財政支援である．これによって2000万トン削減されると予定されている．3400億円の一部は，外国から排出枠を取得する(京都メカニズムの活用)ためや，森林吸収を増やすためにも使われる．これで2500万トンの削減．規制・自主的取組み・普及啓発で8100万トンの削減に，すでに見込まれている森林吸収分3800万トンを加えると，ちょうど目標を達成できるわけである．

税と補助金との組合せには3つの異なった型がある(岡 1997c)．第1は，ある排出量を基準としてそれよりも多く排出する者には超過分に課税し，少なく排出する者には，削減分に補助金を支給するというものである．税率と補助金率とは等しく設定される．よって，これを「同一料率型」と呼ぼう．図8.5でこれを説明しよう．基準排出量をq_Sとすると，限界排出削減費用曲線MC_Aを持つ排出者Aは，q_Aまで減らして補助金αを得るであろう．限界排出削減費用曲線MC_Bをもつ排出者Bはq_Bまで増やして税βを払うであろう．基準点をどこに決めても排出量は変わらず，受取り支払う金額だけが変わるだけである．基準点が$\overline{q}_A$なら，Aは$\alpha+\beta+\gamma$を受け取る．このことから，基準

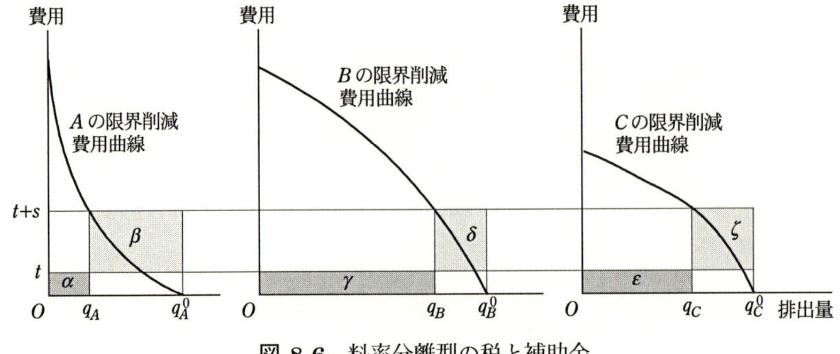

図 8.6　料率分離型の税と補助金

点の調整によって分配を変えることができ，それにもかかわらず，最終的な排出量を不変にとどめることができることがわかる．つまり，基準点の設定は，排出権取引における初期分配と同じ効果を持つのである．この型の税補助金の組合せから見ると，税単独の政策は，基準点排出量が 0 であるような特別の場合であると言える．基準点の設定が初期分配であるということは，基準点の決定には初期分配の決定につきまとった問題があるということを意味する．その難点があるので，この型の税-補助金の組合せが現実に採用された例はない．

第 2 の型は，排出削減量に対して一定の率で補助金を支給すると同時に，排出量に対して別の一定の率で課税するという組合せである．税率と補助金単価とが異なるから，これを「料率分離型」と呼ぼう．この型の組合せは，図 8.6 によって表される．この図で税率は t，補助金率は s である．排出者は現状の排出量からの削減について 1 単位当たり料率 s で補助金を受け取る．同時に，残った排出量について 1 単位当たり t の税率で税を払う．1 単位排出を減らすごとに排出者は $t+s$ だけの利益を得る．したがって，限界排出削減費用が $t+s$ に等しくなるまで，排出者は排出を減らすであろう．例えば，図 8.6 の排出者 A は，当初の排出量 q_A^0(費用のかかる排出削減は行っていなかったとする)から，限界費用が $t+s$ に等しい排出量 q_A まで排出を減らすであろう．このとき，A は税を α だけ払い，補助金を β だけ受け取る．B や C も同様に，排出量をそれぞれ q_B^0, q_C^0 から q_B, q_C に減らし，税をそれぞれ γ, ε だけ払って，補助金を δ, ζ だけ受け取る．すべての排出者の限界費用が $t+s$ に均等化するから，最小費用での排出削減が実現するであろう．総排出量を調整するには，$t+s$ を調整すればよい．また，$t+s$ を一定にしておいて t と s とを変えれば，税収の総額と補助金支給の総額とを変えることができる．財政収支を均衡させたければ，$\alpha+\gamma+\varepsilon=\beta+\delta+\zeta$ になるように t, s を決めればよい．

料率分離型では，同一料率型のように基準点を決める必要はないが，現状からのすべての排出削減に補助金が支給される．これは現状を権利として認めるのに等しい．現状の意味は排出者によって異なる．利益になる省エネ技術をよく追求してきた排出者とそうした努力を怠っている排出者とでは「現状」は異なる．省エネに優先的に投資してきた排出者と生産設備増強を優先してきた排出者とでも「現状」は異なる．中にはプラスの費用をかけてでも排出削減をした排出者もいるだろう．異なる排出者の異なる排出量に等しく補助金を受け取る権利を与えることには公平性の問題がある．等しくなく与えようとすれば，初期分配と同じ難点がまた浮上する．さらに，新規排出者には補助金を受け取る権利がなく，また，新規排出者にとっての排出増加の限界損失は $t+s$ ではなく t になるから，限界費用も既存排出者とは均等にならないという問題もある．こうした問題点があるから，この型の税-補助金の組合せも現実に採用されたことはない．

第 3 の型は，「技術指定型」である．これは，特定の排出削減技術(CO_2 削減の場合は主に省エネルギー技術)の採用に対して，その費用の一部または全部を補助し，税収をそのための財源に充てるというものである．現実の補助金政策は大体技術指定型であり，したがって，税と組み合わせる場合もこの型を想定するのが現実的である．補助金の支給は排出量と結びつけられない．だから，公平性の難点は回避できるが，効率性はあきらめなければならない．どの削減対策に補助金を支給するかを決めるのは政府なのである．

現実の組合せが技術指定型だとすると，今提案されている「ポリシー・ミックス」では，明らかに，誰がどこでどれだけどんな方法で削減するかを決めるという意味での対策の主役は，補助金・規制・自主的取組み・普及啓発であって，環境税ではない．税が効率的な排出削減を達成するメカニズムは，税率という価格信号を境にして，それよりも費用の小さい対策が採られ，それよりも費用のかかる対策が行われないということを基礎とした．今提案されている環境税では，ある分野では2400円/トン-Cという低率の環境税がかけられ，それより費用の小さい対策だけが導入されるであろう．別の分野では，もっと低い税率，例えば1200円がかけられ，1200円よりも低い費用の対策だけが導入される．免税の分野では何の対策も行われないであろう．それでは削減が不十分だから，規制や自主的取組みや財政支援などによって，もっと費用のかかる対策が導入される．その場合費用の高い対策が排除される仕組みはない．よって，最小費用での削減は実現しない．

この場合，環境税には何の意義もないのか．税によって排出削減を促す効果がほとんどないから，環境利用に税という人為的な価格を導入することから期待される効果はないと言ってよい．しかし，補助金の財源を環境負荷をベースにした税でまかなうという役割がある．これは目的税を前提にした場合に言えることである．補助金の財源を，所得税や消費税といった一般的な税でなく，環境負荷をベースにすることにどんな意味があるだろうか．意味があるとしたら，それが公平であるということに尽きるだろう．公平性は課税原則の中で最も重要なものであるから，環境税導入の有力な根拠になりうる．しかし，なぜ環境負荷をベースにするのが公平と言えるかについては，それほど説得的な根拠があるわけではない．今の時代そうするのが公平だろうという程度の直感的な根拠にすぎないかもしれないが，直感はしばしば力をもつ．環境税収入が一般財源化される場合にも，税による排出抑制効果が期待できないとすれば，公平性が唯一の根拠になるであろう．

8.4　炭素排出総量規制の可能性

以上の観察を総合すると，国内政策手段について次のように言ってよいだろう．税と協定あるいは排出基準とを組み合わせると，協定や排出基準の方が決定力を持つ．税と補助金とを組み合わせた政策では補助金が決定力を持つ．排出権取引は規制または協定を前提とするから，本質的に規制，協定とは相性がよいが，税と組み合わされた場合には，税率と排出権価格との和が意味を持つ．その際自由に動けるのは排出権価格の方だから，排出権取引制度が決定力を持つ．ただし，原単位に基づいているために量の変動する排出権が混入していれば，排出権価格を通じた限界費用均等化は期待できない．その場合，排出権取引にもかかわらず，成果は規制と同程度になるだろう．

環境税や排出権取引といったいわゆる経済的手段が盛んに提唱されているにもかかわらず，現実に支配的になりそうなのは，規制や補助金といった従来型の政策手段のようである．現に日本で CO_2 排出削減に成果を上げている政策といえば，経団連が取り組んできた自主的行動と省エネルギー法の下での様々な規制である．家電製品の省エネ基準や自動車の燃費基準は省エネ法の規制である．燃費や大気汚染物質の排出量によって自動車の取得税，保有税の税率に差を付けるいわゆる「グリーン税制」は，燃費基準の達成を促進する措置であり，規制を補完する役割を持つ．これら従来から実施されている政策に加えて，再生可能エネルギーの利用を促進する新たな補助金や，自動車から他の交通手段へと交通需要をシフトさせるための措置なども導入されるかもしれない．それらも従来の規制的・計画的手法の延長である．

しかし，これらの政策で京都議定書の目標を達成できるだろうか．何かの幸運でうまくいけば達成できるかもしれないが，達成は難しいと見るのが妥当だろう．もちろん京都メカニズムをフルに活用すれば達成できるかもしれない．しかし，京都議定書は第一歩にすぎない．将来にわたって CO_2 の排出量をもっと減らした上で安定化しなければならないという長期の課題から見れば，京都メカニズムを利用した達成は一時しのぎである．もっとも，一時しのぎだから意味がないとは言えない．国際的約束を果たすことは，次の枠組づくりで発言力を保持するためにも重要であるから，日本は京都メカニズムを利用して目標を達成すべきである．しかしながら，問題の本質を考えると，京都メカニズムを利用して達成することは，課題の先送りである．このままでは，温暖化問題の解決は見えてこない．温暖化問題に対処するためのもっと根本的な政策手法はないのだろうか．

CO_2 の排出量を本気で減らそうとするならば，そして減らした水準で安定化させようとするならば，排出量の総量規制が一番確実であることは，わかりやすい理屈である．総量規制の難しさについては繰り返し述べてきたが，その難しさを承知の上で，ここでは，CO_2 排出総量規制の可能性を現実的に考えてみよう．

まず，総量規制ができれば，排出権の定義は当然可能で，その権利を譲渡可能にすることに特に困難はないから，排出権取引制度の導入は容易である．取引の導入によって，不要な無駄は除かれ，総量規制に伴う自由な成長の阻害という難点も緩和されるのであるから，排出権取引制度の導入は当然前提とすべきである．

そうすると，燃料を購入する際に炭素排出権を購入することが義務づけられる．同じことだが，炭素排出権付きで販売することが義務づけられる．先に述べたように，その義務づけを，最終消費者への販売のところで行っても，流通のもっと上流で行っても，総排出量の確保という点では同等である．取引の煩雑さを考えると，上流で行うのが現実的であろう．最上流は，燃料の輸入の段階である．規制を受ける主体の数が少なければ少ないほど行政費用が節約できるとすれば，この輸入段階で規制をするのが効率的だと思われる．そうすると，総量規制は炭素輸入の総量規制という形になる．

規制を受ける主体は，石油業者，ガス事業者，電気事業者，鉄鋼業者などになるだろう．それらの企業が燃料を輸入する際，炭素輸入権の保有を義務づけることになる．問題は初期分配である．グランドファザリングで燃料輸入者に炭素輸入権を割り当てるとしたら，従来の輸入実績に基づいた割り当てをする他ないであろう．しかしこれは大きな分配上の問題を孕む．炭素輸入量が総量で抑えられたとして，それは燃料供給量に上限を設けることを意味する．燃料需要量がそれに見合っただけ減少しなければ，需給が一致しない．燃料需要の減少は，燃料価格の高騰を通して起こるだろう．燃料価格高騰に伴う販売額の増加は燃料の販売者，究極的には燃料輸入者によって取得される．輸入者には特別の費用がかかっていないのであるから，これは彼らに特別の利潤をもたらす．この特別利潤は，単に輸入量が規制されたというだけで，輸入業者が労せずして獲得するものであり，これを生む排出権を初期にどれだけ受け取れるかは輸入者にとって大問題になる．

加えて，それは，燃料消費者が負担するものである．炭素排出量が目標を満たすために必要な価格上昇は，排出権を伴った総量規制制度であれ，炭素税政策であれ，変わらないから，燃料消費者にとっては，炭素税を課せられたのと同等の負担増が生じているであろう．炭素税であれば，この消費者の負担額は全部政府の収入になる．これに対して，排出権付き総量規制では，燃料輸入者がこれを取得する．これはまた別の分配問題である．燃料消費者の中にはエネルギー多消費産業も含まれる．エネルギー多消費産業の内，燃料を自ら輸入する者は，輸入権を割り当てられて保有しているから，燃料価格高騰による余分の負担を被らないのに対して，自ら輸入しない者は燃料価格高騰による負担増を被ることになる．ここにもう１つの不公平がある．

この問題を解決するためには，輸入権をグランドファザリングでなく，オークションで政府が燃料輸入者に売却すればよい．そうすれば，輸入者が権利付与によって利潤を得ることはなくなる．石油業者は取得した炭素輸入権に見合った石油を輸入し，それを精製し，製品にして，販売する．その際，炭素輸入権購入の費用は石油製品価格に上乗せして売るであろう．石油製品の消費者は，高くなった石油製品を購入する．その点はグランドファザリングによる初期分配の場合と同様であり，また炭素税の場合と同様である．グランドファザリングの場合と違うのは，直接燃料を輸入して消費する者も，一般消費者と同等の費用負担増を被るという点である．

しかし，そうすると，燃料消費者にとっての分配影響は，炭素税の場合と全く同じになる．炭素税が，負担の大きさゆえに，十分な税率で実施できなかったとすれば，オークション方式での排出権付き総量規制は，炭素税制度と同様実施困難になるであろう．これを解決するには，エネルギー多消費産業だけに，炭素輸入権を無償で割り当てるという方法がある．あるいは，自主的取組みなり政府との協定なりで，CO_2の排出量削減を約束した企業だけに，炭素輸入権を無償で割り当てる．輸入権を割り当てられた企業は，それを，炭素輸入権を必要とする輸入業者に売却することができる．これによって余分の負担分を取り戻すことができるのである．

このような輸入権の無償配分は，目標とする削減量を達成するのに十分な炭素税をかけて，特定の事業者にだけ軽減税率を適用する制度と，ほぼ同等の分配効果を持つことができる．両制度の違いは，炭素税と軽減税率とを組み合わせた政策では，目標とする排出量を達成できるかどうかが不確実であるのに対して，分配に配慮した排出権付き総量規制では，目標達成が確実であるという点である．また，分配影響は一部無償割り当てによって緩和されたにしても，その無償割り当て自体が問題なしとは言えない．財産を割り当てることに違いはないからである．その点，軽減税率の適用では，新たな財産を排出者に付与しない．しかしながら，軽減税率を適用すべき範囲の排出量を決めるということは，ある種の権利を配分するのに近いから，問題は程度の差とも言える．

以上が，一国の CO_2 排出量の削減を本気で考える場合に，最も効果があると思われる，現実的政策の概要である．

排出権付き総量規制政策は，エネルギー利用技術の革新を促す効果があるであろう．画期的な技術進歩があれば，価格上昇なく需要が十分に減少するかもしれない．しかし，エネルギー利用効率がどの程度改善されるかは不確実である．それは大して改善されないかもしれない．そうすると，従来エネルギーを投入して行っていた活動を抑制したり，人力に置き換えたりする必要が出てくるだろう．排出権取引によって人為的に導入された価格の作用で，エネルギーをどの用途にどれだけ割り当てるかという意味での効率は改善するが，エネルギー利用全体の効率を改善するのは技術変化であり，それは，排出権取引によって起こる必然性はない．そうすると，この総量規制政策は，排出権取引による効率化作用にもかかわらず，本当に経済成長を抑制し，場合によってはマイナス成長を余儀なくさせるかもしれない．

この点が重要である．一般に，排出権取引は，環境利用に価格を付与することによって，環境の各種用途への配置を効率化するが，経済全体の時間を通じた利用効率の改善は技術進歩に依存し，それは，総量規制という政策によって促進される可能性はあるが，必然的に起こるとは言えず，総量規制は，経済全体の活動量の抑制を起こすかもしれないということである．つまり，排出権取引の効率化作用は，経済問題の一部である短期の配分効率の改善に資するのみであって，成長あるいは経済発展にかかわる大問題にはそれほど関係がないのである．

次に問うべき問題は，まさに成長と環境の問題である．温暖化問題が難しいのは，それへの対策に，資本主義経済の本質に触れる部分があるからである．次章では，それを明らかにしながら，環境と経済との関係の核心に迫ってみよう．

第9章　環境問題と経済成長

9.1　重要な環境問題は何か

9.1.1　経済成長と二酸化炭素排出との結びつき

前章でも述べたように，地球温暖化問題には不確実性がつきまとっているが，はっきりしていることは，大気中の CO_2 の濃度は着実に上昇しており，これが人為によるということである．それは石炭文明とともに始まった．石炭，石油，天然ガスと，形態は多様になったが，共通していることは，地下に眠っていたストックとしての低エントロピー資源を人類が大量に掘り出して燃やしているということであり，そうした行為が始まって以来，大気中の温室効果気体の濃度は上昇し続けているのである．

図 9.1 は，1990 年度から 2003 年度までの日本の実質 GDP と CO_2 排出量との推移を描いたものである．この間に CO_2 排出量が減った年が 3 つある．93 年度と 98 年度と 2001 年度とである．この 3 か年はすべて実質 GDP が減った年，つまりマイナス成長の年である．GDP 成長率がプラスで CO_2 を減らした年度はない[1)]．これは温暖化問題を解決する上では困った傾向である．CO_2 の排出は減らさなければならないし，経済は成長しなければならないと，多くの人が思っているからである．

1)　2004 年度の CO_2 排出量は速報では 0.59% 減，GDP 成長率はプラス 1.7% で，この傾向の例外となりそうである．ただし，CO_2 排出量が減ったのは，主として，原子力発電所の稼働率上昇という偶然の要因のせいである．

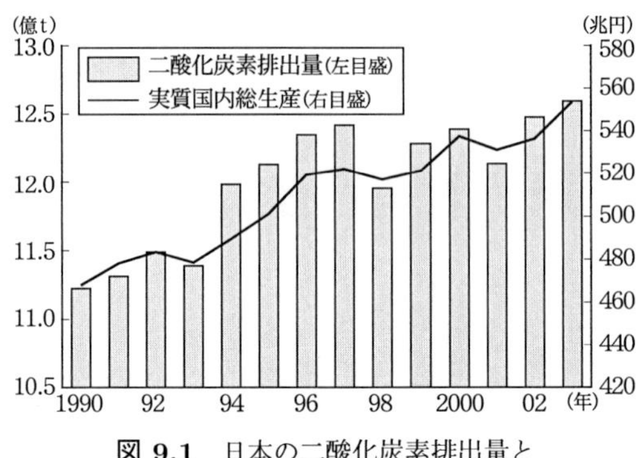

図 9.1 日本の二酸化炭素排出量と国内総生産の推移

この傾向は必然ではないが，経済活動の規模と CO_2 排出量との間に，一方が増えれば他方も増えるという関係があることは経験的に確認できる．そして，その理由は次のように説明できる．GDP は支出面から見ると，消費と投資からなるが，投資は将来の消費を用意するものだとすれば，GDP の成長とは，消費される財・サービスの種類と量が増えることである．労働者数の増加や労働時間の増加がないとすれば，1 人当たり一定時間当たりに労働者が生み出す財・サービスの量が増えなければ，これは実現しない．つまり，労働生産性の上昇が必要である．労働生産性の上昇は，労働者の技能の向上によっても起こるが，その大幅な上昇は，労働が担っていた機能を他の物に担わせることによってしか生じない．機械による労働の代替である．そして，その機械を動かす動力を，人間労働からエネルギー資源に置き換えることによってこそ，労働生産性の飛躍的上昇が可能になったのである．さらに，消費者の新たな欲望を喚起しそれを満たすべく登場する新規の財も，それが利用される過程でエネルギーを消費する．産業革命以来，情報化革命と言われる現在でも，この本質は変わらない．

そして，エントロピー経済学が言うように，動力源として役立つ低エントロピーのエネルギーを得るのに，ストックとして存在している化石燃料を燃やすことが効率的であったから，CO_2 排出は増え続けたのである．もちろん，CO_2 排出量を増やさずに，消費する財・サービスの種類と量を増やすことは原理的には可能である．それには2つの方法がある．第1は，低エントロピーのエネルギーが廃熱となって使えなくなるまでの経路を制御し，そこからより多くの役立ちを取り出すということである．省エネルギーとはこのことである．第2は，化石燃料以外の低エントロピー資源を導入することである．原子力や新エネルギーの開発はそれに当たる．

省エネルギーはかなりの成功を収めてきたが，省エネルギーによってエネルギー消費を零にすることは不可能であり，現実には零になる以前に省エネルギー効果は逓減し，節約可能量には限界があるだろう．GDPの方に上限がなければ，エネルギー消費は必ず増えることになる．

化石燃料に代わる低エントロピー資源は，いろいろの困難があって，化石燃料に取って代わるまでにはなっていない．その原因は，人間労働を代替する能力において，化石燃料に優るものがないということに集約されるだろう．ストックとしての化石燃料は，すぐに使える低エントロピーの缶詰のようなものである．代替エネルギーの中で有力な太陽エネルギーは，大量だが薄く拡散したフローである．原子力は，その生み出す電力が人間労働を代替するが，電力を生み出すために必要な人間労働——資源を採掘し，精製し，燃料加工し，発電所を建設し，放射能を閉じこめながら運転し，放射性廃棄物を管理し処理する労働——を考慮に入れての労働節約効果が，化石燃料による人間労働代替効果よりも勝っているかどうかはっきりしない．それは，放射性廃棄物を，人間の管理から切り離して環境中に放置してよくなるまでにどれだけの人間労働が必要かが確定していないからである．

エントロピー経済学であれば，太陽エネルギーや原子力の困難を，結局は資源のエントロピーが高いということに帰着させるであろう．エントロピーの高さを実証することができないので，それが正しいとは言えない．実際，原子力の場合，困難の原因のほとんどが放射能を閉じこめる必要性に関わり，もし放射能を出してよいということになれば，非常に有利な技術になるだろうし，放射能の問題は生物に対する毒性にあり，毒性の問題をエントロピーで理解することはできない．しかし，人間労働の代替という点での化石燃料の優位は確実である．人間が豊かになっていくということと，化石燃料消費の増大とがこういう形で結びついていることが，温暖化問題の困難の源泉である．

他の環境問題で，豊かさとこれほど結びついているものはない．すべての環境問題は，経済的に豊かになろうとする過程で起こったが，豊かになる途中で起こり，もっと豊かになることによって克服された問題が多い．工場の煤煙による大気汚染も，工場排水による水質汚濁も，急速に豊かになろうとする過程で起こったが，急速に豊かになる余力で対策がとられた．化学物質による健康へのリスクは着実に減ってきた．地球環境問題のうち，オゾン層破壊は，フロンの規制によって止まり，回復に向かうと思われる．酸性雨は大気汚染と同じ対策で解決可能である．生物多様性の問題も，むしろ貧困と関係の深い問題であって，豊かになることが解決の根本的障害とは思われない．

9.1.2　究極の廃物としての二酸化炭素

大気汚染や水質汚濁の対策としては様々な方法がとられ，クリーナー・プロダクションと言われる工程内対策が大きな役割を果たしたことは第5章で述べた．しかし，いくら工程を改善しても，排水処理，排ガス処理による汚染物質の除去は不可欠である．汚染物質の除去とは水や空気からの特定の物質の選り分けであり，それはエントロピーを減らすことに他ならない．エントロピーを減らすためには低エントロピー資源が必要である．低エントロピー資源として直接にはいろいろな物質が使われるにしろ，それらの物質を生産する過程も含めて考えれば，究極的には化石燃料の低エントロピー性が不可欠である．

汚染物質は基本的にはエネルギーをかければ除去できる．それに対して，CO_2 は，エネルギーを使って除去(再び炭素として固定)しようとすると，より多くの CO_2 を出してしまうだろう．これはエントロピー法則の帰結である．ここに，温暖化問題の特異性がある．

温暖化問題こそエントロピー問題の表れであるように見える．もっとも，エントロピー論からすると，低エントロピー資源の消費に伴う廃物・廃熱の発生そのものが「汚染」であり，それによって温暖化が起こるかどうかはどうでもよい．また，エントロピーの視点からは，原子力であろうと化石燃料であろうと，低エントロピー資源の消費が問題であり，CO_2 であろうと H_2O であろうと，廃物の拡散が問題だということになる．エントロピー論が，エネルギー分析に依拠して，様々なエネルギー利用技術の効率性を論じたことは第3章で述べた．エネルギー分析は，エネルギー利用技術に直接間接に投入されるエネルギーの量(「エネルギー・コスト」と呼ばれた)を求める分析である．エントロピーを直接に測ることはできないが，エネルギー・コストは，低エントロピー資源をどれだけ消費するかを示すから，エントロピーの間接的な指標になる．

エネルギー分析は，その後，製品や技術の，製造から使用・廃棄までの生涯にわたるあらゆる環境負荷を計測する「ライフサイクル・アセスメント(LCA)」へと発展した．あらゆる環境負荷を測るということになると，それらを統合して単一の指標を得るには，重みづけして集計する必要がある．そこで，重みづけのやっかいな問題が生じる(Oka et al. 2005)のであるが，エントロピー論の立場からすると，低エントロピー資源の投入は，他の要素とは違う特別の意味を持つ．すなわち，エネルギーを投入すれば，他の環境負荷はおおむね減らすことができる．他の環境負荷には，環境基準などもあり，それ以下ならば害がないと見なすことも可能である．そうであれば，他の環境負荷は，環境基準まで減らすことを前提に，そのために必要なエネルギー投入を見込んだエネルギーの直接間接投入量をLCAのアウトプットとするという考えも成り立つであろう．これはエントロピー論に基づいたLCAの解釈である．

さらに，化石燃料こそが，唯一の究極的低エントロピー資源であるというエントロピー論の主張を受け入れるならば，CO_2 排出量だけをLCAのアウトプットとすることも許される．化石燃料以外のエネルギー源も低エントロピー資源だとすると(それが正しい可能性が高いが)，CO_2 ではなくエネルギー・コストをLCAのアウトプットとすべきであろう．

以上をまとめると，今最も重要な環境問題は地球温暖化問題である．その理由は，第1に，CO_2 の排出が，あらゆる環境負荷の中で，経済成長との結びつきが最も強いということであり，第2に，CO_2 だけが，あらゆる環境負荷の中で，低エントロピー資源の投入によって除去できないものだということである．

第2の点は必然である．第1の点は次に答えるべき問いにつながる．一体，資本主義は経済成長を必要とするのかという問いがそれである．

9.2　環境マクロ経済学——ケインズ派環境経済学へ

9.2.1　企業の成長と経済の成長

資本主義経済は，その誕生から現在まで，一時的な後退は何度かあったが，一貫して成長を続けてきた．成長は資本主義の本質であると見なす経済学者も多く，それは通念ともなっている．実際，20世紀の後半に資本主義経済は，成長において，対抗する体制であった社会主義経済に大きく差をつけ，それが社会主義崩壊の原因の1つになった．しかし，経済理論的に見ると，資本主義経済と成長との結びつきは必然ではない．成長なき資本主義を描く多くの経済理論が存在する．

古典派経済学者リカードの成長理論では，経済成長とともに食糧需要が増加するが，それがやがて肥沃な土地の不足による食糧生産力の低下をもたらし，それが賃金を上昇させ，それによって利潤率が低下し，やがて利潤率は零になって成長が止む．利潤率が零になった経済が資本主義かどうかは微妙だが，平均的に零であっても，その中で正の利潤を獲得すべく競争が行われていれば，資本主義と言ってよいだろう．しかも，リカード理論では，利潤があっても投資される必要はないから，利潤率が零になる以前に成長率が零になってもよい．その場合，零成長の資本主義経済は可能である．マルクスが描いた単純再生産では，労働者の搾取は存在するから当然正の利潤率が生じている．しかし，資本の蓄積がないから成長率は零である．

資本主義にとって成長が不可欠であるという観念の基礎には，企業の本質についての認識があるであろう．企業は成長を志向している．もっと多くの利潤を，というのが資本の原動力だとすれば，資本主義企業の成長志向は，その本性に根ざす．しかし，経済を全体として見ると，成長する企業があれば衰退する企業もあり，倒産によって退出する企業もある．そのような諸企業の集合からなる経済全体の成長率は零でもかまわない．ただ，全体の成長率が高ければ，衰退・退出を余儀なくされる企業の割合はそれだけ少なくなり，資本の本性を全うする確率が高まる．成長率が正であることの意味がその程度であれば，資本主義にとって経済成長が不可欠であるとは言えない．

9.2.2　ケインズ派経済成長理論と環境

資本主義にとって経済成長が必要であるという考えが経済学に明示的に取り込まれたのは，ケインズ理論が登場して以降である．

ケインズ(Keynes 1936)は，需要の不足によって，資源が全般的に過剰になり，特に労働力が過剰になって失業が生じる可能性があることを示した．ケインズの有効需要の原理によれば，総生産(所得)の増加 ΔY の内どれだけが消費されるかを示す限界消費性向を c とすれば，消費の増加分は $c\Delta Y$ に等しく，所得の増加分からこれを差し引いた残り $(1-c)\Delta Y$ が貯蓄される．この貯蓄が実現するには，それに等しいだけの投資需要の増加 ΔI がなければならなかったから，$\Delta I{=}(1-c)\Delta Y$ である．ここから，$\Delta Y{=}\Delta I/(1-c)$ が導かれる．$1{-}c$ は，総生産増加の内どれだけが貯蓄されるかを示しているので，これを限界貯蓄性向と呼び α と表すと，

$$\Delta Y = \frac{\Delta I}{\alpha} \tag{9.1}$$

となる．この式は，限界貯蓄性向が一定なら，投資の増加 ΔI が総生産(所得)の増加 ΔY を決めるという関係を表している．限界貯蓄性向の逆数 $1/\alpha$ を「乗数」と言う．投資の増加がその乗数倍の所得増加を生むことを示すこの理論は「乗数理論」とも呼ばれる．投資 I が小さければ，総生産 Y は小さくなるので，小さい総生産に対応して雇用も縮小し，すべての労働者が雇用されていない不完全雇用の状態で経済は均衡しうるということを，乗数理論は示している．需要不足によって，経済が不況に陥り失業が発生しうることを，ケインズ理論が説明したというのは，この意味においてである．

ところで，投資は資本設備を増やし，資本設備の増加は生産能力を増加させる．この，投資の生産力効果と，ケインズが示した投資の需要効果とを結合して，経済安定のための成長条件を明らかにしたのは，ドーマーである(Domar 1946)．投資 I が生産能力を ΔP だけ増やすとして，この関係を

$$I\sigma = \Delta P \tag{9.2}$$

と表すと，ある年に労働者が完全雇用されていたとして，次の年も完全雇用さ

れるためには，所得の増加分が生産能力の増加分と等しくなければならない($\Delta Y = \Delta P$)から，式(9.1)，(9.2)から，

$$\frac{\Delta I}{\alpha} = I\sigma$$

を得，ここから

$$\frac{\Delta I}{I} = \alpha\sigma$$

を得る．この式は，投資が $\alpha\sigma$ に等しい率で成長しなければならないことを示している．限界貯蓄性向が平均貯蓄性向——総貯蓄の総生産に対する比——にも等しいとすれば，

$$\frac{\Delta Y}{Y} = \alpha\sigma \tag{9.3}$$

となる．この式の左辺はGDP成長率である．この式は，経済成長率が，貯蓄性向と投資の生産性との積に等しくなければならないことを示している．何のために等しくなければならないかというと，完全雇用にあった経済が完全雇用を維持し続けるためにである．この(9.3)式の右辺 $\alpha\sigma$ を「適正成長率」という．適正成長率とは，経済が時間を通じて完全雇用を維持するために必要な成長率である．

伊東(2005)は，このドーマーの成長理論に基づいて，成長を必要としない経済とはどういうものかを描いている．そのためには適正成長率が零になればよいのであるが，式(9.3)からわかるように，そのためには，$\alpha=0$ または $\sigma=0$ になればよい．貯蓄性向が零，つまり人々が貯蓄することがない社会は，「極端に貧しく貯蓄することができない社会か，逆にこと経済問題としては，将来の生活にも，子どもの教育にも，住む家のことにも心配のない豊かな福祉社会かのいずれかである」(同 40-41 頁)．また，投資の生産性 σ が零になってもよいが，これにも2つの道があると言う．第1は軍需品への投資である．この投資は生産に寄与しない．生産に寄与しないもう1つの投資は，福祉，教育，学問，文化，芸術等への投資であると言う(同 41 頁)．

つまり，学芸重視の高福祉社会(当然社会保障費の負担率は大きい社会)であれば，成長がなくても安定しうるのである．これが，環境の世紀に，古いドー

マーの成長理論がもつ意味である.

この成長のない社会は停滞社会ではないと伊東は言う. なぜなら, 減価償却に相当する更新投資はあり(更新投資は生産能力を増やさない), その中で技術革新が生まれるからである. そのような技術革新の中に, CO_2 の排出を減らすものが含まれることも期待できる. ただ, この安定した社会を突き崩す力があり, それは,「資本主義が内に持つ経済競争の論理であろう」という(同). それは特に「発展途上国の先進国へのチャレンジとしてあらわれ」,「市場重視の新自由主義もこうした圧力のもとで生まれた」という(同). この圧力に抗して,「経済競争にかわる知的競争と協力の論理」を登場させるのは難しいが, 日本にとっては, 人口減少社会に移行することは救いだと, 伊東の論文は結んでいる.

ドーマーの理論は単純である. この理論を使って, 21世紀初頭の環境と経済の重要な課題についてこれだけのことが言えるということを示した意義は大きい. 単純な理論で余計な仮定を含んでいないだけ, それは強力である.

しかしドーマー以後, 複雑な経済成長理論が次々と登場し, ドーマー理論は今では顧みられることも少なくなった. ドーマー理論の特徴は, 時間を通じた完全雇用と両立可能な成長率は1つしかないということであり, かつ, 資本主義経済を自由放任にしたときに自動的にその成長率が実現する保証がないという点にある. むしろ, 資本主義は適正成長率から外れると, ますますそこから離れてしまうという意味で, 適正成長は「ナイフの刃」の性格を持つと見なされた. それは, 資本主義経済は常に不完全雇用の危機にあるというケインズのメッセージを, 通時的枠組の中でより強固にした.

その後の経済成長理論の流れは, ドーマー理論で一定とされた変数を可変的にすれば, 資本主義はそれほど不安定ではなくなるというものであった. どの変数を可変的にするかで, 道は2つに分かれた. 1つは新古典派成長理論であり, もう1つはポスト・ケインズ派成長理論である. こうした理論上の発展の後, 上の伊東の諸命題がなお保持できるかどうかを問わなければならない.

9.2.3　新古典派成長理論

ソロー(Solow 1956)は, ドーマーのモデルを, 生産要素の投入係数が固定的である特殊ケースと見なし，それに代えて投入係数が可変的なようにモデルを拡張した．そのために彼は，$Y=AF(K,L)$ という形のマクロ生産関数を使った．ここで Y は総生産(GDP)，K は資本ストックの量，L は生産に投入される労働の量，A は生産性——「全要素生産性(total factor productivity: TFP)」と呼ばれる——を表す．関数 $F(K,L)$ は1次同次と仮定される．すなわち，任意の t について

$$tF(K,L)=F(tK,tL)$$

である．これは資本も労働も投入量を t 倍にすると，関数の値も t 倍になることを意味し，それは，生産性 A が変わらなければ生産量も t 倍になることを意味する．この仮定は，「規模に関する収穫一定」の仮定とも呼ばれる．また，各生産要素(資本と労働)の限界生産力が逓減することも仮定される．すなわち，

$$\frac{\partial F(K,L)}{\partial K}>0,\quad \frac{\partial F(K,L)}{\partial L}>0;\qquad \frac{\partial^2 F(K,L)}{\partial K^2}<0,\quad \frac{\partial^2 F(K,L)}{\partial L^2}<0 \tag{9.4}$$

である．これらの仮定は，資本と労働とが代替可能であることを意味している．すなわち，労働を減らして資本を増やせば，同じ生産量を実現できる．ただし，資本を増やすにつれて資本の追加生産力はだんだんと低下していくということを，上の式は表している．労働によって資本を代替する場合も同様である．ちなみに，前章で紹介したノードハウスとボイヤーのモデルは，このような生産関数の特殊なケースに当たる．

生産要素が代替可能であるから，投資の生産性は当然可変的になる．ドーマーの場合は，投資の生産性 σ は，投資によって新しい資本が加わったとき，それとともに労働の投入量や配置も変わり，既存資本が廃棄され，あるいは遊休するといった一連の変化を含んだものと定義された．技術進歩も投資に体化され，その中に含まれていた．それに対して，ソローの生産関数では，資本は純粋な資本として入っており，投資の生産性は

$$A\frac{\partial F(K,L)}{\partial K}$$

と書ける．

関数 $F(K,L)$ は1次同次と仮定されたから，$k=K/L$，$y=Y/L$ とおくと，

$y=AF(k,1)$．そこで，$f(k)=F(k,1)$ とおけば，$y=Af(k)$ である．これは労働者 1 人当たりの生産関数を表す．$K=kL$ から

$$\Delta K = \Delta kL + k\Delta L$$

である．よって，

$$\frac{\Delta K}{K} = \frac{\Delta k}{k} + \frac{\Delta L}{L} .$$

労働力の成長率(人口増加率)を $n=\Delta L/L$ とすると，

$$\frac{\Delta K}{K} = \frac{\Delta k}{k} + n \tag{9.5}$$

であり，他方，$\Delta K=S=\alpha Y=\alpha yL$ から

$$\frac{\Delta K}{K} = \frac{\alpha y}{k} . \tag{9.6}$$

(9.5), (9.6) から

$$\frac{\alpha y}{k} = \frac{\Delta k}{k} + n .$$

よって，

$$\alpha y = nk + \Delta k .$$

したがって，$\alpha y>nk$ ならば $\Delta k>0$，すなわち 1 人当たり資本が増え，$\alpha y<nk$ ならば $\Delta k<0$，すなわち 1 人当たり資本が減る．

k が増えると y は増えるが，資本の限界生産力は逓減していくと仮定されており――式(9.4)で――，他方 nk は k に比例するから，k の非常に小さいところで $\alpha y>nk$ であっても，やがて $\alpha y<nk$ に転ずるであろう．その間に $\alpha y=nk$ となるような k がある．このような k を k^* と書くと，$k=k^*$ において $\Delta k=0$，つまり 1 人当たり資本が一定になる．そして，$k<k^*$ のとき $\alpha y>nk$ で $\Delta k>0$ だから k は増え，$k>k^*$ のとき $\alpha y<nk$ で $\Delta k<0$ だから k は減っていく．それゆえ $k=k^*$ は安定であり，k がそこから離れるとそこに戻る傾向がある．

安定な $k=k^*$ において 1 人当たり資本は一定にとどまるが，(9.5)から，資本 K は率 n で成長する．また

$$\frac{\Delta Y}{Y}=\frac{\Delta L}{L}+\frac{\Delta y}{y}=n+\frac{\Delta y}{y}=n+\frac{\Delta Af(k)+A\Delta f(k)}{y}$$
$$=n+\frac{\Delta A}{A}+\frac{A\Delta f(k)}{y}$$

であるが，k が一定なので $\Delta f(k)=0$ だから，

$$\frac{\Delta Y}{Y}=n+\frac{\Delta A}{A} \tag{9.7}$$

となる．すなわち，GDP は $n+\Delta A/A$，つまり人口成長率と技術進歩率との和に等しい率で成長する．

この体系では，式(9.7)の右辺の変数はすべて体系の外から与えられる．人口成長率と技術進歩率はいわば天から降ってくる．それに合わせて GDP は成長するのである．究極的には自然的所与が経済変数を決めるという新古典派の特徴がここによく現れている．

9.2.4　成長理論と政策目的

2001 年度以降国の『経済財政白書』の副題は一貫して「改革なくして成長なし」となっている．このスローガンの立場は，成長が目的であって，改革はそのための手段であるというものである．2001 年の白書は，簡単に言えば，上の式(9.7)と本質的に同じもの(1 人当たり資本が増えると想定し，n が労働と資本の成長率の加重和になっている点が異なるが)を使って，n=1.5%, $\Delta A/A$=0.5% となりそうだから，日本の成長率は今後 2% になりうると主張した(内閣府 2001，123 頁)．$\Delta A/A$ を引き上げるのが構造改革だと見なされている．

これは，式(9.7)の右辺の $\Delta A/A$ を，天から降ってくるのではなく，政策によって変えうる変数と見て，それを手段として左辺の高い成長率を実現しようとするのである．目的は経済成長である．

これに対して，ドーマーのモデルでは，成長は目的ではなかった．成長は完全雇用を実現するための手段である．完全雇用維持のためにどれだけの成長率が必要かがそこでは問われたのである．

この立場を体現した論争がかつてあった．日本の高度成長前夜の 1959 年に行われた，高度成長派と安定成長派との論争がそれである．そこでは，適正成長率が何%であるかが 1 つの争点になった．高度成長派の下村治は，資本係

数を 1 と見て，適正成長率が 9〜10% であると主張したが，都留重人は，減価償却と過去の成長と技術革新とを考慮して資本の推計を補正すると，適正成長率は 6.8% になり，高度成長ではインフレになると主張した．さらに都留は，高度成長よりもむしろ所得格差の縮小が必要であり，所得に表されない福祉の重要性を考慮するならば，成長を目的とすべきでないと主張した(都留 1959a)．

これは明らかに，ドーマーの成長理論に基づいて，必要な成長率がいくらかをめぐる論争であった．上の伊東の議論も，明らかに成長を必要性の観点から論じたものである．

9.2.5　ポスト・ケインズ派の成長理論

カルドア(Kaldor 1955-56)は，新古典派の分配理論に代わるケインズ的な分配理論――所得の中のどれだけが賃金に分配され，どれだけが利潤に分配されるか，あるいは，賃金率，利潤率はどう決まるかに関する理論――を提出したが，パシネッティ(Pasinetti 1974)によれば，これは，ドーマー理論の「ナイフの刃」問題を解決するものになっていた．その解決は，新古典派と違って，貯蓄性向を可変的にすることによる．賃金からの貯蓄性向は利潤からの貯蓄性向よりも低いと考えられるから，分配が変われば，経済全体の貯蓄性向が変わる．そうすると，適正成長率も変化するのである．

カルドアによれば，総生産(所得) Y は賃金 W と利潤 P とに分配される．賃金を受け取る労働者の貯蓄性向を α_w，利潤を受け取る資本家の貯蓄性向を α_c とすると，総貯蓄は $\alpha_w W + \alpha_c P$ であり，これとちょうど等しい投資 I があったはずである．$W=Y-P$ と置き換えてよいから，$\alpha_w Y + (\alpha_c - \alpha_w)P=I$ となる．ここから

$$P = \frac{1}{\alpha_c - \alpha_w} I - \frac{\alpha_w}{\alpha_c - \alpha_w} Y$$

を得る．よって，

$$\frac{P}{Y} = \frac{1}{\alpha_c - \alpha_w}\frac{I}{Y} - \frac{\alpha_w}{\alpha_c - \alpha_w}$$

となる．これは，貯蓄を投資に等しくするような 1 つの分配(P/Y)が存在する

ことを示している．資本の総額を K と書くと，

$$\frac{P}{K}=\frac{1}{\alpha_c-\alpha_w}\frac{I}{K}-\frac{\alpha_w}{\alpha_c-\alpha_w}\frac{Y}{K}$$

もまた得られるが，これは，投資に等しい貯蓄を生むための1つの利潤率が存在することを示している．特に，労働者が貯蓄しない($\alpha_w=0$)場合には，

$$\frac{P}{Y}=\frac{1}{\alpha_c}\frac{I}{Y},\quad \frac{P}{K}=\frac{1}{\alpha_c}\frac{I}{K}=\frac{1}{\alpha_c}g \tag{9.8}$$

となる(g は資本成長率)が，最後の式は，利潤率が成長率と資本家の貯蓄性向だけで決まることを示し，「ケンブリッジ方程式」と呼ばれる．

カルドアの理論は，有効需要の原理を，所得(生産額)決定論から分配決定論に変えたのである．しかし，その代わり所得 Y は決定できなくなってしまった．貯蓄と投資の均等が分配決定に使われ，それと両立する所得水準が無数にあるからである．その後，パシネッティ(Pasinetti 1962)は，労働者も貯蓄するかぎり資本を所有するという事実を考慮してこれを修正し，(9.8)式が $\alpha_w=0$ という特殊ケースだけでなく，一般的に成り立つことを示し，同時に所得水準が一意に決まることを示した．

労働者が貯蓄するということは，労働者も資本を持っていることを意味する．資本とは利潤請求権に他ならない．社会の総資本額を K，そのうち資本家が所有している(利潤請求権を持っている)資本を K_c，労働者が所有している資本を K_w とする．また，年間の貯蓄総額を S，そのうち資本家の貯蓄を S_c，労働者の貯蓄を S_w と書くと，長期均衡では，

$$\frac{S}{K}=\frac{S_c}{K_c}=\frac{S_w}{K_w}$$

となる．これが成り立っていなければ，資本家と労働者の資本持分の比が変化するであろう．

労働者も資本を持っているから利潤を受け取る．利潤総額を P，そのうち資本家が受け取る利潤を P_c，労働者が受け取る利潤を P_w とすると，利潤率がどの資本にも均等になるとすれば，

$$\frac{P}{K}=\frac{P_c}{K_c}=\frac{P_w}{K_w}$$

となる．よって，

$$\frac{P}{S}=\frac{P_c}{S_c}=\frac{P_w}{S_w}\,.$$

資本家の貯蓄性向を α_c，労働者の貯蓄性向を α_w とし，賃金総額を W とすると，上の式と，貯蓄 = 投資 $(I{=}S)$ から

$$\frac{P}{I}=\frac{P_c}{\alpha_c P_c}=\frac{P_w}{\alpha_w(P_w+W)}\,. \tag{9.9}$$

このうち第 1 の等式から

$$P=\frac{1}{\alpha_c}I\,.$$

これは，資本家の貯蓄性向が与えられると，利潤の総額は投資だけによって決まることを表している．これは「パシネッティ定理」と呼ばれる．これを資本 K で割ると，

$$\frac{P}{K}=\frac{1}{\alpha_c}\frac{I}{K}=\frac{1}{\alpha_c}g \quad \text{（ただし } g \text{ は資本の成長率）}$$

すなわち，ケンブリッジ方程式が得られる．利潤率は資本成長率によって決まり，資本成長率は投資によって決まる．

(9.9)式の第 2 の等式の右辺からは P_w が消去できないので，利潤と投資とを，労働者の貯蓄性向によって結びつけることはできない．したがって，資本家の貯蓄性向だけが利潤決定に際して特別の地位にある．投資が与えられると，投資を資本家の貯蓄性向で割った値に等しくなるように利潤が決まる．

論理を手短にまとめると，図 9.2 のようになる．資本家にとっては利潤が唯一の所得だから，資本家利潤と資本家貯蓄との間には，$\alpha_c P_c{=}S_c$ という決まった関係がある．他方利潤率均等から，$P_c/S_c{=}P/S$ でなければならない．これから直ちに $P{=}S/\alpha_c$ となる．そして，$S{=}I$ でなければならない．そこで，投資 I が与えられると，それを資本家の貯蓄性向で割った値に等しいように総利潤 P が決まる．これが，資本の持分にしたがって，P_c と P_w とに分かれる．これらのうち，それぞれ $\alpha_c P_c$, $\alpha_w P_w$ が貯蓄される．これらをそれぞれ，S_c, S_w^P と書くと，これらの和に労働者の賃金からの貯蓄 S_w^W を加えたものが，最初の投資 I に等しくなっていなければならない．こうして S_w^W が決まるが，

$$I \to \frac{I}{\alpha_c} = P \begin{array}{l} \nearrow P_c \to \alpha_c P_c = S_c \\ \searrow P_w \to \alpha_w P_w = S_w^P \end{array} \Bigg\} \to I - (S_c + S_w^P) = S_w^W$$
$$\to \frac{S_w^W}{\alpha_w} = W$$

図 9.2 パシネッティ定理の論理

これは $\alpha_w W$ に等しくなければならないという関係を通して賃金総額 W が決まる．これで利潤 P と賃金 W とが決まるが，その和が所得 Y に他ならない．

このように，パシネッティ定理においては，有効需要の原理は，分配と所得とを同時に決める理論になっている．そしてその決定因は投資である．ただし，「分配を決める」の中身については注意が必要である．資本 K のうち資本家が所有する分の割合を γ とする(つまり $K_c{=}\gamma K$)と，$P_c{=}\gamma P$ となる．そうすると，$P{=}I/\alpha_c$ を使って，社会の総貯蓄は，

$$\begin{aligned}\alpha_c P_c + \alpha_w(P_w + W) &= \alpha_c \gamma P + \alpha_w[(1-\gamma)P + W] \\ &= \gamma I + (1-\gamma)\frac{\alpha_w}{\alpha_c} I + \alpha_w W\end{aligned}$$

となって，これが投資 I に等しくなければならないという条件から，

$$W = (1-\gamma)\left[\frac{1}{\alpha_w} - \frac{1}{\alpha_c}\right] I$$

と解ける．所得 Y も同様に

$$Y = \left[\frac{1-\gamma}{\alpha_w} + \frac{\gamma}{\alpha_c}\right] I$$

となるので，資本分配率 P/Y も労働分配率 W/Y も

$$\frac{P}{Y} = \frac{\alpha_w}{(1-\gamma)\alpha_c + \gamma\alpha_w}$$
$$\frac{W}{Y} = \frac{(1-\gamma)(\alpha_c - \alpha_w)}{(1-\gamma)\alpha_c + \gamma\alpha_w}$$

と I から独立になる．よって，各貯蓄性向 α_c, α_w と資本持分比率 γ が変わらなければ，投資にかかわらず，分配は一定である．平均貯蓄性向 α も投資に

かかわらず

$$\alpha = \frac{\alpha_c \alpha_w}{(1-\gamma)\alpha_c + \gamma\alpha_w} \tag{9.10}$$

と一意に決まるがゆえに，乗数理論によって所得が決定できる．

パシネッティ定理では，カルドア理論と違って，乗数理論による所得決定が復活しているので，ドーマー理論の適正成長率もただ1つに決まる．それは上の式(9.10)による貯蓄性向を使った$\alpha\sigma$に等しい．したがって，「ナイフの刃」問題は，カルドアの体系では解決した——所得不決定という代償を払って——が，パシネッティ定理においては，復活しているのである．

9.2.6　成長理論の環境問題への示唆

さて，新古典派成長理論とポスト・ケインズ派の成長理論を見てきたが，これらによって，ドーマー理論が環境問題に対してもった意味は変更を迫られるだろうか．

新古典派成長理論では，成長率の目標値は好きなように設定できる．(9.7)式の右辺のnと$\Delta A/A$はどちらも政策変数と見なせる．「構造改革」によって技術進歩率は制御できると思われている．労働成長率は所与と見なすべき部分が大きいが，一部は「構造改革」によって動かすことができる[2)]．これらの政策変数の制御がうまくいって，目標とする成長率$n\Delta A/A$が実現できたとしたら，GDPの成長率はそれに等しくなる．その時，nの率で成長している労働力が完全雇用されるように，資本労働比率kが動いてくれるのである．

そうだとすると，逆に，なぜプラス成長を望まなければならないかがわからなくなる．構造改革論は，GDPの成長が善であることを初めから仮定しているだけである．環境の制約から零成長を余儀なくされたとしても，新古典派成長理論が現実に妥当するのなら，零成長の下でも完全雇用が維持されるようにkが調整され，何も困らない．

新古典派成長理論が現実に妥当するかどうかは，「資本論争」のテーマであった．価値と素材との混同という観点から都留重人がその生産関数を批判した

---

2)　人口を増やすのは難しいが，労働人口比率を変えることはできる．また，労働時間は規制緩和と競争の激化によって増やすことができる．

ことは第 4.2 節で述べたが，同じことが資本論争で争われた．つまり，生産関数に入って限界生産力 $A\partial F/\partial K$ をもつような物的な資本 K という概念に対応する現実が存在していないではないかという疑問がポスト・ケインズ派から提起されたのである．新古典派理論では，限界生産力は分配と結びつけられているから，資本論争は分配理論をめぐる論争となり，価値としての資本と労働との比率が，賃金率・利潤率といった分配変数の変化と一義的な関係を持たないことが証明されたことによって，論理的には決着がついた[3)]．

一方，ポスト・ケインズ派の成長理論では，カルドア理論であれば，完全雇用と両立しうる成長率はたくさんあることになるが，パシネッティ定理に至って，「ナイフの刃」理論に戻った．これは，本質的にドーマー理論に戻ったと見なしてよい．したがって，伊東が考察した成長しなくてよい経済が満たすべき条件は，基本的にすべて成り立つと見なすことができる．ただし，平均貯蓄性向は式(9.10)に変わっている．重要な変化は，資本持分比 γ の変化によって貯蓄性向が変わりうることである．

ポスト・ケインズ派理論の特徴は資本家と労働者とを分けた点にある．今の現実および課題から見て，もっと重要な区分は，個人と企業との別である．ポスト・ケインズ派の「資本家」を資本の純粋形態である企業，「労働者」をすべての個人と見なし，α_c, α_w をそれぞれ企業および個人の貯蓄性向と見なすのが，今日の問題を考える上では有効であろう．企業は消費しないから，$\alpha_c = 1$ と見なしてよい．そうすると，(9.10)式は，

$$\alpha = \frac{\alpha_w}{1 - \gamma + \gamma\alpha_w}$$

となる．

この場合，γ は，利潤に占める企業取得分の割合を示すことになる．これを内部留保率と呼んでよいであろう．上の式は，内部留保率が低下すると平均貯蓄性向が下がることを示している．したがって，成長しない経済を実現するた

---

3) 資本論争に関する多くの論文は Harcout and Laing(1971)に収録されている．岡(1987)がこれを紹介している．また，Pasinetti(2000)も見よ．論理的に決着はついたが，新古典派のマクロ生産関数は，マクロ経済学の教科書によって広く普及し，内生的成長理論のような最近の成長理論に使われ，また，リアル・ビジネス・サイクル理論のような景気理論の基になる最適成長理論でも前提に置かれている．前章のノードハウスとボイヤーのモデルは最適成長理論の応用である．

めに平均貯蓄性向の低下が必要だとすれば，個人の貯蓄性向を下げることに加えて，内部留保率を下げることも選択肢に入ってくるであろう．

投資の変化が内部留保率に与える影響は，以上のモデルには入っていないが，企業の営業余剰から利子等が払われ，配当が払われた後の残余が内部留保だとすれば，投資の減少によって利潤が下がったときに，最も下落の大きいのが内部留保であるというのは現実的であると思われる．投資の減少はすなわち成長率の低下を意味するが，投資の低下が同時に内部留保率の低下を伴うとすれば，それは，成長率の低下にもかかわらず，雇用が減少しないための好材料を提供する．ドーマー理論からポスト・ケインズ派理論への発展は，こういう形で，成長しない経済にとっての制約を１つ緩和したことになる．

最後に競争の問題が残っている．日本が零成長経済に移行するとき，他のいくつかの先進国経済も零成長になっているかもしれないが，後進国の多くは当然プラス成長を続け，やがて，先進国並みの所得を持つ経済になるであろう．その過程でそれらの国の産業が貿易上の競争力を増すかもしれない．日本のいくつかの産業は逆に競争力を失うかもしれない．貿易収支が赤字になれば，それだけ需要不足になり，雇用には悪影響を与える．しかし，重要なことは，日本のすべての産業が競争力を失うことはあり得ないということである．貿易において絶対的な競争力は存在せず，相対的な競争力だけがあるからである．ある産業が比較的弱いということは別の産業が比較的強いということを意味する．そうなるように為替率は調整される．

また，一国の居住者の生活水準は，主としてその国の労働の物的な生産性によって決まり，物的生産性が低下しない限り，生活がより貧しくなることはあり得ない．他国の生産性が上昇したから貧しくなるということはない．その場合の問題は，他国が豊かになることから来る心理的貧困だけである．

9.3　規制と計画の重要性

新古典派成長理論を前提にすれば，零成長は何の問題も起こさない．必要なことは技術進歩率と労働成長率との積を零に保つことだけである．もしも構造改革が技術進歩率を引き上げるというのが正しいとすれば，逆構造改革をやればそれを零にすることはできるだろう．

それに対して，ケインズ派およびポスト・ケインズ派成長理論は，零成長経済に耐えられるように，生産物の構成や生産への資源の配分を制御しなければならないことを示唆している．これは，都留重人が提唱したフローの社会化に他ならない．

これまでの諸章で見てきたように，環境政策の手法の主流は，一貫して，生産や消費の流れを公共的に制御すること，つまり直接規制と計画とであった．総量規制は直接規制の最もラディカルな形態である．経済成長と密接にかかわる環境負荷の総量規制が必要になったとき，マクロ経済的条件から，さらに，環境以外の分野でもフローの制御が必要になることを，成長理論は示したのである．

二酸化炭素排出量の総量規制と排出権取引が導入されたとき，二酸化炭素排出抑制は，排出権価格を通じた市場による制御に委ねてよいかといえば，そうでもない．価格メカニズムの作用はそれほど信頼できるものではないからである．例えば，スウェーデンでは，バイオマス依存度の上昇によって CO_2 排出量を1990年までにかなり減らしていたが，地域熱供給の熱源を化石燃料からバイオマスに切り替えたことが大きく寄与した．暖房が戸別に行われていたら，いかに炭素税という価格によって誘導しても，このような切り替えは進まなかったであろう．そして，地域熱供給は都市計画に基づかないとできないのである．自動車に依存する必要の小さいコンパクトな都市構造であれば，省エネ型の生活を楽に営むことができる．炭素税の誘導効果でそうした都市ができあがることはない．土地利用規制なしにそれはできないであろう[4]．

これもまた，都留重人が体制への挑戦と呼んだ土地公有化につながってくる課題である．都留や宮本憲一は，土地利用規制なしに公害を克服することはできないと考えたが，その後の公害対策は，土地利用規制ではなく，主として技術的対応によって問題を解決してしまった．そうして土地利用規制の問題は積み残されたのだが，今 CO_2 排出削減という課題がこの政策を再び浮かび上がらせているのである．

4）リサイクルもまたごみの有料化による人為的価格導入によっては進まないという点については，岡ら(2003)を見よ．

参考文献

[1] Ackerman, F. and Heinzerling, L. (2004), *Priceless: On Knowing the Price of Everything and the Value of Nothing*, New Press.

[2] Adar, Z. and Griffin, J. M. (1976), 'Uncertainty and the Choice of Pollution Control Instruments', *Journal of Environmental Economics and Management*, **3**, 178-188.

[3] The American Economic Association (AEA) (1953), *Readings in Price Theory*, Allen and Unwin.

[4] Andersen, M. S. (1994), *Governance by Green Taxes: Making Pollution Prevention Pay*, Manchester University Press.

[5] Arrow, K. J. (1970), 'The Organization of Economic Activity: Issues Pertinent to the Choice of Market Versus Non-market Allocation', in Haveman, R. H. and Margolis, J. eds., *Public Expenditure and Policy Analysis*, Markham.

[6] Arrow, Kenneth J. and Scitovsky, Tibor eds. (1969), *Readings in Welfare Economics*, Richard D. Irwin.

[7] Arrow, K.J., Solow, R., Portney, P.R., Leamer, E.E., Radner, R. and Schuman, H. (1993), 'Report of the NOAA Panel on Contingent Valuation', *Federal Register*, **58**, 4601-4614.

[8] Baumol, W.J.(1972), 'On Taxation and the Control of Externalities', *American Economic Review*, **62**, 307-322.

[9] Baumol and Oates (1971), 'The Use of Standards and Prices for Protection of the Environment', *Swedish Journal of Economics*, **73**, 42-54.

[10] Bishop, Richard C. and Heberlein, Thomas A. (1979), 'Measuring Values of Extramarket Goods : Are Indirect Measures Biased?', *American Journal of Agricultural Economics*, **61**, 926-930.

[11] Bohm, P. (1972), 'Estimating Demand for Public Goods: an Experiment', *European Economic Review*, **3**, 111-130.

[12] Boulding, K.E. (1968), *Beyond Economics: Essays on Society, Religion, and Ethics*, University of Michigan Press(公文俊平訳『経済学を超えて』学習研究社, 1975年).

[13] Bower, B.T., Barré, B., Kühner, J., Russell, C. and Price, A.J. (1981), *Incentives in Water Quality Management: France and the Ruhr Area*, Resources for the Future.

[14] Bressers, H. (1983), 'The Role of Effluent Charges in Dutch Water Quality Policy', Downing, P. B. and Hanf, K. eds., *International Comparisons in*

Implementing Pollution Laws, Kluwer-Nijhoff, 143-168.

[15] Bressers, H. T. A. (1988), 'A Comparison of the Effectiveness of Incentives and Directives: the Case of Dutch Water Quality Policy', *Policy Studies Review*, **7**(3), 500-518.

[16] Brookshire, D. S., Ives, B. C. and Schulze, W. D. (1976), 'The Valuation of Aesthetic Preferences', *Journal of Environmental Economics and Management*, **3**, 325-346.

[17] Brookshire, David S., Randall, Alan and Stoll, John R. (1980), 'Valuing Increments and Decrements in Natural Resource Service Flows', *American Journal of Agricultural Economics*, **62**, 478-488.

[18] Calabresi, G. (1961), 'Some Thoughts on Risk Distribution and the Law of Torts', *Yale Law Journal*, **70**, 499-553（松浦好治訳「危険分配と不法行為法に関する若干の考察」[99]，75-168 頁）.

[19] Calabresi, G. (1970), *The Costs of Accidents: a Legal and Economic Analysis*, Yale University Press（小林秀文訳『事故の費用：法と経済による分析』信山社出版，1993 年）.

[20] Calabresi and Melamed (1972), 'Property Rules, Liability Rules, and Inalienability: One View of the Cathedral', *Harvard Law Review*, **85**, 1089-1128（松浦以津子訳「所有権法ルール，損害賠償法ルール，不可譲な権原ルール：大聖堂の一考察」[100]，111-172 頁）.

[21] Carson, R.T., Flores, N.E. and Meade, N.F. (2001), 'Contingent Valuation: Controversies and Evidence', *Environmental and Resource Economics*, **19**, 173-210.

[22] CBI/ACBE UK Emissions Trading Group(2000), *Outline Proposals for a UK Emissions Trading Scheme*, Second Edition, DETR and DTI.

[23] Centraal Bureau voor de Statistiek (1994), *Milieustatistieken voor Nederland 1994*.

[24] Coase, R.H. (1937), 'The Nature of the Firm', *Economica*, **4**, 386-405, reprinted in [26], 33-55.

[25] Coase, R. H. (1960), 'The Problem of Social Cost', *Journal of Law and Economics*, **3**, 1-44, reprinted in [26], 95-156（新澤秀則訳「社会的費用の問題」[99], 11-73 頁）.

[26] Coase, R. H. (1988), *The Firm, the Market, and the Law*, University of Chicago Press（宮沢健一・後藤晃・藤垣芳文訳『企業・市場・法』東洋経済新報社，1992 年）.

[27] Crocker, T. D. (1966), 'The Structuring of Atmospheric Pollution Control Systems', in H. Wolsozin, *The Economics of Air Pollution*, W. W. Norton & Co., 61-86.

[28] Dales, J. H. (1968), 'Land, Water and Ownership', *Canadian Journal of

Economics, **1**, 791-804.

[29] Darwin, R., Tsigas, M., Lewandrowski, J. and Raneses, A. (1995), *World Agriculture and Climate Change*, U. S. Department of Agriculture, Agricultural Economic Report No. 703.

[30] Davis, R. (1963), 'The Value of Outdoor Recreation: an Economic Study of the Maine Woods', Ph. D. thesis, Harvard University.

[31] Desvousges, W.H., Johnson, F.R., Dunford, R.W., Boyle, K.J., Hudson, S.P. and Wilson, K.N. (1993), 'Measuring Natural Resource Damages with Contingent Valuation: Tests of Validity and Reliability', in [52], 91-164.

[32] Desvousges, W. H., Smith, V. K. and Fisher, A. (1987), 'Option Price Estimates for Water Quality Improvements: a Conitngent Valuation Study for the Monongahela River', *Journal of Environmental Economics and Management*, **14**, 248-267.

[33] Diamond, P.A. Hausman, J.A., Leonard, G.K. and Denning M.A. (1993), 'Does Contingent Valuation Measure Preference? Experimental Evidence', in [52], 41-89.

[34] Domar, E.D. (1946), 'Capital Expansion, Rate of Growth and Employment', *Econometrica*, **14**, 137-147 in [35], 70-82.

[35] Domar, E.D. (1957), *Essays in the Theory of Economic Growth*, Oxford University Press（宇野健吾訳『経済成長の理論』東洋経済新報社，1959年）.

[36] Ellis, H. and Fellner, W. (1943), 'External Economies and Diseconomies', *The American Economic Review*, **33**, 793-811, reprinted in [3], 242-263.

[37] Federal Minister of Interior (1983), *Report on the Experience with the Waste Water Charge.*

[38] Fisher, A., Chestnut, L.G. and Violette, D.M. (1989), 'The Value of Reducing Risks of Death: a Note on New Evidence', *Journal of Policy Analysis and Management*, **8**, 88-100.

[39] Ford, K. W., Rochlin, G. I., Socolow, R. H., Hartley, D. L., Hardesty, D. R., Lapp, M., Dooher, J., Dryer, F., Berman, S. M. and Silverstein, S. D. (1975), *Efficient Use of Energy: the APS Studies on the Technical Aspect of the more Efficient Use of Energy*, American Institute of Physics.

[40] Georgescu-Roegen, N. (1966), *Analytical Economics: Issues and Problems*, Harvard University Press.

[41] Georgescu-Roegen N. (1971), *The Entropy Law and the Economic Process*, Harvard University Press（高橋正立・神里公・寺本英・小出厚之助・岡敏弘・新宮晋・中釜浩一訳『エントロピー法則と経済過程』みすず書房，1993年）.

[42] Georgescu-Roegen N. (1979), 'Energy Analysis and Economic Valuation', *Southern Economic Journal*, **45**, 1023-1058（「エネルギー分析，経済的価値評価，およびテクノロジー・アセスメント」[43], 209-276頁）.

［43］ ニコラス・ジョージェスク-レーゲン／小出厚之助・室田武・鹿島信吾訳(1981)『経済学の神話』東洋経済新報社.

［44］ 五箇公一(2003)「マルハナバチ商品化をめぐる生態学的問題のこれまでとこれから」『植物防疫』第 57 巻，452-456 頁.

［45］ Gordon, Irene M. and Knetsch, Jack L. (1980), 'Consumer's Surplus Measures and the Evaluation of Resources', *Land Economics*, **55**, 1-10.

［46］ Hahn, R. and Hester, G. L. (1989), 'Where Did All the Markets Go? An Analysis of EPA's Emission Trading Program', *Yale Journal on Regulation*, **6**, 109-153.

［47］ 華山謙(1978)『環境政策を考える』岩波書店.

［48］ Haneman, W. M. (1991), 'Willingness to Pay and Willingness to Accept: How Much Can They Differ?' *American Economic Review*, **81**, 635-647.

［49］ 原田正純(1972)『水俣病』岩波書店.

［50］ Harcout, G.C. and Laing, N.F. eds. (1971), *Capital and Growth: Selected Readings*, Penguin Books.

［51］ 橋本道夫(1988)『私史環境行政』朝日新聞社.

［52］ Hausman, J.A. ed. (1993), *Contingent Valuation: a Critical Assessment*, North-Holland.

［53］ Hicks, J. R. (1939a), 'The Foundations of Welfare Economics', *Economic Journal*, **49**, 696-712, reprinted in [55], 59-77.

［54］ Hicks (1939b), *Value and Capital: An Inguiry into Some Foundamental Principles of Economic Theory*, Clarendon Press（安井琢磨・熊谷尚夫訳『価値と資本(上)(下)』岩波文庫，1951 年).

［55］ Hicks, J. (1981), *Wealth and Welfare: Collected Essays on Economic Theory*, Volume 1, Basil Blackwell.

［56］ Hötte, M. H., van der Vlies and Hafkamp, W. A.(1995), 'Levy on Surface Water in the Netherlands', Gale, R. and Barg, S. eds., *Green Budget Reform*, Earthscan Publications.

［57］ Inoue, M.N., Yokoyama, J. and Washitani, I. (2006), 'Displacement of Japanese Native Bumblebees by the Recently Introduced Bombus Terrestris L. (Hymenoptera: Apidae)', (in prep.).

［58］ IPCC (2001), *Climate Change 2001: the Scientific Basis*, Cambridge University Press.

［59］ 伊藤誠夫(1991)「日本産マルハナバチの分類・生態・分布」，ベルンド・ハインリッチ『マルハナバチの経済学』井上民二監訳，加藤真・市野隆雄・角野岳彦訳，文一総合出版，258-292 頁.

［60］ 伊東光晴(1984)『経済学は現実にこたえうるか――日本経済への政策提言』岩波書店.

［61］ 伊東光晴(2005)「先進国経済の「成長なき安定・繁栄」は可能か――21 世紀経

済学の課題」『エコノミスト』2005年12月20日号，38-41頁.

［62］ 伊藤嘉昭・山村則男・嶋田正和(1992)『動物生態学』蒼樹書房.

［63］ Jevons, S. (1865), *The Coal Question: an Inguiry Concerning the Progress of the Nation, and the Probable Exhaustion of Our Coal-mines*, Macmillan.

［64］ Jones-Lee (1989), *The Economics of Safety and Physical Risk*, Basil Blackwell.

［65］ Jones-Lee, M.W., Hammerton, M. and Philips, P.R.(1985), 'The Value of Safety: Results of a National Sample Survey', *The Economic Journal*, **95**, 49-72.

［66］ Jones-Lee, M. W. and Loomes, G. (1995), 'Scale and Context Effects in the Valuation of Transport Safety', *Journal of Risk and Uncertainty*, **11**, 183-203.

［67］ Kahneman, D. and Knetsch, J.L. (1992), 'Valuing Public Goods: the Purchase of Moral Satisfaction', *Journal of Environmental Economics and Management*, **22**, 57-70.

［68］ Kajihara, H., Ishizuka, S., Fushimi, A. and Masuda, A. (1999), 'Exposure Assessment of Benzene from Vehicles in Japan', *Proceedings of the 2nd International Workshop on Risk Evaluation and Management of Chemicals*, 62-70.

［69］ Kaldor, Nicholas (1939), 'Welfare Propositions of Economics and Interpersonal Comparisons of Utility', *Economic Journal*, **49**, 549-552, reprinted in [6], 387-389, and in [71], 143-146.

［70］ Kaldor, N. (1955-56), 'Alternative Theories of Distribution', *Review of Economic Studies*, **23**, [71] 209-236.

［71］ Kaldor, Nicholas (1980), *Essays on Value and Distribution: Collected Economic Essays*, Volume I, 2nd ed., Duckworth.

［72］ 環境庁大気保全局企画課監修(1989)『アスベスト代替品のすべて』日本環境衛生センター.

［73］ 環境庁(1994)『地球温暖化経済システム検討会第二次中間報告書』.

［74］ 環境庁(1996)『地球温暖化経済システム検討会報告書(第3回報告書)』.

［75］ 環境庁(2000a)『改訂・日本の絶滅のおそれのある野生生物——レッドデータブック——8植物I(維管束植物)』自然環境研究センター.

［76］ 環境庁(2000b)『温暖化対策税を活用した新しい政策展開——環境にやさしい経済への挑戦(環境政策における経済的手法活用検討会)』大蔵省印刷局.

［77］ Kapp, W. (1950), *The Social Costs of Private Enterprise*, Harvard University Press (篠原泰三訳『私的企業と社会的費用』岩波書店，1959年).

［78］ Kapp, W. (1963a), 'Social Costs and Social Benefits: a Contribution to Normative Economics', in Beckerath, E. v. and Giersch, H. eds., *Probleme der normativen Ökonomik und der wirtschaftspolitischen Beratung: Verhandlungen auf der Arbeitstagung des Vereins für Socialpolitik Gesellschaft für Wirtschafts und Sozialwissenschaften in Bad Homburg 1962*, Duncker & Humblot, 183-210

[81], 86-132 頁.

[79] Kapp, W. (1963b), *Social Costs of Business Enterprise*, extensively revised and rewritten edition of Kapp (1950), Asia Publishing House.

[80] Kapp, K. W. (1970), 'Environmental Disruption and Costs: a Challenge to Economics', *Kyklos*, **23**, 833-848 [81], 2-21 頁.

[81] カップ，K. W.／柴田徳衛・鈴木正俊訳(1975)『環境破壊と社会的費用』岩波書店.

[82] Keynes, J. M. (1936), *The General Theory of Employment, Interest and Money*, Macmillan (塩野谷祐一訳『雇用・利子および貨幣の一般理論(ケインズ全集第7巻)』東洋経済新報社，1983年).

[83] Kishimoto, A., Oka, T., Yoshida, K., and Nakanishi, J. (2001), 'Cost Effectiveness of Reducing Dioxin Emissions from Municipal Solid Waste Incinerators in Japan', *Environmental Science and Technology*, **35**, 2861-2866.

[84] Kneese, A. (1964), *The Economics of Regional Water Quality Management*, Johns Hopkins Press.

[85] Kneese, A.V., Ayres, R.U. and d'Arge, R.C.(1970), *Economics and the Environment: a Materials Balance Approach*, Resources for the Future (宮永昌男訳『環境容量の経済理論』所書房，1974年).

[86] Kneese, A. and Bower, B. T. (1968), *Managing Water Quality: Economics, Technology, Institutions*, Resources for the Future.

[87] Knetsch, J. (1963), 'Outdoor Recreation Demand and Benefits', *Land Economics*, **39**, 387-396.

[88] Knetsch, Jack L. (1990), 'Environmental Policy Implications of Disparities between Willingness to Pay and Compensation Demanded Measures of Value', *Journal of Environmental Economics and Management*, **18**, 227-237.

[89] Knetsch, Jack L. and Sinden, J. A. (1984), 'Willingness to Pay and Compensation Demanded : Experimental Evidence of an Unexpected Disparity in Measures of Value', *Quarterly Journal of Economics*, **99**, 507-521.

[90] Knight, F. H. (1924), 'Some Fallacies in the Interpretations of Social Cost', *Quarterly Journal of Economics*, **37**, 582-606, reprinted in [3], 160-179.

[91] 栗山浩一・北畠能房・大島康行(2000)『世界遺産の経済学——屋久島の環境価値とその評価』勁草書房.

[92] 栗山浩一・庄子康(2005)『環境と観光の経済評価——国立公園の維持と管理』勁草書房.

[93] 車谷典男・熊谷信二(2006)「クボタ旧石綿管製造工場周辺に集積した中皮腫の疫学評価と教訓」『産業衛生学雑誌』第48号(特別増刊号).

[94] Marin, A. and Psacharopoulos, G. (1982), 'The Reward for Risk in the Labor Market: Evidence from the United Kingdom and a Reconciliation with Other Studies', *Journal of Political Economy*, **90**, 827-853.

［95］ Marshall, A.(1920), *Principles of Economics*, first edition, 1890, eighth edition, Macmillan（永澤越郎訳『経済学原理』岩波ブックセンター，1991年）.

［96］ Marx, K. (1964), *Karl Marx- Friedrich Engels Werke, Band 25, Das Kapital: Kritik der politischen Oekonomie, Dritter Band Buch III: Der Gesampprozeß der kapitalistischen Produktion*, Diez Verlag（『マルクス=エンゲルス全集第25巻資本論第3巻』大月書店，1968年）.

［97］ Matsuda, H., Serizawa, S., Ueda, K., Kato, T. and Yahara, T. (2003) 'Extinction Risk Assessment of Vascular Plants in the 2005 World Exposition, Japan', *Chemosphere* **53**, 325-336.

［98］ 松永和紀（2004）「外来生物の被害防止法が成立——規制種選定で経済利益と衝突も」『日経エコロジー』2004年7月号，16-17頁.

［99］ 松浦好治編訳（1994a）『「法と経済学」の原点（「法と経済学」叢書I）』木鐸社.

［100］ 松浦好治編訳（1994b）『不法行為法の新世界（「法と経済学」叢書II）』木鐸社.

［101］ Ministry of the Environment, Sweden (2001), *Sweden's Third National Communication on Climate Change.*

［102］ Mishan, E. J. (1964), *Welfare Economics: Five Introductory Essays*, Random House.

［103］ Mishan, E. J. (1965), 'Reflections on Recent Developments in the Concept of External Effects', *The Canadian Journal of Economics and Political Science*, **31**, 3-34, reprinted in ［102］, 98-154.

［104］ Mishan, E. J. (1967a),'Pareto Optimality and the Law', *Oxford Economic Papers*, **19**, 255-287, reprinted in ［109］, 105-124.

［105］ Mishan, E. J. (1967b), *The Costs of Economic Growth*, Staples Press.

［106］ Mishan, E. J. (1969), *Growth: the Price We Pay*, Staples Press（都留重人監訳『経済成長の代価』岩波書店，1971年）.

［107］ Mishan, E. J. (1971a), 'The Postwar Literature on Externalities: An Interpretative Essay', *Jounal of Economic Literature*, **9**, 1-28, reprinted in ［109］, 132-152（岡敏弘訳「外部性に関する戦後の文献——解釈的論文」［99］, 169-227頁）.

［108］ Mishan, E.J. (1971b), 'Evaluation of Life and Limb: a Theoretical Approach', *Journal of Political Economy*, **79**, 687-705, reprinted in ［109］, 89-99.

［109］ Mishan, E. J. (1981), *Economic Efficiency and Social Welfare: Selected Essays on Fundamental Aspects of the Economic Theory of Social Welfare*, Allen and Unwin.

［110］ Mishan, E.J. (1982), 'The New Controversy about the Rationale of Economic Evaluation', *Journal of Economic Issues*, **16**, 29-47.

［111］ 宮本憲一（1976）『社会資本論［改訂版］』有斐閣.

［112］ 宮本憲一（1989）『環境経済学』岩波書店.

［113］ 森永謙二編著（2005）『アスベスト汚染と健康被害』日本評論社.

［114］ 諸富徹（2000）『環境税の理論と実際』有斐閣.

[115] 諸富徹・岡敏弘(1999)「オランダ排水課徴金——その「成功」の意味」『エコノミア』第49巻，1-19頁.

[116] 室田武(1979)『エネルギーとエントロピーの経済学』東洋経済新報社.

[117] 内閣府編(2001)『平成13年度版経済財政白書——改革なくして成長なし』財務省印刷局.

[118] 中西準子(1992)「技術屋の環境政策異論 第1回　最も古典的な水汚染」『世界』第570号.

[119] 中西準子(1993)「技術屋の環境政策異論 第8回　水銀規制と日本的体質」『世界』第578号.

[120] 中西準子(1994)『水の環境戦略』岩波書店.

[121] 中西準子(1995)『環境リスク論』岩波書店.

[122] 中西準子・益永茂樹・松田裕之編(2003)『演習環境リスクを計算する』岩波書店.

[123] Nakanishi, J., Oka, T. and Gamo, M. (1998), 'Risk/Benefit Analysis of Prohibition of the Mercury Electrode Process in Caustic Soda Production', *Environmental Engineering and Policy*, **1**, 3-9.

[124] National Audit Office (2004), *The UK Emissions Trading Scheme: A New Way to Combat Climate Change*, The Stationery Office.

[125] 新澤秀則(1997)「排出許可証取引」[192]，147-190頁.

[126] 日本石綿協会(2003)『石綿含有建築材料廃棄物量の予測量調査結果報告書』.

[127] 西村肇・岡本達郎(2001)『水俣病の科学』日本評論社.

[128] Nordhaus, W. and Boyer, J. (2000), *Warming the World: Economic Models of Global Warming*, MIT Press.

[129] Nordrhein-Westfahlen (1993), *Rheingüteberichte '92.*

[130] OECD (1975), *The Pollutor Pays Principle: Definition, Analysis, Implementation*, OECD.

[131] OECD (1989), *Economic Instrument for Environmental Protection*, OECD.

[132] OECD (1993), *Environment and Taxation: the Cases of the Netherlands, Sweden and the United States*, OECD.

[133] OECD (1994), *Managing the Environment: the Role of Economic Instruments*, OECD.

[134] 岡敏弘(1987)「資本論争——再切換えと新古典派の寓話(スラッフィアン経済学入門5)」『経済セミナー』第394号，104-110頁.

[135] 岡敏弘(1993)「現に実施された例からいかに学ぶか——OECD諸国における経済的手段の実際」『廃棄物学会誌』第4巻，208-219頁.

[136] 岡敏弘(1997a)『厚生経済学と環境政策』岩波書店.

[137] 岡敏弘(1997b)「ドイツ排水課徴金」[192]，33-51頁.

[138] 岡敏弘(1997c)「炭素税」[192]，97-111頁.

[139]　岡敏弘(1997d)「直接規制」[192], 129-146頁.

[140]　岡敏弘(1999)『環境政策論』岩波書店.

[141]　Oka, T., Gamo, M. and Nakanishi, J. (1997), 'Risk/Benefit Analysis of the Prohibition of Chlordane in Japan: An Estimate Based on Risk Assessment Integrating the Cancer Risk and the Noncancer Risk', *Japanese Journal of Risk Analysis*, **8**, 174-186.

[142]　Oka, T., Ishikawa, M., Fujii, Y. and Huppes, G. (2005), 'Calculating Cost-Effectiveness for Activities with Multiple Environmental Effects Using the Maximum Abatement Cost Method', *Journal of Industrial Ecology*, **9**, 97-103.

[143]　岡敏弘・小藤めぐみ・山口光恒(2003)「拡大生産者責任(EPR)の経済理論的根拠と現実——家電リサイクルの場合」『三田学会雑誌』第96巻, 251-274頁.

[144]　Oka, T., Matsuda, H. and Kadono, Y. (2001), 'Ecological Risk-Benefit Analysis of a Wetland Development Based on Risk Assessment Using "Expected Loss of Biodiversity" ', *Risk Analysis*, **21**, 1011-1023.

[145]　大阪弁護士会環境権研究会(1973)『環境権』日本評論社.

[146]　Pasinetti, L. L. (1962), 'Rate of Profit and Income Distribution in Relation to the Rate of Economic Growth', *Review of Economic Studies*, **29**, 267-279 in [147], 103-120.

[147]　Pasinetti, L. L. (1974), *Growth and Income Distribution: Essays in Economic Theory*, Cambridge University Press (宮崎耕一訳『経済成長と所得分配』岩波書店, 1985年).

[148]　Pasinetti, L. L.(2000), 'Critique of the Neoclassical Theory of Growth and Distribution', *Banca Nazionale del Lavoro Quarterly Review*, No. 215 December, 383-431.

[149]　Pigou, A.C. (1920), *The Economics of Welfare*, 1st edition, Macmillan.

[150]　Pigou, A.C. (1932), *The Economics of Welfare*, 4th edition, Macmillan (気賀健三・千種義人・鈴木諒一・福岡正夫・大熊一郎訳『厚生経済学』全4冊, 東洋経済新報社, 1953年).

[151]　Posner, R.A. (1981), *The Economics of Justice*, Harvard University Press (佐藤岩昭ほか訳『正義の経済学——規範的法律学への挑戦』木鐸社, 1991年).

[152]　Radov, D. and Klevnäs, P. (2004), *Review of the First and Second Years of the UK Emissions Trading Scheme: Prepared for UK Department for Environment, Food and Rural Affairs*, NERA Economic Consulting.

[153]　Randall, A. and Stoll, J. R. (1980), 'Consumer's Surplus in Commodity Space', *American Economic Review*, **70**, 449-455.

[154]　Der Rat von Sachverständigen für Umweltfragen (1974), *Die Abwasserabgabe; 2.Sondergutachten*, Verlag W. Kohlhammer GmbH.

[155]　Ridker, R.G.(1967), *Economic Costs of Air Pollution: Studies in Measurement*, F. A. Praeger.

［156］ Robbins, L. (1932), *An Essay on the Nature and Significance of Economic Science*, 2nd ed. (1935), Macmillan (辻六兵衛訳『経済学の本質と意義』東洋経済新報社，1967年).

［157］ Roberts, M. J. and Spence, M. (1976), 'Effluent Charges and Licences under Uncertainty', *Journal of Public Economics*, **5**, 193-208.

［158］ Rowe, R. E., d'Arge, R. C. and Brookshire, D. S. (1980),'An Experiment on the Economic Value of Visibility', *Journal of Environmental Economics and Management*, **7**, 1-19.

［159］ Ruhrverband (1993), *Rhurwassergüte 1993.*

［160］ Samuelson, P. (1955), *Economics: an Introductory Analysis*, McGraw-Hill.

［161］ de Savornin Lohman, A. F. (1995), *The Effectiveness and Efficiency of Water Effluent Charge Systems: Case Study on the Netherland*, OECD.

［162］ 澤昭裕・関総一郎編著(2004)『地球温暖化問題の再検証――ポスト京都議定書の交渉にどう臨むか』東洋経済新報社.

［163］ 澤昭裕・関総一郎・井上博雄(2004)「持続可能かつ実効的な枠組みへの提案」［162］，303-326頁.

［164］ Schelling, T.C. (1968), 'The Life You Save May Be Your Own', in Chase, S. B., Jr. ed. *Problems in Public Expenditure*, Brookings Institution.

［165］ Schuurman, J. (1988), *De Prijs van Water*, Gouda Quint BV.

［166］ Shea, K. (1978), 'Coase Theorem, Liability Rules and Social Optimum', *Weltwirtschaftliches Archiv*, **114**, 540-551.

［167］ 白鳥紀一・中山正敏(1995)『環境理解のための熱物理学』朝倉書店.

［168］ 庄司光・宮本憲一(1964)『恐るべき公害』岩波書店(新書).

［169］ 庄司光・宮本憲一(1975)『日本の公害』岩波書店(新書).

［170］ Smith, V. L. (1977), 'The Principle of Unanimity and Voluntary Consent in Social Choice', *Journal of Political Economy*, **85**, 1125-1139.

［171］ Solow, R. M. (1956), 'A Contribution to the Theory of Economic Growth', *Quarterly Journal of Economics*, **70**, 5-94 (福岡正夫・神谷伝造・川又邦雄訳『資本成長技術進歩』竹内書店，1970年，113-151頁).

［172］ Sraffa, P. (1960), *Production of Commodities by Means of Commodities*, Cambridge University Press (菱山泉・山下博訳『商品による商品の生産』有斐閣，1962年).

［173］ Statistische Bundesamt (1994), *Statistik der öffentlichen Abwasserbeseitigung 1991.*

［174］ 大気環境学会史料整理研究委員会(2000)『日本の大気汚染の歴史』ラテイス.

［175］ 竹内憲司(1999)『環境評価の政策利用――CVMとトラベルコスト法の有効性』勁草書房.

［176］ Thaler, R. and Rosen, S. (1975), 'The Value of Saving a Life: Evidence from the Labor Market', Terleckyj, N.E. ed., *Household Production and Consumption*, Columbia University Press, 265-298.

[177] Tietenberg, T. H. (1980), 'Transferable Discharge Permits and the Control of Stationary Source Air Pollution: a Survey and Systhesi', *Land Economics*, **56**, 391-416.

[178] 槌田敦(1976)「核融合発電の限界と資源物理学」『日本物理学会誌』第31巻, 938-941頁.

[179] 槌田敦(1978)「資源物理学の試み」『科学』第48巻, 76-82, 176-182, 303-310頁.

[180] 槌田敦(1982)『資源物理学入門』日本放送出版協会.

[181] 槌田敦(1992)『環境保護運動はどこが間違っているのか？』JICC出版社.

[182] Tsuge, T., Kishimoto, A. and Takeuchi, K. (2005), 'A Choice Experiment Approach to the Valuation of Mortality', *Journal of Risk and Uncertainty*, **31**, 73-95.

[183] 都留重人(1950)「一経済学徒の反省」『中央公論』第65巻第3号, [189], 238-261頁所収.

[184] 都留重人(1958)「資本主義は変わったか」『世界』145号10-28頁, 146号29-41頁, [186], 3-54頁所収.

[185] 都留重人(1959a)『経済を動かすもの』岩波書店.

[186] 都留重人編(1959b)『現代資本主義の再検討』岩波書店.

[187] 都留重人(1961)「高度成長論への反省」『世界』第193号, [190], 446-465頁.

[188] 都留重人(1972)『公害の政治経済学』岩波書店.

[189] 都留重人(1975a)『都留重人著作集 第1巻　経済学を学ぶ人のために』講談社.

[190] 都留重人(1975b)『都留重人著作集 第4巻　経済政策——安定と成長』講談社.

[191] Tsuru, S. (1993), *Institutional Economics Revisited*, Cambridge University Press（中村達也・永井進・渡会勝義訳『制度派経済学の再検討』岩波書店, 1999年）.

[192] 植田和弘・岡敏弘・新澤秀則(1997)『環境政策の経済学』日本評論社.

[193] Uiterkamp, J. S. (1993), *Waste Water Charges in the Netherlands*, RIZA.

[194] U. S. Environmental Protection Agency (1997), *The Benefits and Costs of the Clean Air Act, 1970 to 1990*, EPA 410-R-97-002, http://www.epa.gov/airprogm/oar/sect812/index.html.

[195] U. S. Environmental Protection Agency (2005), *Acid Rain Program 2004 Progress Report*, EPA 430-R-05-012.

[196] Viscusi, W.K. (1978), 'Labor Market Valuations of Life and Limb: Empirical Estimates and Policy Implications', *Public Policy*, **26**, 359-386.

[197] 鷲田豊明・栗山浩一(1999)「可動堰建設に関わる吉野川下流域の自然環境価値および代替案の経済評価について」記者発表資料：徳島県庁記者クラブ，1999 年 5 月 18 日.

[198] Weisbrod, B. A. (1964), 'Collective-Consumption Services of Individual-Consumption Goods', *Quarterly Journal of Economics*, **78**, 471-477.

[199] Wilson, E. O. (1992), *The Diversity of Life*, Harvard University Press (大貫昌子・牧野俊一訳『生命の多様性 I,II』岩波書店，1995 年).

[200] Wright, P. (2005), *Climate Change Agreements: Results of the Second Target Period Assessment*, Future Energy Solutions, AEA Technology.

[201] 吉田克己(2002)『四日市公害――その教訓と 21 世紀への課題』柏書房.

索　引

人　名

欧　文

あ　行

か　行

さ　行

た　行

な　行

は　行

ま　行

や　行

ら　行

わ 行

■岩波オンデマンドブックス■

岩波テキストブックスS
環境経済学

2006年4月18日　第1刷発行
2008年3月5日　第2刷発行
2018年8月10日　オンデマンド版発行

著　者　岡　敏弘

発行者　岡本　厚

発行所　株式会社　岩波書店
〒101-8002　東京都千代田区一ツ橋2-5-5
電話案内　03-5210-4000
http://www.iwanami.co.jp/

印刷／製本・法令印刷

ISBN 978-4-00-730798-0　　Printed in Japan